普通高等教育电气工程、自动化（工程应用型）系列教材

# 电气与 PLC 智能控制技术

胡国文　顾春雷　杨晓冬　编著
李小凡　刘保亮　刘文臣

U0257920

机械工业出版社

本书是在作者多年从事电气、自动化专业教学、科研和工程设计的基础上，根据电气、自动化等技术领域的发展要求，为适应应用型人才培养的需要而编写的。

本书共 13 章。主要内容为绪论、电气控制常用低压电器及智能控制电器、电气控制常用继电接触控制电路与典型控制系统分析、可编程序控制器（PLC）的基本组成及工作原理、三菱 FX 系列小型 PLC 及编程方法、三菱 FX 系列 PLC 的步进顺序控制和数据控制功能、西门子 S7-200 SMART 系列 PLC 及编程方法、西门子 S7-200 SMART 系列 PLC 的步进顺序控制和数据控制功能、西门子 S7-300 系列 PLC 及编程方法、西门子 S7-1200 系列 PLC 及编程方法、PLC 的联网与通信技术、电气控制系统中的 PLC 自动控制及智能控制技术、PLC 在电气控制系统中的应用与分析、电气控制与 PLC 及智能控制系统设计等。

本书可作为普通高校电气、自动化、机械等专业的教材，也可作为相关专业工程技术人员的培训教材和参考书。本书配有电子课件，欢迎选用本书作教材的教师登录 www.cmpedu.com 注册后下载，或发邮件至 jinacmp@163.com 索取。

## 图书在版编目（CIP）数据

电气与 PLC 智能控制技术/胡国文等编著. —北京：机械工业出版社，2022.9（2025.1 重印）

普通高等教育电气工程、自动化（工程应用型）系列教材

ISBN 978-7-111-71508-5

Ⅰ.①电…　Ⅱ.①胡…　Ⅲ.①电气控制-高等学校-教材②PLC 技术-高等学校-教材　Ⅳ.①TM571.2②TM571.61

中国版本图书馆 CIP 数据核字（2022）第 158217 号

机械工业出版社（北京市百万庄大街 22 号　邮政编码 100037）

策划编辑：吉　玲　　　　　　责任编辑：吉　玲　杨晓花
责任校对：樊钟英　张　征　　封面设计：张　静
责任印制：张　博

北京建宏印刷有限公司印刷

2025 年 1 月第 1 版第 4 次印刷

184mm×260mm·18.5 印张·469 千字

标准书号：ISBN 978-7-111-71508-5

定价：57.00 元

电话服务　　　　　　　　　　网络服务
客服电话：010-88361066　　　机　工　官　网：www.cmpbook.com
　　　　　010-88379833　　　机　工　官　博：weibo.com/cmp1952
　　　　　010-68326294　　　金　书　网：www.golden-book.com
**封底无防伪标均为盗版**　　机工教育服务网：www.cmpedu.com

# 前　言

工业自动化和智能化、制造业自动化和智能化以及制造业的转型升级对电气控制与可编程序控制器（PLC）技术提出了新的要求。而 PLC 技术正是工业自动化和智能化、制造业自动化和智能化技术发展中非常重要的内容之一。电气控制与 PLC 是电气、自动化和机械等专业的专业核心课。本书为教育部高等教育司 2018 年第一批产学合作协同育人项目（项目批准编号为 201802183004）：盐城工学院与深圳市同立方科技有限公司产学合作协同育人项目（电气工程及自动化等专业"电气与 PLC 及智能控制"课程教学内容和课程体系改革）的配套教材，是作者在多年从事电气、自动化专业教学、科研和工程设计的基础上，根据电气、自动化等技术领域的发展要求，为适应应用型人才培养的需要而编写的。

本书在编写过程中，本着面向电气、自动化高层次应用型人才的培养要求，在注重系统性、理论性、适用性的基础上，尽可能增加新知识和新技术的介绍；体现工程设计能力、应用能力及创新能力的培养；正确处理好基础理论与应用之间的关系，使基础理论紧密地服务于应用。学生通过对本书的系统学习，可将现代电气控制技术与 PLC 及智能控制技术的基本知识有效地应用于工业自动化领域的电气控制系统中，从而获得电气控制与 PLC 及智能控制技术的基本应用能力和基本设计能力。

本书共 13 章。主要内容有绪论、电气控制常用低压电器及智能控制电器、电气控制常用继电接触控制电路与典型控制系统分析、可编程序控制器（PLC）的基本组成及工作原理、三菱 FX 系列小型 PLC 及编程方法、三菱 FX 系列 PLC 的步进顺序控制和数据控制功能、西门子 S7-200 SMART 系列 PLC 及编程方法、西门子 S7-200 SMART 系列 PLC 的步进顺序控制和数据控制功能、西门子 S7-300 系列 PLC 及编程方法、西门子 S7-1200 系列 PLC 及编程方法、PLC 的联网与通信技术、电气控制系统中的 PLC 自动控制及智能控制技术、PLC 在电气控制系统中的应用与分析、电气控制与 PLC 及智能控制系统设计等。其中介绍了 2 种类型 4 个系列的 PLC，教师可根据具体的教学情况进行选讲，建议全书总学时（含实验学时）为 48~80 学时。

本书第 1、2 章由盐城工学院顾春雷编著；第 8 章、第 10 章的 10.3 节由盐城工学院杨晓冬编著；第 3、4 章由盐城工学院李小凡编著；第 9 章和第 10 章的 10.4 节由山东电子职业技术学院刘文臣和深圳市同立方科技有限公司刘保亮共同编著；绪论、第 5~7 章、第 10 章的 10.1 和 10.2 节、第 11~13 章由盐城工学院胡国文编著；全书由胡国文负责统稿和定稿。

本书在编写过程中得到了深圳市同立方科技有限公司入选教育部高等教育司 2018 年第一批产学合作协同育人项目的大力支持；同时得到了盐城工学院电气工程及其自动化专业

IV

江苏省"十二五"省级重点专业建设项目基金和盐城工学院自动化专业江苏省卓越工程师专业建设项目的大力支持。本书在编写过程中参考了许多文献及网站资料，在此对相关文献和资料的作者表示诚挚的谢意。

　　由于编著者水平有限，书中的缺点和错误在所难免，希望使用本书的广大读者批评指正。

编著者

# 目　录

# 绪 论

**1. 电气控制与 PLC 及智能控制技术的发展概况**

电气控制与 PLC 及智能控制技术随着工业电气化和自动化控制技术的发展而不断发展。电气控制与 PLC 及智能控制技术是对各类以电动机为动力的机电装置与系统为控制对象，以实现生产过程自动化和智能化为目标的控制技术。电气控制与 PLC 及智能控制系统是其中的重要部分，在各行各业得到了广泛应用，是实现工业生产自动化和智能化的重要技术手段。随着科技的进步，电气控制与 PLC 及智能控制技术不断发展、创新，从最开始的手动控制发展到自动控制及智能控制，从单机控制发展到多机控制，从生产线控制发展到自动控制及智能控制，从简单控制发展到复杂控制，从电气继电接触器控制发展到 PLC 控制及智能控制。

（1）电力拖动系统的发展概况

20 世纪初，随着电动机的出现，使得机械设备的动力和拖动系统得到了根本的改变。人们用电动机来代替蒸汽机拖动机械设备，这种拖动方式称为电力拖动。最初人们用一台电动机来拖动一组机械设备，称为单台电动机组成的电力拖动电气控制系统，如图 0-1 所示。由于一台电动机拖动，使得机械传动十分复杂，也难以达到工艺要求。随着社会经济发展的需要和技术的不断进步，对各种机械设备的功能不断提出了加工精度、速度和控制精度的新要求，从而出现了由多台电动机分别拖动各运动机构的拖动方式，如图 0-2 所示，进而使得控制技术得到了不断发展。

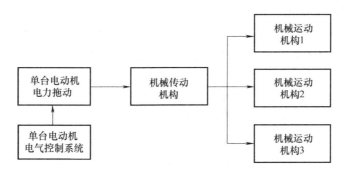

**图 0-1　单台电动机组成的电力拖动电气控制系统**

随着机械系统调速要求的不断提出，电力拖动系统也由固定速度的拖动不断向高精度的调速电力拖动系统方向发展，推动交流调速拖动和直流调速拖动得到了交替发展。但直流电动机比交流电动机结构复杂，制造和维护都不方便，随着电力电子技术的不断发展和进步，交流调速迅速发展，电动机交流调速已经占据了重要的地位。

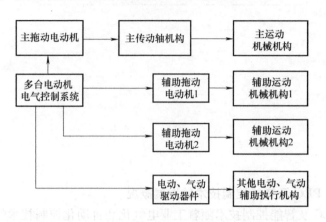

图 0-2　多台电动机组成的电力拖动电气控制系统

（2）电气控制系统与 PLC 及智能控制技术的发展概况

在电力拖动系统的发展过程中，电气控制系统随着电气控制技术的不断进步快速发展。电气控制系统由最初的电气继电接触器控制发展到今天的 PLC 控制和系统计算机控制及智能控制，由过去的硬件和硬接线控制发展到今天的软接线和软件程序控制，由过去的手动控制进入到自动控制及智能控制阶段。

最初的电气控制系统采用的是继电器、接触器、按钮、行程开关等组成的继电接触控制系统。这种控制系统具有使用的单一性，即根据不同的控制要求需要设计不同的控制电路，一旦控制要求改变，势必重新设计、重新配线。但是，这种控制系统结构简单、维修方便、抗干扰能力强，所以至今在许多机械设备控制系统中仍广泛使用。

20 世纪 60 年代，出现了一种能够根据生产工艺要求、通过改变控制程序便能达到控制目的的顺序控制器。它是通过组合逻辑元件的插接或编程来实现继电接触器顺序控制电路的装置，仍然依靠硬件手段完成自动控制任务，体积大，功能也受到一定的限制，因此并没有得到普及应用。

60 年代后期，在工业生产中迫切需要一种使用方便灵活、运行安全可靠、功能完善的新一代自动控制装置。电子技术和计算机技术的发展为此提供了有力的硬件支持，因此产生了可编程序控制器（PLC）。PLC 是在顺序控制器基础上发展起来的以微处理器为核心的通用自动控制装置。

1968 年，美国通用汽车公司为增强其产品在市场的竞争力，不断更新汽车产品车型和型号，率先提出采用可编程序的逻辑控制器取代硬件接线的控制电路的设想，并对外招标。1969 年，第一台可编程序逻辑控制器问世。

随着电子技术和计算机技术的迅猛发展，集成电路体积越来越小，功能越来越强大。70年代初，微处理器问世。70 年代后期，微处理器被运用到 PLC 中，使 PLC 的体积大大缩小，功能大大增强。

1969 年美国通用汽车公司将第一台 PLC 投入到生产线中使用，取得了满意的效果，引起了世界各国的关注。继日本、德国之后，我国于 1974 年开始研制 PLC。目前全世界有数百家生产 PLC 的厂家，种类达 300 多种。PLC 无论在应用范围还是控制功能上，其发展都是始料未及的，远远超出了当时的设想和要求。目前，PLC 正朝着网络化、智能化方向发展。

半导体器件技术、大规模集成电路技术、计算机控制技术、检测技术等的发展，推动了电气控制技术的不断发展。在控制方式上，电力拖动的控制方式由手动控制进入到自动控制及智能控制阶段，从开关量的断续控制方式发展到由开关量和模拟量混合的连续控制方式及自动控制和智能控制方式；在控制功能上，从单一控制功能发展到多功能控制，从由简单的控制系统发展到多功能的复杂控制系统；在控制手段和控制器件上，从由有触点的硬接线分立元件控制发展到以 PLC 和系统计算机等软硬件集成的存储器控制及智能控制系统。

电气控制与 PLC 及智能控制技术的发展概况如图 0-3 所示。

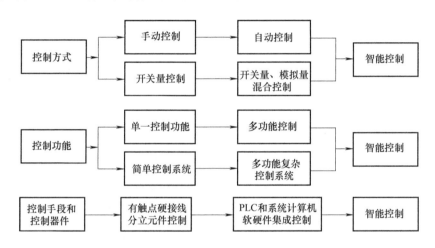

图 0-3　电气控制与 PLC 及智能控制技术的发展概况

目前，随着工业自动化、智能化、制造业自动化和智能化、制造业的转型升级、工业4.0 和中国制造 2025 战略的形势发展，PLC 将会成为制造业自动化和智能化控制系统中的关键性控制元件和控制系统。

**2. 本课程的性质和任务**

本课程是电气工程及其自动化专业、自动化、机械制造及其自动化等专业的专业核心课程，具有很强的实用性和专业性。主要内容围绕电气设备的电力拖动系统及以其他执行电器为控制对象的控制系统，介绍各种常用的低压电器控制元件、继电接触器控制系统、PLC 控制系统及智能控制系统的工作原理，典型电气设备的电气控制系统以及电气控制系统的设计方法等。通过本课程的学习，学生不但可以掌握传统的继电接触器控制系统有关知识，同时还可以掌握现代 PLC 控制及智能控制技术，以及电气控制技术方面的理论知识，提高实际应用和动手能力。

本课程的基本任务：

1）熟悉常用的电气控制电器元件的结构原理、用途及型号，达到正确使用和选用的目的。

2）熟练掌握继电接触器控制系统的基本环节，具备阅读和分析继电接触器控制系统的能力，能设计继电接触器控制系统的控制电路。

3）熟悉常用 PLC 的基本工作原理及应用发展概况。

4）熟练掌握常用 PLC 的基本指令系统和典型控制系统的编程，掌握常用 PLC 的程序设计方法，能够根据电气设备的过程控制要求进行系统设计，编制应用程序。

5）熟悉和初步掌握由普通 PLC 及智能型 PLC 和系统计算机构成的智能控制系统结构，并能够根据电气设备的过程控制要求初步进行智能控制系统设计，编制相应的智能控制系统应用程序。

# 第1章

# 电气控制常用低压电器及智能控制电器

低压电器被广泛应用于工业电气控制系统中，它是实现继电—接触器控制的主要电气元件。低压电器是指工作在交流 1200V 以下或直流 1500V 以下电路中，以实现对电路中信号的检测、执行部件的控制、电路的保护、信号的变换等作用的电器。低压电器种类繁多，一般分为低压配电电器、低压控制电器、低压主令电器、低压保护电器及低压执行电器等。本章以电气设备中常用的低压电器为主线，以产品图片方式介绍电气设备中常用的低压电器的结构及工作原理、主要技术参数、选择方法等，并简要介绍了智能控制电器，为后面进一步学习继电接触控制系统和 PLC 控制系统打下基础。

## 1.1  电气控制常用低压电器的分类和电器的基本知识

### 1.1.1  常用低压电器的定义和分类

**1. 常用低压电器的定义**

凡是自动或手动接通和断开电路，以及能实现对电路或非电对象切换、控制、保护、检测、变换和调节目的的电气元件统称为电器。

低压电器是指额定电压等级在交流 1200V 以下或直流 1500V 以下的电器，是接通和断开电路或调节、控制和保护电路及电气设备用的电工器具。

**2. 常用低压电器的分类**

低压电器的用途广泛，功能多样，种类繁多，结构各异。电气设备控制系统中的常用低压电器，一般分为低压配电电器、低压控制电器、低压主令电器、低压保护电器及低压执行电器等。具体分类如下。

（1）按动作方式分

1）手动电器：用手进行操作的电器，如手动开关、控制按钮、行程开关等主令电器。

2）自动电器：借助于电磁力或某个物理量的变化自动进行操作的电器，如接触器、各种类型的继电器、电磁阀等。

（2）按用途和控制对象分

1）控制电器：用于各种电气设备的控制电路和控制系统中的电器，如接触器、继电器、电动机起动器等。

2）主令电器：用于电气设备的自动控制系统中发送动作指令的电器，如按钮、行程开关、万能转换开关等。

3）保护电器：用于保护电路及用电设备的电器，如熔断器、热继电器、各种保护继电器、避雷器等。

4）执行电器：用于完成电气设备的某种动作或传动功能的电器，如电磁铁、电磁离合器等。

5）配电电器：用于电气控制系统中的供、配电，进行电能输送和分配的电器，如断路器、隔离开关、刀开关等。

（3）按工作原理分

1）电磁式电器：依据电磁感应原理来工作，如接触器、各种类型的电磁式继电器等。

2）非电量控制电器：依靠外力或某种非电物理量的变化而动作的电器，如刀开关、行程开关、按钮、速度继电器、温度继电器等。

（4）按有无触头分

1）有触头电器：利用触头的接通和分断来切换电路，如接触器、刀开关、按钮等。

2）无触头电器：无可分离的触头，主要是利用电子元件的开关效应，即导通和截止来实现电路的通、断控制，如接近开关、霍尔开关、电子式时间继电器、固态继电器等。

## 1.1.2 常用低压电器的基本知识

### 1. 电磁式电器的结构形式和工作原理

电磁式电器由两个主要部分组成，即感测部分——电磁机构、执行部分——触头系统。

（1）电磁机构

电磁机构是电磁式电器的感测部分，它的主要作用是将电磁能量转换为机械能量带动触头机构动作，从而完成接通或分断电路。如图 1-1 所示，电磁机构由吸引线圈、铁心、衔铁等几部分组成。

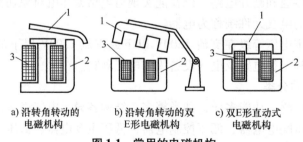

**图 1-1 常用的电磁机构**

1—衔铁 2—铁心 3—吸引线圈

（2）吸引线圈

吸引线圈的作用是将电能转换成磁场能量。按通入电流种类的不同，可分为直流线圈和交流线圈。

对于直流电磁铁，因其铁心不发热，只有线圈发热，所以直流电磁铁的吸引线圈做成高而薄的瘦长形，且不设线圈骨架，使线圈与铁心直接接触，易于散热。

对于交流电磁铁，由于其铁心存在磁滞和涡流损耗，线圈和铁心都会发热，所以交流电磁铁的吸引线圈设有骨架，使铁心与线圈隔离并将线圈制成短而厚的矮胖形，有利于铁心和线圈的散热。

直流电磁铁的吸力计算公式为

$$F_{at} = \frac{10^7}{8\pi}B^2 S \tag{1-1}$$

式中，$F_{at}$ 为电磁吸力（N）；$B$ 为气隙中的磁感应强度（T）；$S$ 为磁极截面积（$m^2$）。

交流电磁铁的电磁吸力随时间变化而变化，具体计算公式为

$$B = B_m \sin\omega t \tag{1-2}$$

$$F_{atm} = F_0 - F_0\cos2\omega t \tag{1-3}$$

式中，$B_m$ 为气隙中磁感应强度的最大值（即幅值，T）；$\omega$ 为正弦交流电的角频率（rad/s）；$F_{atm}$ 为交流电磁铁的电磁吸力的最大值（N）；$F_0$ 为交流电磁铁的电磁吸力的平均值（N），$F_0 = (10^7/8\pi)B_m^2 S$。

电磁铁的电磁吸力特性是指电磁吸力 $F_{at}$ 随衔铁与铁心间气隙 $\delta$ 变化的关系曲线。不同的电磁机构具有不同的吸力特性。

**2. 电磁式电器的触头系统和电弧**

（1）电磁式电器的触头系统

触头是电器的执行部分，起接通和分断电路的作用。因此，要求触头导电、导热性能良好，通常用铜制成。

触头的主要结构形式可分为桥式触头和指形触头，如图 1-2 所示。

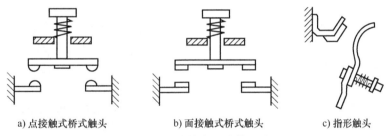

a) 点接触式桥式触头　　　b) 面接触式桥式触头　　　c) 指形触头

**图 1-2　触头的主要结构形式**

（2）电弧的产生

在大气中断开电路时，如果被断开电路的电流超过某一数值，断开后加在触头间隙两端的电压超过某一数值（12~20V）时，则触头间隙中就会产生电弧。

（3）常用的灭弧方法

常用的灭弧方法主要有电动力灭弧、磁吹灭弧、窄缝灭弧、栅片灭弧。

电动力灭弧示意图如图 1-3 所示，$I$ 为流进和流出静触头及动触头的电流，$F$ 为电流 $I$ 与电流产生的磁场相互作用而产生的电动力。当触头打开时，在断口处产生电弧，在电动力 $F$ 的作用下，使电弧向外运动并拉长，使得电弧加快冷却并熄灭，从而产生电动力灭弧作用。

磁吹灭弧的原理是在触头回路中串入一个磁吹线圈，在导磁夹板的作用下，负载电流产生的磁场方向如图 1-4 所示。当触头断开产生电弧后，同理在电动力的作用下，电弧被拉长并吹入灭弧罩中，使电弧冷却并熄灭。磁吹灭弧装置利用磁吹线圈和电弧电流的共同作用产生磁吹电动力灭弧，电流越大磁吹能力也越强。

如图 1-5 所示，窄缝灭弧的原理是利用灭弧罩的窄缝来实现灭弧，灭弧罩内只有一个纵向上宽下窄的窄缝，当处于窄缝下方的触头断开产生电弧时，电弧在电动力的作用下被压入窄缝内，使电弧冷却并熄灭。

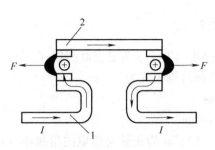

**图 1-3　电动力灭弧示意图**

1—静触头　2—动触头

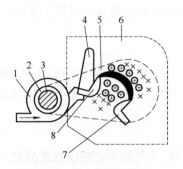

**图 1-4　磁吹灭弧示意图**

1—磁吹线圈　2—绝缘套　3—铁心

4—引弧角　5—导磁夹板　6—灭弧罩

7—动触头　8—静触头

栅片灭弧示意图如图 1-6 所示（图中 $I$、$F$ 同图 1-3）。灭弧栅片由多片镀铜薄钢片组成，它们被安装在电器触头上方的灭弧栅内，彼此之间相互绝缘，当电弧产生时，电弧在电动力的作用下被拉入灭弧栅内分割成数个串联的短电弧，从而使电弧迅速冷却并很快熄灭。

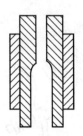

**图 1-5　窄缝灭弧示意图**

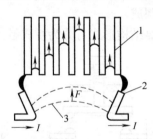

**图 1-6　栅片灭弧示意图**

1—灭弧栅片　2—触头　3—电弧

## 1.1.3　智能电器的基本知识

　　所谓智能电器是指以微控制器/微处理器为核心，除具有传统电器的切换、控制、保护、检测、变换和调节功能外，还具有显示、运行数据存储、外部故障和内部故障自诊断与记忆、自主运算与存储处理、与外界自主通信等功能的装置。低压智能电器基本具有四个功能，即保护功能非常齐全、适时测量现实电量参数、故障记录与显示、内部故障自诊断等。

　　智能电器与普通电器相比具有以下优点：

　　1）普通配电电器会使配电系统产生高次谐波，而智能配电电器能够消除输入信号中的高次谐波，从而避免高次谐波造成的误操作。

　　2）智能过载电器可以保护具有多种起动条件的电动机，具有很高的动作可靠性。如电动机过载与断相保护、接地保护、三相不平衡保护以及反相或低电流保护等。

　　3）智能保护继电器具有自主监控、自动保护和自主通信功能。

　　4）智能电器可以实现中央计算机集中控制，提高了配电系统的自动化及智能化程度，使配电系统、控制系统的调度和维护达到自动化及智能化水平。

　　5）智能电器采用数字化的新型监控元件，使配电系统和控制中心提供的信息最大幅度增加，且接线简单、便于安装，提高了工作的可靠性。

6）智能电器可实现数据共享，可以减少信息重复和信息通道。

## 1.2　电气控制常用低压开关电器及智能控制开关

### 1.2.1　低压刀开关的结构、原理和选择方法

低压刀开关又称低压隔离开关，是电气设备控制系统中最常用的电气元件。它是手动控制电器中最简单且使用较广泛的一种低压电器。图 1-7 所示为低压刀开关（手柄操作式单级开关）的结构和电气图形、文字符号。低压刀开关在电路中的作用是隔离低压电源，以确保电路和设备维修时安全分断负载。如不频繁地接通和分断容量不大的低压电路或直接起动小容量电动机。低压刀开关带有动触头——闸刀（触刀），并通过它与座上的静触头——刀夹座（静插座上的触头）相楔合（或分离），以接通（或分断）电路。其中以熔断器作为动触头的刀开关称为熔断器式刀开关，简称刀熔开关。

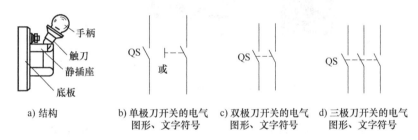

a) 结构　　b) 单极刀开关的电气　　c) 双极刀开关的电气　　d) 三极刀开关的电气
　　　　　　　　图形、文字符号　　　　　图形、文字符号　　　　　图形、文字符号

**图 1-7　低压刀开关的结构和电气图形、文字符号**

**1. 低压刀开关的分类及结构原理**

电气设备控制系统中常用的刀开关有 HD 型单投刀开关、HK 型开启式负荷开关、HH 型封闭式负荷开关等。

（1）HD 型单投刀开关

HD 型单投刀开关按极数分为单极、双极和三极几种，其结构如图 1-8 所示。

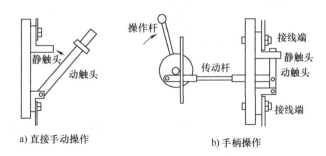

a) 直接手动操作　　　　　　　　b) 手柄操作

**图 1-8　HD 型单投刀开关结构**

HD 型单投刀开关的型号含义如下：

设计代号：11—中央手柄式；12—侧方正面杠杆操作机构式；13—中央正面杠杆操作机构式；14—侧面手柄式。

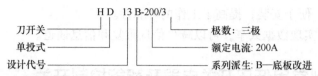

（2）HK 型开启式负荷开关

HK 型开启式负荷开关俗称闸刀或胶壳刀开关，由于它结构简单、价格低廉、使用维修方便，故得到广泛应用。该开关主要用作电气照明电路和电热电路、较小容量电动机电路的不频繁控制开关，也可用作分支电路的配电开关。

HK 型开启式负荷开关由熔丝、触刀、触点座和底座组成，其结构如图 1-9 所示。这种刀开关装有熔丝，可起短路保护作用。

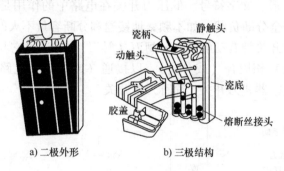

a) 二极外形　　　　b) 三极结构

**图 1-9　HK 型开启式负荷开关结构**

胶壳刀开关在安装时，手柄要向上，不得倒装或平装，以避免由于重力自动落下而引起误动合闸。接线时，应将电源线接在上端，负载线接在下端，这样拉闸后刀开关的触刀与电源隔离，既便于更换熔丝，又可防止可能发生的意外事故。

（3）HH 型封闭式负荷开关

HH 型封闭式负荷开关主要由铁壳或钢板外壳、触刀、操作机构、熔断器等组成，如图 1-10a 所示。刀开关带有灭弧装置，能够通断负荷电流，熔断器用于切断短路电流。一般用于小型电力排灌、电热器、电气照明线路的配电设备中，用来不频繁地接通与分断电路，也可以直接用于异步电动机的非频繁全压起动控制。

HH 型封闭式负荷开关的操作结构有两个特点：一是采用储能合闸方式，即利用一根弹簧执行合闸和分闸的功能，使开关闭合和分断时的速度与操作速度无关，既有助于改善开关的动作性能和灭弧性能，又能防止触点停滞在中间位置；二是设有联锁装置，以保证开关合闸后便不能打开箱盖，而在箱盖打开后，不能再合开关，起到安全保护的作用。

HK 型开启式负荷开关和 HH 型封闭式负荷开关都是由负荷开关和熔断器组成，其图形符号也是由手动负荷开关 QS 和熔断器 FU 组成，如图 1-10b 所示。

**2. 低压刀开关的选择方法**

低压刀开关的选择应从以下几方面进行考虑：

（1）刀开关结构形式的选择

应根据刀开关的作用和电气设备装置的安装形式来选择是否带灭弧装置，如分断负载电流时，应选择带灭弧装置的刀开关。根据电气设备装置的安装形式来选择是否是正面、背面

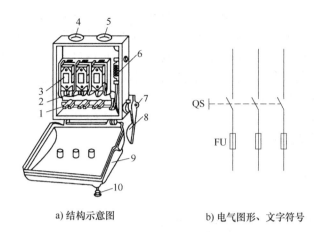

a) 结构示意图　　　　　b) 电气图形、文字符号

**图 1-10　HH 型封闭式负荷开关的结构和电气图形、文字符号**

1—动触刀　2—静夹座　3—熔断器　4—进线孔　5—出线孔　6—速断弹簧
7—转轴　8—操作手柄　9—上罩盖　10—上罩盖锁紧螺栓

或侧面操作形式，是直接操作还是杠杆传动，是板前接线还是板后接线的结构形式。

（2）刀开关额定电流的选择

一般应等于或大于电气设备装置所分断电路中各个负载额定电流的总和。对于电动机负载，应考虑其起动电流，所以应选用额定电流大一级的刀开关。若再考虑电路出现短路电流的情况，应选用额定电流更大一级的刀开关。

（3）各型号刀开关的应用场合

HR3 熔断器式刀开关具有刀开关和熔断器的双重功能，采用这种组合开关电器可以简化配电装置结构，经济实用，在低压配电屏上得到越来越广泛的应用。

HK1、HK2 系列开启式负荷开关（胶壳刀开关）可用作电源开关和小容量电动机非频繁起动的操作开关。

HH3、HH4 系列封闭式负荷开关的操作机构具有速断弹簧与机械联锁，用于非频繁起动、28kW 以下的三相异步电动机。

## 1.2.2　低压断路器的结构、原理和选择方法

低压断路器是通用电气元件，也是低压配电系统中常用的开关电器之一。它不仅可以接通和分断正常负载电流、电动机工作电流和过载电流，而且可以接通和分断短路电流，主要用于不频繁操作的低压配电线路或开关柜中，作为电源开关使用。另外，低压断路器还可以对供电线路、电气设备、电动机等实行保护。如当线路发生严重过电流、过载、短路、断相、漏电等故障时，能自动切断线路，起到保护作用。由于低压断路器具有多种保护功能、动作值可调、分断能力高、操作方便、安全等优点，因此得到了广泛应用。

**1. 低压断路器的结构和工作原理**

低压断路器由操作机构、触头、保护装置（各种脱钩器）、灭弧系统等组成，其结构和电气图形、文字符号如图 1-11 所示。

低压断路器的主触头靠手动操作或电动合闸。当主触头闭合后，自由脱扣机构将主

触头锁在合闸位置上。过电流脱扣器的线圈和热脱扣器的热元件与主电路串联，欠电压脱扣器的线圈和电源并联。当电路发生短路或严重过载时，过电流脱扣器的衔铁吸合，使自由脱扣机构动作，主触头断开主电路。当电路过载时，热脱扣器的热元件发热使双金属片向上弯曲，推动自由脱扣机构动作。当电路欠电压时，欠电压脱扣器的衔铁释放，也使自由脱扣机构动作。分励脱扣器则作为远距离控制用，在正常工作时，其线圈是断电的，在需要远距离控制时，按下脱扣按钮使线圈通电，衔铁带动自由脱扣机构动作，使主触头断开。

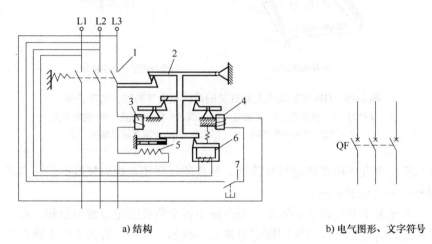

a) 结构                                b) 电气图形、文字符号

**图 1-11　低压断路器的结构和电气图形、文字符号**

1—主触头　2—自由脱扣机构　3—过电流脱扣器　4—分励脱扣器　5—热脱扣器
6—欠电压脱扣器　7—脱扣按钮

**2. 低压断路器的分类**

低压断路器的分类方式很多，主要有以下几种：

（1）按结构形式分类

按结构形式分为万能式（又称框架式）断路器和塑壳式断路器。万能式断路器主要用作配电网的保护开关，有 DWl5、DWl6、CW 系列，而塑壳式断路器除用作配电网的保护开关外，还可用作电动机、照明线路的控制开关，有 DZ5 系列、DZ15 系列、DZ20 系列、DZ25 系列。

（2）按灭弧介质分类

按灭弧介质分为空气式和真空式（目前国产低压断路器多为空气式）。

（3）按操作方式分类

按操作方式分为手动操作、电动操作和弹簧储能机械操作。

（4）按极数分类

按极数分为单极式、双极式、三极式和四极式。

（5）按安装方式分类

按安装方式分为固定式、插入式、抽屉式和嵌入式等。

低压断路器容量范围很大，最小为 4A，而最大可达 5000A。

**3. 低压断路器的选择方法**

（1）低压断路器的型号

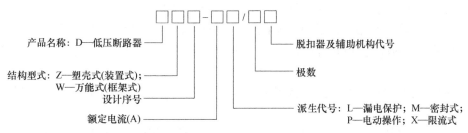

产品名称：D—低压断路器
结构型式：Z—塑壳式(装置式)；
　　　　　W—万能式(框架式)
　　　　　设计序号
　　　　　额定电流(A)

脱扣器及辅助机构代号
极数
派生代号：L—漏电保护；M—密封式；
　　　　　P—电动操作；X—限流式

（2）低压断路器的选择方法

低压断路器的选用应考虑以下几方面：

1）断路器的额定电压和额定电流应大于或等于电气线路、设备的正常工作电压和工作电流。

2）断路器的极限关断能力应大于或等于电气线路的最大短路电流。

3）欠电压脱扣器的额定电压应等于电气线路的额定电压。

4）过电流脱扣器的额定电流应大于或等于电气线路的最大负载电流。

### 1.2.3　智能控制开关的结构、原理和选择方法

#### 1. 智能控制开关的结构和工作原理

传统的控制开关的断路保护功能是利用热磁效应原理，通过机械系统的动作来实现。智能控制开关的断路特征则是采用了以微处理器或单片机为核心的智能控制器（智能脱扣器）技术。它不仅具备普通控制开关断路器的各种保护功能，还能对各种保护功能的动作参数进行显示、设定和修改，使保护电路动作时的故障参数能够存储在存储器中以便查询。智能控制开关同时还具有定时显示电路中的各种电器参数（电流、电压、功率、功率因数等）功能，以及对电路进行在线监视、自行调节、测量、试验、自诊断、可通信等功能。智能控制开关的断路器原理框图如图1-12所示。

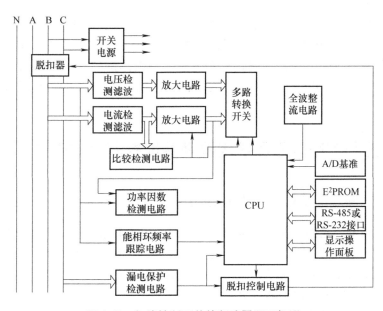

图1-12　智能控制开关的断路器原理框图

与传统的控制开关相比较，智能控制开关具有以下优点：

1）对于非故障性的操作，采用智能控制开关的断路器技术可以在较低的速度下断开，减少断路器断开时的冲击力和机械磨损，从而提高断路器的使用寿命，在工程上取得较好的经济效益和社会效益。

2）采用智能控制开关的断路器技术可以实现高压开关设备的检测、保护、控制和通信等智能化功能。

3）采用智能控制开关的断路器技术可以实现自动重合闸装置的多次重合闸。传统的重合闸开关采用重合闸继电器，正常运行时，重合闸继电器的电容进行充电，当发生故障断路器断开后，电容进行瞬间放电从而达到重合目的，当重合闸故障时，由于电容未再进行充电，因此重合闸只能重合一次。采用智能断路器技术后有可能改变目前的试探性自动重合闸的工作方式，实现自适应自动重合闸，即做到在短路故障断开后，如故障仍存在则拒绝重合闸，只有当故障消失后才进行重合，从而避免了传统重合闸只能重合一次的弊端。

4）实现定相合闸，降低合闸操作过电压，取消合闸电阻，进一步提高可靠性；实现选相分闸，控制实际燃弧时间，使采用智能控制开关的断路器起弧时间控制在最有利于燃弧的相位角，不受系统燃弧时差要求限制，从而提高了断路器的实际开断能力。

**2. 智能控制开关的选择方法**

智能控制开关用作电气设备或线路保护时，选择时主要考虑以下几点：

1）选用智能控制开关的断路器的额定电流大于或等于线路或电气设备的额定电流。

2）选用智能控制开关的断路器的额定短路分断能力（电流）大于或等于线路的预期（最大）短路电流。

3）选用智能控制开关的断路器的保护功能相对完善、全面，能满足其工作场合的要求。

4）选用智能控制开关的断路器的外形尺寸相对较小，节省空间，便于在同一柜内安装多台智能控制开关。

随着微电子技术、微机技术、计算机网络和数字通信技术的飞速发展，以及人工智能技术在开关电气产品研发和研究领域的应用，智能控制开关将会从简单的采用微机控制取代传统继电器功能的单一封闭装置，发展到具有完整的理论体系和多学科交叉的电器智能化系统，成为电气工程领域中电力开关设备、电力系统继电保护、工业供配电系统及工业控制网络技术新的发展方向。

# 1.3 电气控制常用低压保护电器及智能控制保护电器

## 1.3.1 低压熔断器的结构、原理和分类

熔断器是通用电气元件，也是低压配电系统中常用的电路安全保护电器之一。熔断器是根据其上所通过的电流超过规定值后，以其自身产生的热量使熔体熔化，从而使电路断开。熔断器广泛应用于低压配电系统和控制系统以及用电设备中，作为短路和过电流的保护器，是电气系统中应用最普遍的保护器件之一。

**1. 熔断器的工作原理及特点**

熔断器是一种过电流保护器。熔断器主要由熔体和熔管以及外加填料等部分组成。使用

时，将熔断器串联于被保护电路中，当被保护电路的电流超过规定值，并经过一定时间后，由熔体自身产生的热量熔断熔体，使电路断开，从而起到保护的作用。

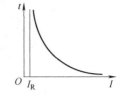

熔断器具有反时限特性，如图 1-13 所示，即过载电流 $(I_R)$ 小时，熔断时间长；过载电流大时，熔断时间短。所以，在一定过载电流范围内，当电流恢复正常时，熔断器不会熔断，可继续使用。熔断器有各种不同的熔断特性曲线，可以适用于不同类型保护对象的需要。

图 1-13　熔断器的反时限保护特性

**2. 熔断器的结构和分类**

熔断器主要由熔体、外壳和支座三部分组成，其中熔体是控制熔断特性的关键元件。熔体的材料、尺寸和形状决定了熔断特性。熔体材料分为低熔点和高熔点两类。低熔点材料如铅和铅合金，其熔点低，容易熔断，由于其电阻率较大，故制成熔体的截面尺寸较大，熔断时产生的金属蒸气较多，只适用于低分断能力的熔断器。高熔点材料如铜、银，其熔点高，不容易熔断，但由于其电阻率较低，可制成比低熔点熔体较小的截面尺寸，熔断时产生的金属蒸气少，适用于高分断能力的熔断器。熔体的形状分为丝状和带状两种。改变截面的形状可显著改变熔断器的熔断特性。

熔断器的种类很多，按结构分为开启式、半封闭式和封闭式；按有无填料分为有填料式、无填料式。

## 1.3.2　常用低压熔断器的结构、原理和选择方法

**1. 常用低压熔断器的结构和原理**

（1）插入式熔断器

插入式熔断器如图 1-14 所示。常用的产品有 RC1A 系列，主要用于低压分支电路的保护，因其分断能力较小，多用于照明电路和小型动力电路中。

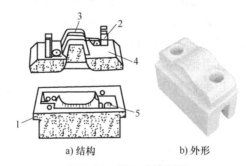

a) 结构　　　　　　　　b) 外形

图 1-14　插入式熔断器

1—瓷座　2—动触头　3—熔体（熔丝）　4—瓷盖　5—静触头

（2）螺旋式熔断器

螺旋式熔断器如图 1-15 所示，熔体装在一个瓷管内并填充石英砂，石英砂用于熔断时的消弧和散热，瓷管头部装有一个涂成红色的熔断指示器，一旦熔体熔断，指示器马上弹出脱落，透过瓷帽上的玻璃孔可以看到，起到指示的作用。螺旋式熔断器的额定电流为 5～200A，主要用于短路电流大的分支支路或有易燃气体的场所。

（3）RM10 型密闭管式熔断器

RM10 型密闭管式熔断器属于无填料管式熔断器，如图 1-16 所示，其熔断管由纤维物制

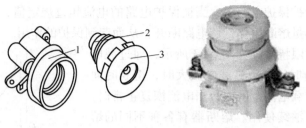

a) 结构　　　　b) 外形

**图 1-15　螺旋式熔断器**

1—底座　2—熔体　3—瓷帽

成，使用的熔体为变截面的锌合金片。熔体熔断时，纤维熔断管的部分纤维物因受热而分解，产生高压气体，使电弧很快熄灭。无填料管式熔断器具有结构简单、保护性能好、使用方便等特点，一般均与刀开关组成熔断器刀开关组合使用。

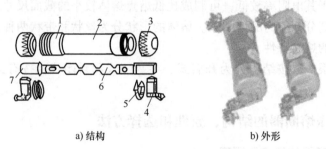

a) 结构　　　　b) 外形

**图 1-16　RM10 型密闭管式熔断器**

1—铜圈　2—熔断管　3—管帽　4—插座　5—特殊垫圈　6—熔体　7—熔片

（4）RT0 型有填料密闭管式熔断器

RT0 型有填料密闭管式熔断器如图 1-17 所示，熔体采用纯铜箔冲制的网状熔片并联而成，装配时将熔片围成笼形，使填料与熔体充分接触，这样既能均匀分布电弧能量，提高分断能力，又可使管体受热较为均匀而不易断裂。熔断指示器是一个机械信号装置，指示器上焊有一根很细的康铜丝，与熔体并联。在正常情况下，由于康铜丝的电阻很大，电流基本上从熔体流过。当熔体熔断时，电流流过康铜丝，使其迅速熔断。此时，指示器在弹簧的作用下立即向外弹出，显现出醒目的红色信号。绝缘手柄用来装卸熔断器熔体的可动部件。

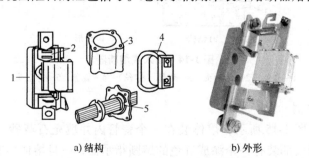

a) 结构　　　　b) 外形

**图 1-17　RT0 型有填料密闭管式熔断器**

1—绝缘底座　2—动静触头接插口　3—熔断指示器　4—绝缘手柄　5—熔体

（5）快速熔断器

快速熔断器主要用于电气设备中的半导体器件保护。半导体器件的过载能力很低，只能在极短的时间（数毫秒至数十毫秒）内承受过载电流。而一般熔断器的熔断时间是以秒计的，所以不能用来保护半导体器件，为此，必须采用在过载时能迅速动作的快速熔断器。快速熔断器的结构与有填料封闭管式熔断器基本一致，所不同的是快速熔断器采用以银片冲制成的有 V 形深槽的变截面熔体。

（6）自复式熔断器

自复式熔断器采用低熔点金属钠作为熔体。当发生短路故障时，短路电流产生高温使钠迅速气化，呈现高阻状态，从而限制了短路电流的进一步增加。一旦故障消失，温度下降，金属钠蒸气冷却并凝结，重新恢复原来的导电状态，为下一次动作做好准备。由于自复式熔断器只能限制短路电流，并不能真正切断电路，故常与断路器配合使用。它的优点是不必更换熔体，可重复使用。

**2. 低压熔断器的选择方法**

（1）熔断器的型号及主要技术参数

1）熔断器的型号。

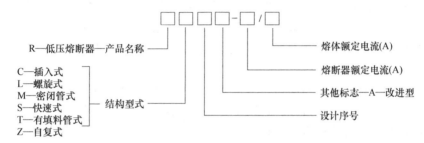

2）额定电压。熔断器额定电压是指熔断器长期工作所能承受的电压，如交流 380V、500V、600V、1000V；直流 220V、440V 等，允许熔断器长期工作在额定电压下。

3）额定电流。熔断器额定电流取决于熔断器各部分长期工作所允许的温升，该值根据被保护电器、电机的容量确定，并有规定的标准值。

熔体额定电流取决于熔体的最小熔断电流和熔化系数，根据需要可以划分为较细的等级，且不同等级的熔体可装入同一等级的熔断器中。

4）分断能力。熔断器所能分断的最大短路电流值，取决于熔断器的灭弧能力。它是熔断器的主要技术指标，与熔体额定电流大小无关，一般有填料的熔断器分断能力较高，数值在 kA 级，具有限流作用的熔断器分断能力更高。由于电路发生短路时，其短路电流增长要有一个过程，达到最大值（峰值）也需要一定的时间。如能采取某种措施使熔体的熔断时间小于这一时间，则熔断器即可在短路电流未达到峰值之前分断电路，这种作用称为限流作用。限流作用主要通过采取措施缩短熔体熔化时间和提高灭弧能力来达到。

5）熔化特性与熔断特性。熔化特性可表示为试验电流与熔化时间的关系曲线，熔断特性则可表示为试验电流与熔断时间的关系曲线。前后熔断器通过上述两个特性的合理配合或与其他电器动作特性合理配合，使整个配电系统达到选择性保护的要求。

（2）熔断器的选择方法

熔断器的选择主要依据电气负载的保护特性和短路电流的大小选择熔断器的类型。对于容量小的电动机和照明支线，常采用熔断器作为过载及短路保护，因而希望熔体的熔化系数适当小些，通常选用铅锡合金熔体的 RQA 系列熔断器。对于电气控制系统中较大容量的电动机和照明干线，则应着重考虑短路保护和分断能力。通常选用具有较高分断能力的 RM10 和 RL1 系列熔断器；当短路电流很大时，宜采用具有限流作用的 RT0 和 RT12 系列熔断器。

熔断器的选择方法如下：

1）用于保护无起动过程的平稳负载，如电气照明线路、电气控制系统中电阻性负载时，熔体的额定电流应等于或略大于线路的工作电流，额定电压应大于或等于线路的工作电压。

2）保护电气控制系统中单台电动机时，考虑到电动机受起动电流的冲击，熔体的额定电流可按式（1-4）计算：

$$I_{\mathrm{FUN}} = (1.5 \sim 2.5)I_{\mathrm{N}} \tag{1-4}$$

式中，$I_{\mathrm{FUN}}$ 为熔体的额定电流（A）；$I_{\mathrm{N}}$ 为电动机的额定电流（A）。

轻载起动或起动时间短时，系数可取 1.5，重载起动或起动时间较长时，系数可取 2.5。

3）保护电气控制系统中频繁起动的电动机时，熔体的额定电流可按式（1-5）计算：

$$I_{\mathrm{FUN}} = (3.0 \sim 3.5)I_{\mathrm{N}} \tag{1-5}$$

4）保护电气控制系统中多台电动机时，熔体的额定电流可按式（1-6）计算：

$$I_{\mathrm{FUN}} = (1.5 \sim 2.5)I_{\mathrm{Nmax}} + \sum I_{\mathrm{N}} \tag{1-6}$$

式中，$I_{\mathrm{Nmax}}$ 为容量最大的那台电动机的额定电流（A）；$\sum I_{\mathrm{N}}$ 为其余电动机额定电流之和（A）。

必须着重指出，在选用熔断器时，一定要保证所选型号的参数数值与被保护的负载技术数据相符合，否则不但起不到保护作用反而会导致负载、线路损坏，造成严重的后果。

熔断器的电气图形、文字符号如图 1-18 所示。

图 1-18　熔断器的电气图形、文字符号

### 1.3.3　低压漏电保护开关的结构、原理和选择方法

**1. 低压漏电保护开关的结构、原理**

漏电保护开关又称为漏电保护断路器，是低压电气系统中常用的电气开关，可用于对低压电网直接触电和间接触电进行有效保护，也可以作为三相电动机的断相保护。漏电保护开关有单相和三相方式。由于它以漏电流或由此产生的中性点对地电压变化作为动作信号，所以不必以负载电流值来整定动作值，灵敏度高，动作后能有效地切断电源，保障人身安全。

图 1-19 为漏电保护开关原理电路，图中 $L$ 为电磁铁线圈，漏电时可驱动刀开关 QS 断开。每个桥臂用两只 1N4007 串联可提高耐压。$R_3$、$R_4$ 阻值很大，所以 QS 合上时，流经 $L$ 的电流很小，不足以造成开关 QS 断开。$R_3$、$R_4$ 为晶闸管 $VT_1$、$VT_2$ 的均压电阻，可以降低对晶闸管的耐压要求。SB 为试验按钮，起模拟漏电的作用。按压试验按钮 SB，SB 接通，相当于外线相线对大地有漏电，穿过磁环的三相电源线和零线的电流的矢量和不为零，磁环上的检测线圈的 a、b 两端就有感应电压输出，该电压立即触发 $VT_2$ 导通。由于 $C_2$ 预先充有一定电压，$VT_2$ 导通后，$C_2$ 便经 $R_6$、$R_5$、$VT_2$ 放电，使 $R_5$ 上产生电压触发 $VT_1$ 导通。$VT_1$、$VT_2$ 导通后，流经 $L$ 的电流人增，使电磁铁动作，驱动开关 QS 断开，试验按钮的作用是随时可检查装置功能是否完好。用电设备漏电引起电磁铁动作的原理与此相同。$R_1$ 为压敏电阻，起过电压保护作用。

漏电保护开关的应用范围如下：

1）无双重绝缘，额定工作电压在 110V 以上时的移动电动工具。

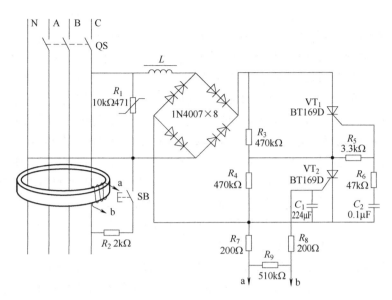

**图1-19　漏电保护开关原理电路**

2）建筑工地供电线路。

3）临时供电线路。

4）住宅建筑供电线路。

防止直接接触带电体保护的动作电流值为30mA，0.1s内动作。可按需要安装间接接触保护的漏电保护器。

漏电保护开关的安装要求如下：

1）被保护回路电源线，包括相线和中性线均应穿入零序电流互感器。

2）接入零序电流互感器的一段电源线应用绝缘带包扎紧，捆成一束后由零序电流互感器孔的中心穿入，这样做的主要目的是消除由于导线位置不对称而在铁心中产生不平衡磁通。

3）由零序电流互感器引出的零线上不得重复接地，否则在三相负载不平衡时生成的不平衡电流不会全部从零线返回，而有部分由大地返回，因此通过零序电流互感器电流的矢量和便不为零，二次线圈有输出，可能会造成误动作。

4）每一保护回路的零线均应专用，不得就近搭接，不得将零线相互连接，否则三相不平衡电流或单相触电保护器相线的电流，将有部分分流到相连接的不同保护回路的零线上，会使两个回路的零序电流互感器铁心产生不平衡磁动势。

5）漏电保护器安装好后，通电，按试验按钮试跳。

**2. 低压漏电保护开关的选择方法**

低压漏电保护开关（断路器）在选用上与一般塑壳开关（断路器）和小型开关（断路器）有许多相同之处，如额定电压应大于或等于线路的额定电压；过电流脱扣器额定电流必须和线路或实际的负载电流和特性相适应；按线路负载电流选用额定电流；漏电断路器的极限通断能力应大于或等于线路最大短路电流等。除以上项目外，主要考虑按保护对象及按负载特点选用漏电保护开关（断路器）。

1）按保护对象来选用漏电保护开关（断路器），主要分保护人身安全和预防火灾两种。

人或家畜常因触电造成伤亡。为了保护人身安全，避免有致命危险的触电事故，应使用漏电电流动作保护器进行保护。人体触电的安全电流值与触电时间有关，触电的方式有两类：一是人体直接接触了带电的外露导电部分，若人立于地面，电流就从人体与导电体接触处，经过人体并通过心脏再流经脚底后流入地内。心脏受电的刺激而出现颤动，当达到一定极限时，人就会因触电而死亡，如人们常使用的厨房、浴室等家用电器，这类电器一般没有可靠而安全的接地措施，人体触电的危险性很大；二是间接式触电，如安装在地面上的工业电动机，电动机的外壳都与接地线相连，当电动机内部绕组与外壳间绝缘损坏而漏电时，其漏电电流由外壳经接地线注入地下，再流回电源中性点，当人体接触到电动机外壳时，只有部分漏电电流经人体注入地面。以上两种触电方式，漏电保护开关的漏电动作值应是不同的。多数国家选择 30mA 作为安全极限，即对用于直接接触保护方式的开关，选用漏电动作电流值在 30mA 及以下（潮湿场所取低值），而用于间接接触保护方式的开关，选用的漏电动作电流值就较大。当线路漏电电流超过一定值，可能引起电气火灾时，漏电保护开关（断路器）应能自动切断电路。在实际应用中，一般选用 100~500mA 等级的漏电保护开关（断路器）。为了避免不必要的动作，较少采用 100mA 等级以下的品种。对于通风不良、容易起火的建筑以及放有易燃品的场所，漏电保护开关（断路器）的动作电流要选得小些，如 100mA 等级。

2）按负载特点选用漏电保护开关（断路器），负载特性主要分为电动机、一般照明、电热设备三种。

以电动机为负载的电路应选电动机保护用（D 型）漏电保护开关（断路器）。根据电动机负载的种类确定其形式和规格选择时，应注意电动机起动电流、热特性和漏电保护开关（断路器）之间的协调，必须使其过电流保护特性适应电动机的起动特性。按电动机的种类确定工作电流，选取额定电压、额定电流和极数与此相适应的漏电保护开关（断路器）。例如，额定电压为 380V、功率为 10kW 的三相电动机，应选用额定电压为380V、额定电流为 20A 的三极漏电保护开关（断路器）。单相电动机则应选用额定电流为 50A 的双极漏电保护开关（断路器）。以照明电器为负载的电路，应选用配电保护用（C 型）漏电保护开关（断路器）。通常分支电路选用三相四极漏电保护开关（断路器）；终端电路选用单相双极漏电保护开关（断路器），并且按工作电流的大小选择相应规格的漏电保护开关（断路器）。根据线路的泄漏电流情况，确定漏电保护开关（断路器）的额定漏电动作电流。一般情况下，干线支路的漏电电流要比分支电路的大，分支电路的漏电电流要比终端电路的大。因此，前级的漏电动作电流值应尽可能靠近后级各支路上的漏电动作电流值之和。电炉、电熨斗、电热器、电热水器、电磁炉等均属电热设备。这类负载的特点是工作电流随温度升高而降低，但漏电电流则随温度升高而增大。如电炉在冷态时的绝缘电阻可大于 100MΩ，但加热至 300℃时，只有 2~3MΩ。因此，对电热负载应按冷态时的电流选择漏电保护开关（断路器）电流，按热态时的漏电状态选择额定漏电动作电流值。

## 1.3.4　智能漏电保护开关的结构、原理和选择方法

智能漏电保护开关除了具备传统漏电保护开关的各种用途外，还可以显示各种电路指标，如电流、电压、功率、功率因数等，这些指标根据需要可以随时显示、设置和修改。与传统漏电保护开关相比，智能漏电保护开关具有以下优点：

1）可靠性高，灵敏度好。

2）用途灵活多变，适应性好。

3）性价比高，更适合现代复杂电气系统的要求。

智能漏电保护开关原理框图如图 1-20 所示。其工作原理是将零序电流互感器检测到的信号送到运算放大器对信号进行放大，再由带 A/D 转换的微处理器对剩余电流信号进行高速采样和数字转换，并对转换值进行运算处理，最后将处理得到的数据结果与规定的额定动作值进行比较，当实际电流值达到额定动作值时，根据用户的非延时或延时要求驱动断路器断开，达到漏电保护的目的，并实现自动重合闸和漏电电流跟踪和记忆功能。

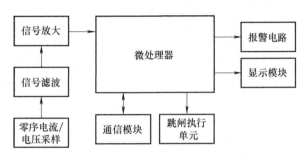

图 1-20　智能漏电保护开关原理框图

# 1.4　电气控制常用主令电器

主令电器是通用电气元件，是自动控制系统中专用于发布控制命令的电器，主要用来控制接触器、继电器或其他电器的线圈，使电路接通或分断，从而达到控制生产机械的目的。

主令电器应用广泛、种类繁多，是电气控制系统中常用的低压控制电器之一。电气控制系统中常用的主令控制电器按其作用可分为按钮、行程开关、接近开关、万能转换开关、主令控制器等。

## 1.4.1　常用按钮

按钮用来切断和接通低电压、小电流的控制电路，是一种最简单的手动开关。

按钮从结构上看主要由按钮帽、复位弹簧、桥式触头和外壳等组成，如图 1-21 所示。按钮的种类很多，分类方法也很多，按用途和结构的不同，可分为起动按钮、停止按钮和复合按钮等。按钮的电气图形、文字符号如图 1-22 所示。

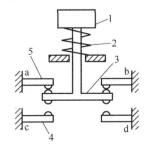

图 1-21　按钮的结构

1—按钮帽　2—复位弹簧　3—动触头　4—常开静触头　5—常闭静触头

a) 常开按钮　　b) 常闭按钮　　c) 复合按钮

**图 1-22　按钮的电气图形、文字符号**

常开按钮：手指未按下时，触头是断开的；当手指按下时，触头接通；手指松开后，在复位弹簧作用下动触头又返回原位使触头断开。常开按钮常用作起动按钮。

常闭按钮：手指未按下时，触头是闭合的；当手指按下时，触头被断开；手指松开后，在复位弹簧作用下动触头又返回原位使触头闭合。常闭按钮常用作停止按钮。

复合按钮：将常开按钮和常闭按钮组合为一体。当手指按下时，其常闭静触头先断开，然后常开静触头闭合；手指松开后，在复位弹簧作用下，动触头又返回原位。复合按钮常用在控制电路中作为电气联锁。

为标明按钮的作用，避免误操作，通常将按钮帽制成红、绿、黑、黄、蓝、白、灰等颜色，并规定如下：

1）停止和急停按钮必须是红色的。当按下红色按钮时，必须使设备停止工作或断电。

2）起动按钮的颜色是绿色。

3）起动与停止交替动作的按钮的颜色必须是黑白、白色或灰色，不得用红色和绿色。

4）点动按钮必须是黑色的。

5）复位按钮（如保护继电器的复位按钮）必须是蓝色的。当复位按钮还具有停止作用时，则必须是红色的。

## 1.4.2　常用行程开关和接近开关

行程开关又称为位置开关或限位开关，它的作用是将机械位移转变为电信号，使电动机的运行状态发生改变。在实际生产中，将行程开关安装在预先安排的位置，当安装于生产机械运动部件上的挡块撞击到行程开关时，行程开关的动触头动作，实现电路的切换。因此，行程开关是一种根据运动部件的行程位置而切换电路的电器，其作用原理与按钮类似。行程开关广泛应用于各类电气设备和机电设备，如机床和电梯、起重机械等，用以控制其行程，进行终端限位保护。在电梯的控制电路中，还利用行程开关来控制开关轿门的速度、自动开关门的限位，以及轿厢的上、下限位保护。

行程开关按其结构可分为直动式、滚轮式和微动式，如图 1-23 所示。

**1. 直动式行程开关**

如图 1-23a 所示，直动式行程开关是用运动部件上的撞块来碰撞行程开关的顶杆，使触头的开闭状态发生变化，触头已接在控制电路中，从而使相应的电器动作，达到控制的目的。直动式行程开关的优点是结构简单、成本较低；缺点是触头的分合速度取决于撞块的移动速度，若撞块移动速度太慢，则触头就不能瞬时切换电路，使电弧在触头上停留时间过长，容易烧蚀触头。因此这种开关不宜用在撞块移动速度低于 0.4m/min 的场合。

**2. 滚轮式行程开关**

如图 1-23b 所示，当被控机械上的撞块撞击滚轮 6 时，上转臂 7 转向右边或左边，通过

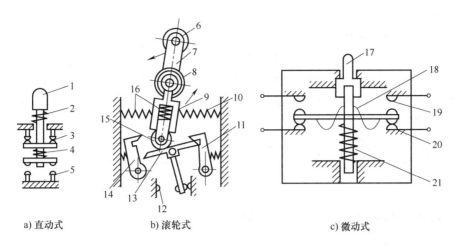

图 1-23　行程开关的结构

1—顶杆　2、8、10、16—弹簧　3、20—常闭静触头　4—弹簧动触头　5、19—常开静触头　6、8—滚轮　7—上转臂
9—套架　11、14—压板　12—静触头　13—动触头推杆　15—小滚轮　17—推杆　18—弯形片状弹簧　21—复位弹簧

套架 9 和小滚轮 15 等顶下动触头推杆 13，带动触头迅速动作。当运动机械返回时，在复位弹簧的作用下，各部分动作部件复位。滚轮式行程开关具体又分为单滚轮自动复位与双滚轮非自动复位两种形式。滚轮式行程开关的优点是克服了直动式行程开关的缺点，触头的通断速度不受运动部件速度的影响，动作快；缺点是结构复杂，价格较高。

**3. 微动式行程开关**

微动式行程开关即微动开关。如图 1-23c 所示，微动开关是行程非常小的瞬时动作开关，其特点是操作力小和操作行程短，主要用于机械、纺织、轻工等各种机械设备中作为限位保护与联锁保护等。微动开关也可以看成尺寸甚小而又非常灵敏的行程开关，微动开关的缺点是不耐用。

行程开关的型号含义和电气图形、文字符号如图 1-24 所示。

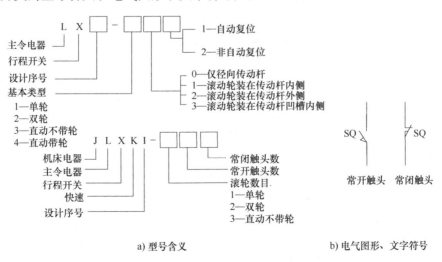

a) 型号含义　　　　　　　　　　　b) 电气图形、文字符号

图 1-24　行程开关的型号含义和电气图形、文字符号

**4. 接近开关**

接近开关是一种非接触式的位置开关。它由感应头、高频振荡器、放大器和外壳组成。当运动部件与接近开关的感应头接近时，就使其输出一个电信号。

接近开关的用途已经远远超出一般行程开关的行程和限位保护，它还可以用于高速计数、测速、液面控制、检测金属体的存在、检测零件尺寸、无触头按钮及用作计算机或可编程序控制器的传感器等。

接近开关按工作原理分为高频振荡型（检测各种金属）、永磁型及磁敏元件型、电磁感应型、电容型、光电型和超声波型等几种。常用的接近开关是高频振荡型，由振荡、检测、晶闸管等部分组成。

## 1.4.3 常用万能转换开关和主令控制器

**1. 万能转换开关**

万能转换开关是一种多挡式、控制多回路的主令电器，主要用于各种控制线路的转换，电压表、电流表的换相测量控制，以及配电装置线路的转换和遥控等，还可以用于直接控制小容量电动机的起动、调速和换向。

图 1-25 所示为万能转换开关的结构示意图。万能转换开关一般由操作机构、定位装置、面板、手柄及触头等部件组成。触头的分断与闭合由凸轮进行控制。由于每层凸轮可做成不同的形状，因此当手柄转到不同位置时，通过各层凸轮的作用，可以使各对触头按需要的规律接通和分断。

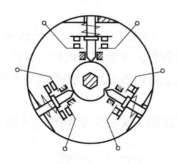

**图 1-25　万能转换开关的结构示意图**

根据手柄的操作方式，万能转换开关可分为自复式和定位式两种。所谓自复式是指用手拨动手柄于某一挡位时，手松开后，手柄会自动返回原位；定位式则是指手柄被置于某挡位时，不能自动返回原位而停在该挡位。

万能转换开关的手柄操作位置是以角度表示的。不同型号的万能转换开关的手柄有不同的触头，其电气图形符号如图 1-26 所示。但由于触头的分合状态与操作手柄的位置有关，所以，除在电路图中画出触头的图形符号外，还应画出操作手柄与触头分合状态的关系。图 1-26a 中，当万能转换开关打向左 45°时，触头 1-2、3-4、5-6 闭合，触头 7-8 打开；打向 0°时，只有触头 5-6 闭合，向右 45°时，触头 7-8 闭合，其余打开。

在电气控制系统中，万能转换开关常用于水泵的电气控制电路中。常用产品有 LW5 和 LW6 系列。LW5 系列可控制 5.5kW 及以下的较小容量电动机；LW6 系列只能控制 2.2kW 及以下的小容量电动机。万能转换开关用于可逆运行控制时，只有在电动机停车后才允许反向起动。

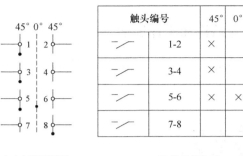

| 触头编号 | | 45° | 0° | 45° |
|---|---|---|---|---|
| ⌐⟋ | 1-2 | × | | |
| ⌐⟋ | 3-4 | × | | |
| ⌐⟋ | 5-6 | × | × | |
| ⌐⟋ | 7-8 | | | × |

a) 电气图形符号　　　　b) 触头闭合表

**图 1-26　万能转换开关的电气图形符号**

**2. 主令控制器**

主令控制器是一种频繁对电路进行接通和切断的电器。通过它的操作，可以对控制电路发布命令，与其他电路联锁或切换。主令控制器常配合磁力起动器对绕线转子异步电动机的起动、制动、调速及换向实行远距离控制，广泛用于电气设备的控制系统中。

主令控制器触头的图形符号及操作手柄在不同位置时的触头分合状态的表示方法与万能转换开关类似。与万能转换开关相比，主令控制器具有更多的挡位，具有操作比较轻便、允许每小时通电次数较多的特点，触头为双断点桥式结构。

从结构上讲，主令控制器分为两类：一类是凸轮可调式主令控制器；一类是凸轮固定式主令控制器。图 1-27 所示为凸轮式主令控制器的结构。

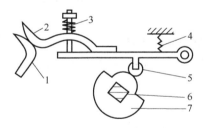

**图 1-27　凸轮式主令控制器结构示意图**

1—静触头　2—动触头　3—触头弹簧　4—弹簧　5—滚轮　6—方轴　7—凸轮

# 1.5　电气控制常用接触器

接触器是通用电气元件，是一种自动控制开关设备，主要用于频繁接通或分断交、直流电路和大容量控制电路。与刀开关不同，接触器是利用电磁吸力和弹簧反作用力配合使触头自动切换的电器，具有比工作电流大数倍的接通和分断能力，但不能分断短路电流，并具有体积小、价格低、维护方便、控制容量大、寿命长的特点，适于频繁操作和远距离控制，因此在电力拖动与自动控制系统中得到了广泛的应用。

接触器按其触头通过电流的种类可分为交流接触器和直流接触器。在电气控制系统中常用的是交流接触器。

## 1.5.1 常用交流接触器的结构和工作原理

交流接触器的结构和电气图形、文字符号如图 1-28 所示。

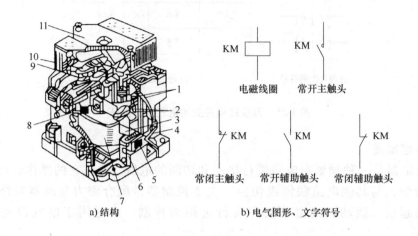

a) 结构                 b) 电气图形、文字符号

**图 1-28 交流接触器的结构和电气图形、文字符号**

1—辅助常闭触头  2—辅助常开触头  3—动铁心  4—弹簧  5—静铁心
6—短路环  7—线圈  8—反作用弹簧  9—主触头  10—触头压力弹簧片  11—灭弧罩

交流接触器主要由电磁系统、触头系统和灭弧装置及其他部件等四部分组成。

（1）电磁系统

电磁系统主要用于产生电磁吸力（动力）。它由电磁线圈（吸力线圈）、动铁心（衔铁）和静铁心等组成。交流接触器的电磁线圈是由绝缘铜导线绕制在铁心上，铁心由硅钢片叠压而成。

（2）触头系统

触头系统主要用于通断电路或者传递信号。它分为主触头和辅助触头，主触头用以通断电流较大的主电路，一般由三对常开触头组成；辅助触头用以通断电流较小的控制电路，一般有常开和常闭两对触头，常在控制电路中起电气自锁或互锁作用。

（3）灭弧装置

灭弧装置用来熄灭触头在切断电路时所产生的电弧，保护触头不受电弧灼伤。在交流接触器中常采用的灭弧方法有电动力灭弧和栅片灭弧。

（4）其他部件

其他部件包括反作用弹簧、缓冲弹簧、传动机构、接线柱和外壳等。

## 1.5.2 常用交流接触器的型号和选择方法

### 1. 交流接触器的型号和主要技术参数

国产交流接触器的型号表示如下：

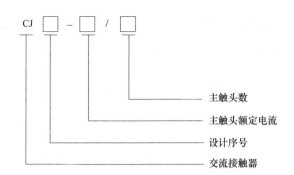

交流接触器的主要技术参数有：

1）额定电压：主触头的额定电压。常用的额定电压值有 220V、380V 和 660V 等。

2）额定电流：主触头的额定工作电流。它是在一定条件（额定电压、使用类别和操作频率等）下规定的，目前常用的电流等级为 5~800A。

3）吸引线圈的额定电压：接触器正常工作时，吸引线圈上所加的电压值。一般该电压值以及线圈的匝数、线径等数据均标于线包上，而不是标于接触器外壳铭牌上，使用时应加以注意。

4）动作值：接触器的吸合电压和释放电压。吸合电压是指接触器吸合前，缓慢增加吸合线圈两端的电压，接触器可以吸合时的最低电压。释放电压是指接触器吸合后，缓慢降低吸合线圈的电压，接触器释放时的最高电压。一般规定，吸合电压不低于线圈额定电压的 85%，释放电压不高于线圈额定电压的 70%。

5）额定操作频率：每小时允许的操作次数。接触器在吸合瞬间，吸引线圈需要比额定电流大 5~7 倍的电流，如果操作频率过高，则会使线圈严重发热，直接影响接触器的正常使用。一般为 300 次/h、600 次/h 和 1200 次/h。

6）寿命：包括机械寿命和电气寿命。接触器频繁操作电路，应有较高的机械寿命和电气寿命。该指标是产品质量的重要指标之一。

**2. 交流接触器的选择方法**

1）根据电气控制系统负载的性质选择交流接触器的类型。

2）交流接触器的额定电压应大于或等于电气控制系统负载回路的额定电压。

3）交流接触器的吸引线圈额定电压应与所接电气控制系统控制电路的额定电压等级一致。

4）额定电流应大于或等于被控电气控制系统主回路的额定电流。根据电气控制系统的负载额定电流、交流接触器安装条件及电流流经触头的持续情况来选定交流接触器的额定电流。

# 1.6　常用继电器

继电器是通用电气元件，是电气控制系统中常用的电器之一。它是随着电流、电压、时间、温度、速度等信号的变化而动作的一种"自动电器"，在电路中起着自动调节、安全保护、电路转换等作用。

继电器的种类很多，按输入信号的不同可分为中间继电器、电流继电器、电压继电器、热继电器、时间继电器、速度继电器、压力继电器等；按工作原理可分为电磁式继电器、感应式继电器、电动式继电器、电子式继电器等；按用途可分为控制继电器、保护继电器等。

### 1.6.1 继电器的结构和工作原理

电气控制系统中常用的继电器大多数是电磁式继电器，电磁式继电器按照输入的电流或电压的性质可分为直流继电器、交流继电器两种。

电磁式继电器具有结构简单、价格低廉、使用维护方便、触点容量小（一般在 5A 以下）、触点数量较多、无灭弧装置、体积小、动作迅速、控制准确、动作可靠等特点，因此广泛应用于电气控制系统中。

电磁式继电器的基本结构和工作原理与接触器相类似，主要由小型或微型的电磁机构和触点组成。图 1-29a 为直流电磁式继电器的结构示意图，在线圈两端加上电压或通入电流，产生电磁力，当电磁力大于弹簧反力时，吸动衔铁使常开常闭触点动作；当线圈的电压或电流下降或消失时衔铁释放，触点复位。

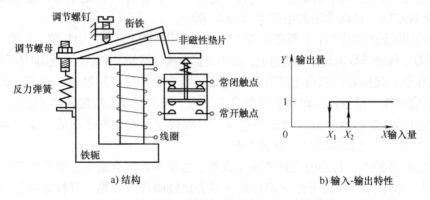

a) 结构      b) 输入-输出特性

**图 1-29 直流电磁式继电器的结构和输入-输出特性**

电磁式继电器的动作值可根据电气控制系统的保护动作要求，通过转动电磁式继电器本体上的调节螺母或调节螺钉在一定范围内进行调整。

电磁式继电器的主要特性是输入-输出特性，又称为继电特性，如图 1-29b 所示。当电磁式继电器输入量 $X$ 由 0 增加至 $X_1$ 之前，输出量 $Y$ 为 0。当输入量增加到 $X_1$ 时，继电器吸合，输出量 $Y$ 为 1，表示继电器线圈得电，常开触点闭合，常闭触点断开。当输入量继续增大时，继电器动作状态不变。

在输出量 $Y$ 为 1 的状态下，输入量 $X$ 减小，当 $X$ 小于 $X_2$ 时 $Y$ 值仍不变，当 $X$ 再继续减小至小于 $X_1$ 时，继电器释放，输出量 $Y$ 变为 0，$X$ 再减小，$Y$ 值仍为 0。

如图 1-29b 所示，在电磁式继电器输入-输出特性曲线中，$X_2$ 称为继电器的吸合值，$X_1$ 称为继电器的释放值。$k=X_1/X_2$，称为继电器的返回系数，它是继电器的重要参数之一。

返回系数 $k$ 值可以调节，不同场合对 $k$ 值的要求不同。如一般控制继电器要求 $k$ 值低些，在 0.1~0.4 之间，这样继电器吸合后，输入量波动较大时不致引起误动作。保护继电器则要求 $k$ 值高些，一般在 0.85~0.9 之间。$k$ 值是反映吸力特性与反力特性配合紧密程度的一个参数，一般 $k$ 值越大，继电器灵敏度越高，$k$ 值越小，继电器灵敏度越低。

### 1.6.2 常用中间继电器

中间继电器是电气控制系统中常用的继电器之一，它实质上是一种电磁式电压继电器，根据输入电压的有无而动作。中间继电器的触点数量较多，一般为 4 常开触点和 4 常闭触点，触点容量较大，触点额定电流一般为 5~10A。中间继电器的结构和接触器基本相同，工作原理和接触器一样。中间继电器的结构如图 1-30a 所示，电气图形、文字符号如图 1-30b 所示。

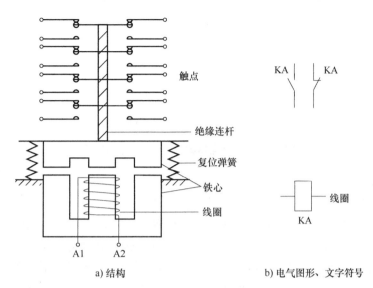

a) 结构　　　　　　　　　　b) 电气图形、文字符号

**图 1-30　中间继电器的结构和电气图形、文字符号**

中间继电器有逻辑变换和状态记忆的功能，在控制电路中起扩展触点的容量和数量，调节各继电器、开关之间的动作时间，防止电路误动作的作用。中间继电器体积小，动作灵敏度高，一般不用于直接控制电路的负载，但当电路的负载电流在 5A 以下时，也可代替接触器起控制负载的作用。常用的中间继电器型号有 JZ7、JZ14 等。

### 1.6.3　常用电流继电器和电压继电器

**1. 电流继电器**

电磁式电流继电器的输入量是电流，它是根据输入电流大小而动作的继电器。电磁式电流继电器的线圈串入电路中，以反映电路电流的变化，其线圈匝数少、导线粗、阻抗小。电磁式电流继电器可分为欠电流继电器和过电流继电器。

欠电流继电器是指通过继电器线圈的电流减小到低于其整定值时就动作的继电器。当检测到的电流大于欠电流设定值时，欠电流继电器输出开关吸合，否则继电器输出开关释放。欠电流继电器通常用于欠电流保护或控制，如直流电动机励磁绕组的弱磁保护、电磁吸盘中的欠电流保护、绕线转子异步电动机起动时电阻的切换控制等。欠电流继电器的动作电流整定值范围一般为线圈额定电流的 30%~65%。需要注意的是，欠电流继电器在电路正常工作状态下，电流正常不欠电流时，欠电流继电器处于吸合动作状态，常开触点处于闭合状态，常闭触点处于断开状态；当电路出现不正常现象或故障现象导致电流下降或消失时，欠电流继电器中流过的电流小于释放电流时而动作，所以欠电流继电器的动作电流为释放电流而不是吸合电流。

过电流继电器用于过电流保护或控制，如起重机电路中的过电流保护。过电流继电器在电路正常工作时流过正常工作电流，正常工作电流小于继电器所整定的动作电流，继电器不动作，当电流超过动作电流整定值时继电器才动作。过电流继电器动作时其常开触点闭合，常闭触点断开。过电流继电器整定范围为额定电流的 110%~400%，其中交流过电流继电器为额定电流的 110%~400%，直流过电流继电器为额定电流的 70%~300%。

常用的电磁式电流继电器型号有 JT4、JL12、JL15 等。电流继电器的电气图形、文字符号如图 1-31 所示。

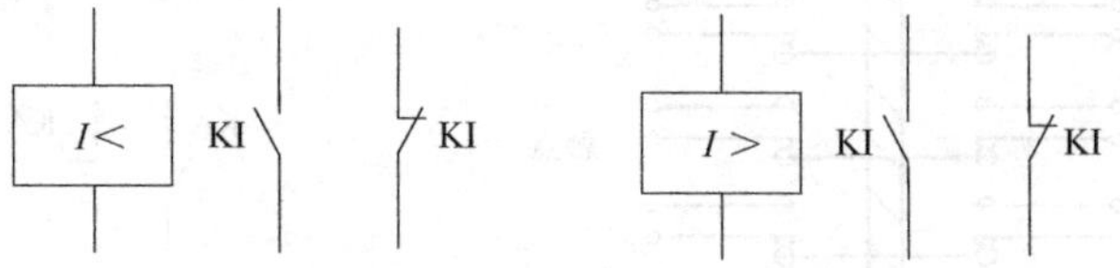

a) 欠电流继电器　　　　　　　　b) 过电流继电器

图 1-31　电流继电器的电气图形、文字符号

**2. 电压继电器**

电磁式电压继电器的输入量是电压，其根据输入电压大小而动作。与电流继电器类似，电压继电器也分为欠电压继电器和过电压继电器两种。过电压继电器动作电压范围为额定电压的 105%~120%；欠电压继电器吸合电压动作范围为额定电压的 20%~50%，释放电压调整范围为额定电压的 7%~20%；零电压继电器当电压降低至额定电压的 5%~25% 时动作。它们分别起过电压、欠电压、零电压保护的作用。电压继电器工作时并联在电路中，因此线圈匝数多、导线细、阻抗大，反映电路中电压的变化，常用于电气控制系统中的电压保护。电压继电器的电气图形、文字符号如图 1-32 所示。

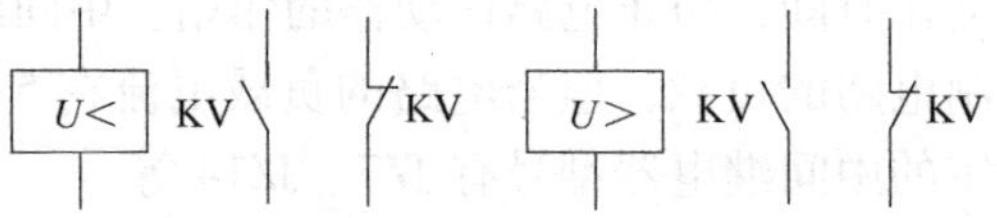

a) 欠电压继电器　　　　　　　　b) 过电压继电器

图 1-32　电压继电器的电气图形、文字符号

## 1.6.4　常用热继电器

热继电器是通用电气元件，也是电气控制系统中最常用的电器元件。热继电器主要用于电力拖动系统中电动机的过载保护。

电动机在实际运行中，常会遇到因电气或机械原因等引起的过电流（过载和断相）现象。如果过电流不严重，持续时间短，绕组不会超过允许温升，这种过电流是允许的；如果过电流情况严重，持续时间较长，则会加速电动机绝缘的老化，缩短电动机的使用年限，甚至烧毁电动机。因此，在电动机回路中必须设置保护装置。

**1. 热继电器的结构和工作原理**

热继电器是利用电流的热效应来切断电路的保护电器，主要由热元件、双金属片和触点及动作机构等部分组成。图 1-33a 为双金属片式热继电器的结构示意图，图 1-33b 为其电气图形、文字符号。由图可见，双金属片式热继电器主要由双金属片、热元件、复位按钮、传动杆、拉簧、调节旋钮、复位螺钉、触点和接线端子等组成。双金属片是一种将两种线膨胀系数不同的金属用机械辗压方法使之形成一体的金属片。膨胀系数大的（如铁镍铬合金、铜合金或高铝合金等）称为主动层，膨胀系数小的（如铁镍类合金）称为被动层。由于两种线膨胀系数不同的金属紧密地贴合在一起，当产生热效应时，使得双金属片向膨胀系数小的一侧弯曲，由弯曲产生的位移带动动触点动作。

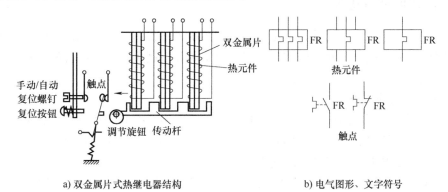

a) 双金属片式热继电器结构　　　　　　b) 电气图形、文字符号

图 1-33　热继电器的结构和电气图形、文字符号

热元件一般由铜镍合金、铁镍铬合金或铁铬铝等合金电阻材料制成，其形状有圆丝、扁丝、片状和带状几种。热元件串接于电动机的定子电路中，通过热元件的电流就是电动机的工作电流（大容量的热继电器装有速饱和互感器，热元件串接在其二次回路中）。当电动机正常运行时，其工作电流通过热元件产生的热量不足以使双金属片变形，热继电器不会动作。当电动机发生过电流且超过整定值时，双金属片的热量增大而发生弯曲，经过一定时间后，使触点动作，通过控制电路切断电动机的工作电源。同时，热元件也因失电而逐渐降温，经过一段时间的冷却，双金属片恢复到原来状态。

热继电器动作电流的调节是通过旋转调节旋钮来实现的。调节旋钮为一个偏心轮，调节旋钮可以改变传动杆和动触点之间的传动距离，距离越长，动作电流就越大；反之动作电流就越小。

热继电器复位方式有自动复位和手动复位两种，将复位螺钉旋入，使常开的静触点向动触点靠近，这样动触点在闭合时处于不稳定状态，在双金属片冷却后动触点也返回，为自动复位方式。如将复位螺钉旋出，动触点不能自动复位，则为手动复位方式。在手动复位方式下，需在双金属片恢复状时按下复位按钮才能使动触点复位。

**2. 热继电器的型号与选择方法**

目前常用的国产热继电器型号主要有 JR20、JRS1、JR9、JR14、JR15、JR16 等系列，引进的产品型号有 3UA、T、LR1-D 等系列。双金属片的弯曲程度受环境影响较大，不能正确反映负载的过电流情况，JR15、JR16 等系列热继电器采用复合加热方式，并采用了温度补偿元件，因此能较正确反映负载的工作情况。

热继电器主要用于电动机的过载保护，使用中应考虑电动机的工作环境、起动情况、负载性质等因素，具体应按以下几个方面来选择：

1）热继电器结构形式的选择。星形联结的电动机可选用两相或三相结构热继电器；三角形联结的电动机应选用带断相保护装置的三相结构热继电器。

2）热继电器的动作电流整定值一般为电动机额定电流的 1.05~1.1 倍。

3）对于重复短时工作的电动机（如起重机电动机），由于电动机不断重复升温，热继电器双金属片的温升跟不上电动机绕组的温升，电动机将得不到可靠的过载保护。因此，不宜选用双金属片热继电器，而应选用过电流继电器或能反映绕组实际温度的温度继电器来进行保护。

## 1.6.5　常用时间继电器

时间继电器是通用电气元件，也是电气控制系统中最常用的电器元件。时间继电器用来按照所需时间间隔，接通或断开被控制电路，以协调和控制生产机械的各种动作，因此是按整定时间长短进行动作的控制电器。

**1. 时间继电器的分类**

时间继电器在控制电路中用于时间的控制，种类很多，按其动作原理可分为电磁式、空气阻尼式、电动式和电子式等；按延时方式可分为通电延时型和断电延时型。

**2. 空气阻尼式时间继电器的工作原理**

下面以 JS7 型空气阻尼式时间继电器为例说明其工作原理。空气阻尼式时间继电器是利用空气阻尼原理获得延时的，它由电磁机构、延时机构和触点系统三部分组成。电磁机构为直动式双 E 形铁心，触点系统借用 LX5 型微动开关，延时机构采用气囊式阻尼器。

空气阻尼式时间继电器可以做成通电延时型，也可改成断电延时型，电磁机构可以是直流的，也可以是交流的，如图 1-34 所示。现以通电延时型时间继电器为例介绍其工作原理。

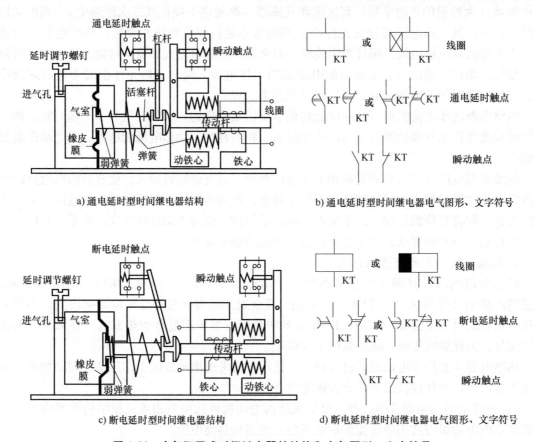

a) 通电延时型时间继电器结构　　b) 通电延时型时间继电器电气图形、文字符号

c) 断电延时型时间继电器结构　　d) 断电延时型时间继电器电气图形、文字符号

图 1-34　空气阻尼式时间继电器的结构和电气图形、文字符号

图 1-34a 中通电延时型时间继电器为线圈不得电时的情况，当线圈通电后，动铁心吸合，带动 L 形传动杆向右运动，使瞬动触点受压，其触点瞬时动作。活塞杆在塔形弹簧的作

用下，带动橡皮膜向右移动，弱弹簧将橡皮膜压在活塞上，橡皮膜左方的空气不能进入气室，形成负压，只能通过进气孔进气，因此活塞杆只能缓慢地向右移动，其移动的速度和进气孔的大小有关（通过延时调节螺钉调节进气孔的大小可改变延时时间）。经过一定的延时后，活塞杆移动到右端，通过杠杆压动微动开关（通电延时触点），使其常闭触点断开、常开触点闭合，起到通电延时作用。

当线圈断电时，电磁吸力消失，动铁心在反力弹簧的作用下释放，并通过活塞杆将活塞推向左端，这时气室内中的空气通过橡皮膜和活塞杆之间的缝隙排掉，瞬动触点和延时触点迅速复位，无延时。

如果将通电延时型时间继电器的电磁机构反向安装，就可以改为断电延时型时间继电器，如图 1-34c 所示。线圈不得电时，塔形弹簧将橡皮膜和活塞杆推向右侧，杠杆将延时触点压下（注意：原来通电延时的常开触点现在变成断电延时的常闭触点，原来通电延时的常闭触点现在变成断电延时的常开触点），当线圈通电时，动铁心带动 L 形传动杆向左运动，使瞬动触点瞬时动作，同时推动活塞杆向左运动，如前所述，活塞杆向左运动不延时，延时触点瞬时动作。线圈失电时，动铁心在反力弹簧的作用下返回，瞬动触点瞬时动作，延时触点延时动作。

时间继电器线圈和延时触点的电气图形、文字符号都有两种画法，线圈中的延时符号可以不画，触点中的延时符号可以画在左边也可以画在右边，但是圆弧的方向不能改变，如图 1-34b、d 所示。

**3. 空气阻尼式时间继电器的特点和选择方法**

空气阻尼式时间继电器的优点是结构简单、延时范围大、寿命长、价格低廉，且不受电源电压及频率波动的影响；缺点是延时误差大、无调节刻度指示，一般适用于延时精度要求不高的场合。常用的空气阻尼式时间继电器产品型号有 JS7-A、JS23 等系列，其中 JS7-A 系列的主要技术参数为延时范围，分 $0.4 \sim 60s$ 和 $0.4 \sim 180s$ 两种，操作频率为 600 次/h，触点容量为 5A，延时误差为 $\pm 15\%$。在使用空气阻尼式时间继电器时，应保持延时机构的清洁，防止因进气孔堵塞而失去延时作用。

时间继电器在选用时应根据控制要求选择其延时方式，根据延时范围和精度选择继电器的类型。

## 1.6.6　常用速度继电器

速度继电器又称为反接制动继电器，主要用于三相笼型异步电动机的反接制动控制。图 1-35 为速度继电器的结构和电气图形、文字符号。它主要由转子、定子和触点三部分组成。转子是一个圆柱形永久磁铁，定子是一个笼型空心圆环，由硅钢片叠成，并装有笼型绕组。转子的轴与被控电动机的轴相连接，当电动机转动时，转子（圆柱形永久磁铁）随之转动产生一个旋转磁场，定子中的笼型绕组切割磁力线产生感应电流和磁场，两个磁场相互作用，使定子受力而跟随转动，当达到一定转速时，装在定子轴上的摆锤推动簧片触点运动，使常闭触点断开、常开触点闭合。当电动机转速低于某一数值时，定子产生的转矩减小，动触点在簧片作用下复位。

常用的速度继电器有 JY1 型和 JFZ0 型两种。其中，JY1 型可在转速为 $700 \sim 3600 r/min$ 范围工作，JFZ0-l 型适用于转速为 $300 \sim 1000 r/min$，JFZ0-2 型适用于转速为 $1000 \sim 3000 r/min$。

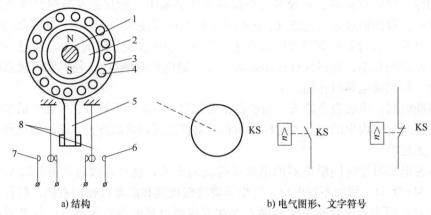

a) 结构　　　　　　　　　　　　　　　b) 电气图形、文字符号

**图 1-35　速度继电器的结构和电气图形、文字符号**

1—电动机轴　2—转子　3—定子　4—绕组　5—定子柄
6、7—静触点　8—簧片

一般速度继电器都具有两对转换触点，一对用于正转时动作，另一对用于反转时动作。触点额定电压为 380V，额定电流为 2A。通常速度继电器动作转速为 130r/min，复位转速在 100r/min 以下。

# 1.7　电气控制系统的图形符号和文字符号

## 1.7.1　图形符号

电气控制系统电气元件的图形符号是电气设计人员的通用语言，国际上通用的电气图形符号标准是 IEC（国际电工委员会）标准。我国新的国家标准（GB）图形符号和 IEC 标准是一致的。这些通用的电气符号在相关手册内都可查到。电气控制系统的图形符号目前执行的国家标准是 GB/T 4728.1~13—2008~2018《电气简图用图形符号》、GB/T 6988.1—2008《电气技术用文件的编制》等新标准。标准给出了大量的常用电器图形符号，表示产品特征。通常用较简单的电器作为一般符号，对于一些组合电器，不必考虑其内部细节时可用方框符号表示。

新的国家标准图形符号的一个显著特点就是图形符号可以根据需要进行组合，该标准中除了提供了大量的一般符号之外，还提供了大量的限定符号和符号要素，限定符号和符号要素不能单独使用，它相当于一般符号的配件。将某些限定符号或符号要素与一般符号进行组合即可组成各种电气图形、文字符号，如图 1-36 所示。

## 1.7.2　文字符号

电气控制系统电气元件的文字符号是在电气元件图形符号旁标注的文字代号，起辅助说明作用，是电气设计人员的通用语言文字符号。文字符号分为基本文字符号和辅助文字符号。

基本文字符号分为单字母符号和双字母符号两种。单字母符号应优先采用，每个单字母符号表示一个电器大类。如 C 表示电容器类、R 表示电阻器类等。

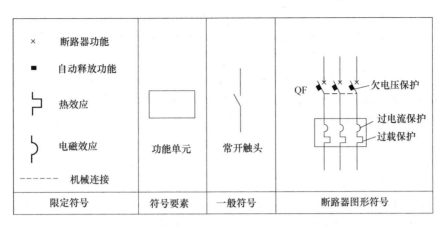

**图 1-36　断路器电气图形、文字符号的组成**

双字母符号由一个表示种类的单字母符号和另一个字母组成，第一个字母表示电器的大类，第二个字母表示对某电器大类的进一步划分。如 G 表示电源大类，GB 表示蓄电池；S 表示控制电路开关，SB 表示按钮，SP 表示压力传感器（继电器）。

文字符号用于标明电器的名称、功能、状态和特征。同一电器如果功能不同，其文字符号也不同，如照明灯的文字符号为 EL，信号灯的文字符号为 HL。

辅助文字符号表示电气设备、装置和元件的功能、状态和特征，由 1~3 位英文名称缩写的大写字母表示，如辅助文字符号 BW（backward 的缩写）表示向后，P（pressure 的缩写）表示压力。辅助文字符号可以和单字母符号组合成双字母符号，如单字母符号 K（表示继电器接触器大类）和辅助文字符号 AC（交流）组合成双字母符号 KA，表示交流继电器；单字母符号 M（表示电动机大类）和辅助文字符号 SYN（同步）组合成双字母符号 MS，表示同步电动机。辅助文字符号可以单独使用。

## 思考题与习题

1-1　低压电器的分类有哪几种？

1-2　常用的低压电器有哪些？它们在电路中起何种保护作用？

1-3　熔断器的额定电流与熔体的额定电流有何区别？

1-4　刀开关在安装时，为什么不能倒装？如果将电源线接在刀开关下端，有什么问题？

1-5　根据低压断路器的原理图，说明在什么情况下自由脱扣机构可以动作？

1-6　复合按钮动作时，常开触头和常闭触头各自如何动作？

1-7　交流接触器线圈断电后，动铁心不能立即释放，电动机不能立即停止，原因是什么？

1-8　交流电磁线圈错误接入对应直流电压电源，直流电磁线圈错误接入对应交流电压电源，将会发生什么现象？为什么？

1-9　在电动机主电路中装有熔断器，为什么还要装热继电器？热继电器与熔断器的作用有何不同？

1-10　接触器选用的原则是什么？

1-11　交流电磁式继电器与直流电磁式继电器以什么来区分？

1-12 过电压继电器与过电流继电器的整定范围各是多少?

1-13 中间继电器与电压继电器在结构上有哪些异同点? 在电路中各起什么作用?

1-14 电磁式继电器的选择要点是什么?

1-15 对于星形联结三相感应电动机可用一般三相热继电器作为断相保护吗? 对于三角形联结三相感应电动机必须使用三相具有断相保护的热继电器, 对吗?

1-16 比较空气阻尼式、电动式、电子式时间继电器的工作原理和应用场合。

1-17 简述双金属片式热继电器的结构与工作原理。

1-18 如何选择热继电器?

1-19 热继电器与熔断器在电路中的功能有何不同?

1-20 熔断器的额定电流、熔体的额定电流和熔断器的极限分断电流, 三者有何不同?

1-21 低压断路器具有哪些脱扣装置? 试分别叙述其功能。

1-22 如何选用塑壳式断路器?

1-23 控制按钮有哪些主要参数? 如何选用?

1-24 主令开关的主要参数有哪些? 如何选用?

1-25 什么是电气元件的图形符号和文字符号?

# 第 2 章

# 电气控制常用继电接触控制电路与典型控制系统分析

电气控制系统的控制方法主要有继电接触器逻辑控制、可编程序逻辑控制、DDC 控制器控制、计算机控制（单片机、可编程序控制器等）等方法。主要由继电器和接触器等控制电器组成的自动控制系统，称为继电器—接触器逻辑控制系统，简称继电接触控制系统。继电接触器逻辑控制是由各种有触点（头）电器，如接触器、继电器、按钮、开关等组成，具有结构简单、价格低廉、抗干扰能力强等优点，可应用于各类生产设备及控制、远距离控制和生产过程自动控制。它是传统的电气控制技术，也是电气控制系统常用的控制技术。目前电气控制系统中继电接触器逻辑控制仍是被广泛使用的基本控制系统。任何复杂的控制电路或系统，都是由一些比较简单的基本控制环节、保护环节根据不同要求组合而成。因此本章主要介绍继电接触控制的基本电路和典型电气设备的继电接触控制系统分析，掌握这些基本控制环节是学习以后各章和电气控制技术的基础。

## 2.1 电气控制常用继电接触控制基本电路

### 2.1.1 点动控制和连续控制

#### 1. 点动控制

所谓点动，即按下按钮时电动机转动开始工作，松开按钮时电动机停止工作。点动控制电路如图 2-1 所示，图中左侧部分为主电路，三相电源经刀开关 QS、熔断器 FU 和接触器 KM 的三对主触头接到电动机定子绕组。主电路中流过的电流是电动机工作电流，电流值较大。右侧部分为控制电路，由按钮 SB 和接触器 KM 线圈串联而成，控制电路的电流较小。

点动控制电路的工作原理：合上刀开关 QS 后，因未按下点动按钮 SB，接触器 KM 线圈没有得电，KM 的主触头断开，电动机 M 不得电，所以不会起动。

按下点动按钮 SB 后，控制电路中接触器 KM 线圈得电，其主电路中的常开触头闭合，电动机得电起动运行。

松开按钮 SB 后，按钮在复位弹簧作用下自动复位断开，控制电路中 KM 线圈失电，主电路中 KM 触头恢复断开状态，电动机断电直至停止运行。

该控制电路中，QS 为刀开关，不能直接控制电动机，只能起电源引入的作用。主电路熔断器 $FU_1$ 起短路保护作用，如发生三相电路的任两路熔断器相之间短路，或是任一相电路发生对地短路，短路电流使熔断器迅速熔断，从而切断主电路电源，实现对电动机的短路保护。

点动控制电路常用于短时工作制电气设备或需精定位场合，如门窗的启闭控制或起重机吊钩移动控制等。点动控制的基本环节一般是在接触器线圈中串联常开控制按钮，在实际控制线路中有时也用继电器常开触点代替按钮控制。

**2. 连续控制**

连续控制亦称长动控制，是指按下按钮后，电动机通电起动运转，松开按钮后，电动机仍然继续运行，只有按下停止按钮，电动机才失电直至停转。连续控制与点动控制的主要区别在于松开起动按钮后，电动机能否继续保持得电运行的状态。如所设计的控制电路能满足松开起动按钮后电动机仍然保持运转，即完成了连续控制，否则就是点动控制。

连续控制电路如图 2-2 所示。比较图 2-1 的点动控制电路可见，连续控制电路是在点动控制电路的起动按钮 $SB_2$ 两端并联一个接触器 KM 的辅助常开触头，另串联一个动断停止按钮 $SB_1$。

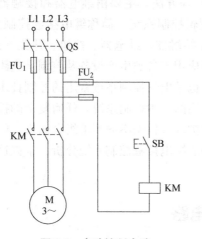

**图 2-1 点动控制电路**

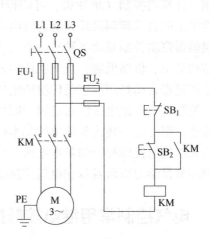

**图 2-2 连续控制电路**

连续控制电路的工作原理：合上刀开关 QS，按下按钮 $SB_2$，KM 线圈得电，KM 主触头闭合，电动机 M 起动；KM 辅助触头闭合自锁。按下按钮 $SB_1$，KM 线圈断电，电动机 M 停止。

接触器的常开触头称为自锁触头。自锁是依靠接触器自身的辅助触头来保证线圈继续通电的现象。带有自锁功能的控制线路具有失电压（零压）和欠电压保护作用。即一旦发生断电或者电源电压下降到一定值（一般降到额定值 85% 以下）时，自锁触头就会断开，接触器 KM 线圈就会断电，不再按下起动按钮 $SB_2$，电动机将无法自行起动。只有在操作人员再次按下起动按钮 $SB_2$ 后，电动机才能重新起动，从而保证人身和设备的安全。

## 2.1.2 多地控制和互锁控制

**1. 多地控制**

在大型电气控制设备中，为了操作方便，常常要求能在多个地点进行控制。图 2-3 为两地控制的电动机控制电路。其中 $SB_1$、$SB_3$ 为安装在甲地的起动按钮和停止按钮，$SB_2$、$SB_4$ 为安装在乙地的起动按钮和停止按钮。电路的特点是起动按钮应并联接在一起，停止按钮应串联接在一起，这样就可以分别在甲、乙两地控制同一台电动机，达到操作方便的目的。对于三地或多地控制，只要将各地的起动按钮并联、停止按钮串联即可实现。

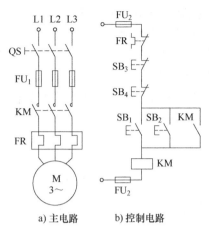

a) 主电路　　　　b) 控制电路

**图 2-3　两地控制的电动机控制电路**

由此可以得出普遍结论：欲使几个电器都能控制接触器通电，则几个电器的常开触头应与该接触器的起动按钮并联；欲使几个电器都能控制某个接触器断电，则几个电器的常闭触头应串联接到该接触器的线圈回路中。

**2. 互锁控制**

各种生产机械和电气设备常常要求具有上下、左右、前后等相反方向的运动，这就要求电动机能够正、反向运转。对于三相交流电动机，将三相交流电的任意两相对换即可改变定子绕组相序，实现电动机反转。图 2-4 是三相笼型异步电动机正、反转控制电路，图中 $KM_1$、$KM_2$ 分别为正、反转控制接触器，其主触头接线的相序不同，$KM_1$ 按 U—V—W 相序接线，$KM_2$ 按 V—U—W 相序接线，即将 U、V 两相对调，所以两个接触器分别工作时电动机的旋转方向不一样，从而实现电动机的可逆运转。

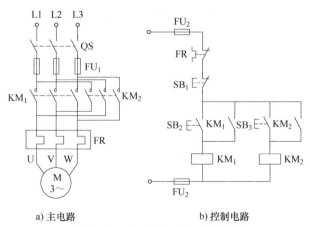

a) 主电路　　　　　　　　　　b) 控制电路

**图 2-4　电动机的正、反转控制电路**

图 2-4 所示控制电路虽然可以完成电动机正、反转的控制任务，但这个电路存在重大缺陷。在按下正转按钮 $SB_2$ 后，$KM_1$ 通电并且自锁，接通正序电源，电动机正转。若发生错误操作，在电动机正转时按下反转按钮 $SB_3$，$KM_2$ 通电并自锁，此时在主电路中将发生 U、V 两相电源短路事故。

**40**

为了避免上述事故的发生，要求保证两个接触器不能同时得电，必须相互制约，这种在同一时间里两个接触器只允许一个工作的制约控制作用称为互锁或联锁控制。图2-5为带互锁保护的正、反转控制电路，控制电路中，正、反转接触器 $KM_1$ 和 $KM_2$ 线圈支路都分别串联了对方的常闭触头，任何一个接触器接通的条件是另一个接触器必须处于断电释放的状态。如正转接触器 $KM_1$ 线圈被接通得电，它的辅助常闭触头被断开，将反转接触器 $KM_2$ 线圈支路切断，$KM_2$ 线圈在 $KM_1$ 接触器得电的情况下是无法接通得电的。两个接触器之间的这种相互关系称为互锁，在图2-5所示电路中，互锁是依靠电气元件来实现的，也称为电气互锁。实现电气互锁的触头称为互锁触头。

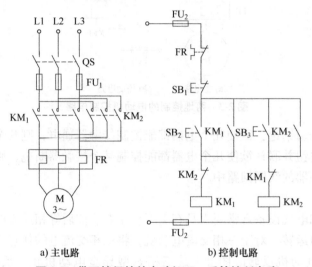

a) 主电路　　　　　　b) 控制电路

**图2-5　带互锁保护的电动机正、反转控制电路**

电气互锁的电动机正、反转控制电路存在的缺点是电动机从一个转向过渡到另一个转向时，要先按停止按钮 $SB_1$，不能直接过渡，显然这是十分不方便的。为了解决这个问题，在生产上通常采用复式按钮触头构成的机械互锁电路，如图2-6所示。

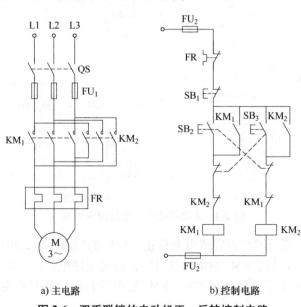

a) 主电路　　　　　　b) 控制电路

**图2-6　双重联锁的电动机正、反转控制电路**

图 2-6 控制电路中保留了由接触器常闭触头组成的电气互锁，并增加了由按钮 $SB_2$ 和 $SB_3$ 的动断触头组成的机械联锁。当电动机由正转变为反转时，只需按下反转按钮 $SB_3$，便会通过 $SB_3$ 的常闭触头先断开 $KM_1$ 电路，$KM_1$ 失电，互锁触头复位闭合，继续按下 $SB_3$，$KM_2$ 线圈得电，其主触头闭合，实现了电动机反转，当电动机由反转变为正转时，按下 $SB_2$，原理与前一样。

双重联锁的电动机正反转控制电路结合了电气互锁和按钮互锁的优点，是一种比较完善的既能实现正反转直接起动的要求，又具有较高可靠性的控制电路，广泛应用在电力拖动控制系统中。

## 2.1.3 行程控制

常用的行程控制有单行程控制和自动往复行程控制两种。

**1. 单行程控制**

图 2-7 所示为起重机机电设备的行程控制，其中安装了行程开关 SQF 和 SQZ，将它们的常闭触头串接在电动机正反转接触器 KMF 和 KMR 的线圈回路中。当按下正转按钮 SBF 时，正转接触器 KMF 通电，电动机正转，此时起重机上升，到达顶点时起重机撞块顶撞行程开关 SQF，其常闭触头断开，使接触器线圈 KMF 断电，于是电动机停转，起重机不再上升（此时应有抱闸将电动机转轴抱住，以免重物滑下）。此时即使再误按 SBF，接触器线圈 KMF 也不会通电，从而保证起重机不会运行超过 SQF 所在的极限位置。

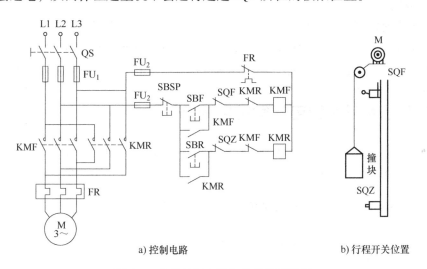

a) 控制电路 　　　　　　　b) 行程开关位置

**图 2-7 起重机机电设备的单行程控制**

当按下反转按钮 SBR 时，反转接触器 KMR 通电，电动机反转，起重机下降，到达下端终点时顶撞行程开关 SQZ，电动机停转，起重机不再下降。

**2. 自动往复行程控制**

如图 2-8 所示，按下正向起动按钮 $SB_1$，电动机正向起动运行，带动工作台向左运动。当运行到 $SQ_2$ 位置时，撞块压下 $SQ_2$，接触器 $KM_1$ 断电释放，$KM_2$ 通电吸合，电动机反向起动运行，使工作台向右运动。工作台运动到 $SQ_1$ 位置时，撞块压下 $SQ_1$，$KM_2$ 断电释放，$KM_1$ 通电吸合，电动机又正向起动运行，工作台又向左运动，如此一直循环下去，直到需要停止时按下 $SB_3$，$KM_1$ 和 $KM_2$ 线圈同时断电释放，电动机脱离电源停止转动。

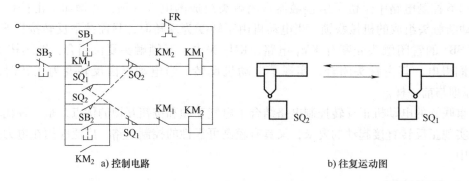

图 2-8　自动往复行程控制

## 2.1.4　时间控制和速度控制

### 1. 时间控制

在生产中经常需要按一定的时间间隔来对生产机械进行控制，如电动机减压起动需要一定的时间，然后才能加上额定电压；在一条自动生产线中的多台电动机，常需要分批起动，在第一批电动机起动后，需经过一定时间，才能起动第二批，等等。这类自动控制称为时间控制。时间控制通常利用时间继电器来实现。

### 2. 速度控制

在生产中有时需要按电动机或生产机械的转轴的转速变化来对电动机进行控制，如在电动机的反接制动中，要求在电动机转速下降到接近零时，能及时地将电源断开，以免电动机反方向转动。这类自动控制称为速度控制，速度控制通常利用速度继电器来实现。

## 2.2　电气控制常用继电接触控制电路

在各种生产机械电气设备的控制中，主要是对电动机的控制，尤其是对交流异步电动机的控制。交流异步电动机常用的控制主要有起动、停止、制动、调速等控制。

## 2.2.1　三相异步电动机的起动控制电路

三相异步电动机包括笼型和绕线转子两大类，其起动方法有直接起动和减压起动两种。

直接起动亦称为全电压起动，电动机容量在 7.5kW 以下时，一般采用全电压直接起动方式。三相笼型异步电动机直接起动的方法有采用刀开关直接起动控制和采用接触器直接起动控制。

如果电动机的容量较大（大于 7.5kW），可采用减压起动方法，对于笼型异步电动机可采用定子绕组串电阻（电抗）起动、丫-△减压起动、自耦变压器减压起动和延边三角形减压起动等方法；对于绕线转子异步电动机，还可采用转子串电阻起动或转子串频敏变阻器起动等方法。减压起动的实质是起动时减小加在电动机定子绕组上的电压，以减小起动电流；而起动后再将电压恢复到额定值，电动机进入正常工作状态。

### 1. 直接起动和停止

图 2-9 所示为采用交流接触器直接起动和停止控制电路，由主电路和控制电路组成。主

电路由刀开关 QS、熔断器 FU、接触器 KM 的主触头、热继电器 FR 的发热元件和电动机 M 组成，控制电路由停止按钮 SB$_2$、起动按钮 SB$_1$、接触器 KM 的常开辅助触头和线圈、热继电器 FR 的常闭触头组成。

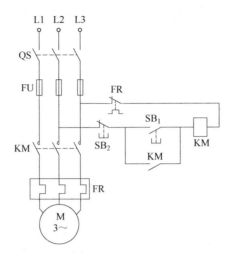

**图 2-9　交流接触器直接起动和停止控制电路**

（1）起动控制

按下起动按钮 SB$_1$，接触器 KM 线圈通电，与 SB$_1$ 并联的 KM 的辅助常开触头闭合，以保证松开按钮 SB$_1$ 后 KM 线圈持续通电，串联在电动机回路中的 KM 的主触头闭合，电动机连续运转，从而实现连续运转控制。

（2）停止控制

按下停止按钮 SB$_2$，接触器 KM 线圈断电，与 SB$_1$ 并联的 KM 的辅助常开触头断开，以保证松开按钮 SB$_2$ 后 KM 线圈持续失电，串联在电动机回路中的 KM 的主触头断开，电动机停止转动。

图 2-9 所示交流接触器直接起动控制电路还可以实现短路保护、过载保护和失电压（或欠电压）保护。起短路保护的是串接在主电路中的熔断器 FU。一旦电路发生短路故障，熔体立即熔断，电动机立即停止转动。

起过载保护的是热继电器 FR。当控制电路过载时，热继电器的发热元件发热，将其常闭触头断开，使接触器 KM 线圈断电。串联在电动机回路中的 KM 的主触头断开，电动机停止转动。同时 KM 辅助触头也断开，解除自锁。故障排除后若要重新起动，需按下 FR 的复位按钮，使 FR 的常闭触头复位（闭合）即可。

起失电压（或欠电压）保护的是接触器 KM 本身。当电源暂时断电或电压严重下降时，接触器 KM 线圈的电磁吸力不足，衔铁自行释放，使主、辅触头自行复位，切断电源，电动机停止转动，同时解除自锁。

**2. 减压起动**

三相异步电动机采用直接起动时，虽然控制电路结构简单、使用维护方便，但起动电流很大（约为正常工作电流的 4~7 倍），这样大的起动电流不仅会减短电动机的寿命，而且还会使变压器二次电压大幅下降，引起电源电压波动，影响同一供电网路中其他设备的正常运行。所以对于容量较大的电动机来说必须采用减压起动的方法，以限制其起动电流。

（1）定子绕组串电阻减压起动控制电路

图 2-10 所示为定子绕组串电阻减压起动控制电路。这种控制电路根据起动所需时间利用时间继电器控制切除减压电阻。电动机起动时在三相定子绕组中串入电阻 $R$，使电动机定子绕组电压降低，起动结束后再将电阻 $R$ 短接，使电动机全压运行。

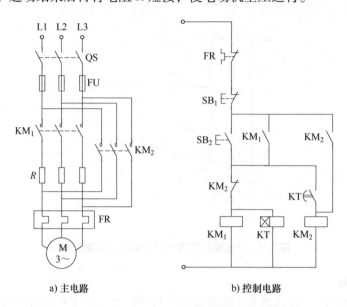

a) 主电路　　　　　　　　b) 控制电路

**图 2-10　定子绕组串电阻减压起动控制电路**

减压起动过程如下：合上刀开关 QS，按下起动按钮 $SB_2$，接触器 $KM_1$ 线圈得电，使得主电路中 $KM_1$ 主触头闭合，定子绕组串电阻 $R$ 起动。在接触器 $KM_1$ 线圈得电的同时，时间继电器 KT 通电开始计时，当达到时间继电器的整定值时，时间继电器 KT 常开触头闭合，使接触器 $KM_2$ 线圈得电，这样一方面使得 $KM_2$ 主触头闭合，短接起动电阻 $R$，另一方面使 $KM_2$ 常闭辅助触头断开，从而使 $KM_1$ 和 KT 断电，电动机 M 投入全压运行。

（2）Y-△ 减压起动

正常运行时电动机额定电压等于电源线电压，定子绕组为三角形联结的三相异步电动机，可以采用 Y-△ 减压起动，即起动时，将电动机定子绕组联结成星形，待电动机的转速上升到一定值后，再联结成三角形联结。这样，电动机起动时每相绕组的工作电压为正常时绕组电压的 $1/\sqrt{3}$，起动电流为三角形直接起动时起动电流的 1/3。

图 2-11 为笼型异步电动机 Y-△ 减压起动的控制电路。起动过程如下：当合上刀开关 QS 以后，按下起动按钮 $SB_2$，接触器 $KM_1$ 线圈、$KM_3$ 线圈以及通电延时型时间继电器 KT 线圈得电，电动机星形联结起动；同时通过 $KM_1$ 的动合辅助触头自锁，时间继电器开始定时。当电动机接近于额定转速，即时间继电器 KT 延时时间已到，KT 的延时断开常闭触头断开，切断 $KM_3$ 线圈电路，$KM_3$ 断电释放，其主触头和辅助触头复位；同时，KT 的延时常开触点闭合，使 $KM_2$ 线圈得电并自锁，主触头闭合，电动机三角形联结运行。时间继电器 KT 线圈也因 $KM_2$ 常闭触头断开而失电，时间继电器复位，为下一次起动做好准备。图中 $KM_2$、$KM_3$ 的常闭触头是互锁控制，防止 $KM_2$、$KM_3$ 线圈同时得电而造成电源短路。

与其他方法相比，Y-△ 减压起动电路成本较低、结构简单，缺点是起动转矩小，适用于较小容量电机及电动机轻载起动的场合。

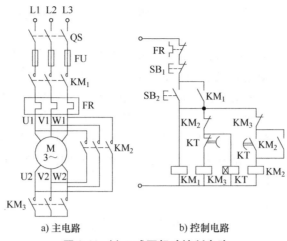

**图 2-11　Ｙ-△减压起动控制电路**

（3）自耦变压器减压起动

自耦变压器减压起动是指电动机起动时利用自耦变压器来降低加在电动机定子绕组上的起动电压。待电动机起动后，再将自耦变压器切除，使电动机在全压下正常运行。控制电路如图 2-12 所示。

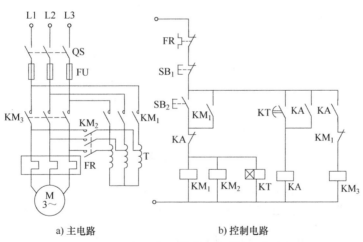

**图 2-12　自耦变压器减压起动控制电路**

自耦变压器减压起动过程如下：合上刀开关 QS，按下起动按钮 SB₂，接触器 KM₁、KM₂线圈和时间继电器 KT 线圈同时得电，KM₁ 主触头和辅助触头闭合，KM₂ 主触头闭合，电动机定子串自耦变压器减压起动。经过一定的延时后，KT 的延时闭合常开触点闭合，中间继电器 KA 线圈得电并自锁，KA 的常闭触点断开使 KM₁、KM₂ 线圈断电，切除自耦变压器，另外 KA 的常开触点闭合和 KM₁ 的常闭触头闭合使接触器 KM₃ 线圈得电，KM₃ 主触头闭合使电动机 M 全压正常运行。

自耦变压器减压起动控制电路对电网的电流冲击小，损耗功率也小，但是自耦变压器价格较高，主要用于起动较大容量的电动机。

**3. 绕线转子异步电动机的起动**

与笼型异步电动机相比，三相绕线转子异步电动机的优点是可以在转子绕组中串接电阻或频敏变阻器进行起动，由此达到减小起动电流、提高转子电路的功率因数和增加起动转矩的目的。一般在要求起动转矩较高的场合，如桥式起重机吊钩电动机、卷扬机等，绕线转子异步电动机的应用非常广泛。

串接于三相转子电路中的起动电阻，一般都联结成星形。在起动前，起动电阻全部接入电路，在起动过程中，起动电阻被逐级短接。电阻被短接的方式有三相电阻不平衡短接法和三相电阻平衡短接法。不平衡短接法是转子每相的起动电阻按先后顺序被短接，而平衡短接法是转子三相的起动电阻同时被短接。使用凸轮控制器来短接电阻宜采用不平衡短接法，因为凸轮控制器中各对触头的闭合顺序一般是按不平衡短接法来设计的，故控制电路简单，如桥式起重机就是采用这种控制方式。使用接触器来短接电阻时宜采用平衡短接法。下面介绍使用接触器控制的平衡短接法起动控制。

（1）按钮控制的起动控制

图 2-13 为按钮操作的绕线转子异步电动机串电阻起动控制电路。

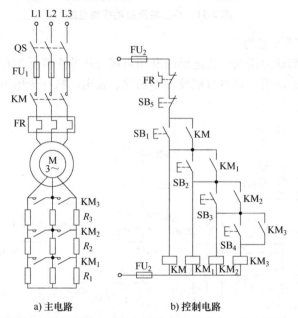

a) 主电路　　　　b) 控制电路

**图 2-13　按钮控制的绕线转子异步电动机串电阻起动控制电路**

按钮控制的绕线转子异步电动机起动过程如下：合上电源开关 QS，按下 SB$_1$，KM 得电吸合并自锁，电动机串全部电阻起动，经过一定时间后，按下 SB$_2$，KM$_1$ 得电吸合并自锁，主电路中 KM$_1$ 主触头闭合切除第一级电阻 R$_1$，电动机转速继续升高；再经一定时间后，按下 SB$_3$，KM$_2$ 得电吸合并自锁，主电路中 KM$_2$ 主触头闭合切除第二级电阻 R$_2$，电动机转速继续升高；当电动机转速接近额定转速时，按下 SB$_4$，KM$_3$ 得电吸合并自锁，主电路中 KM$_3$ 主触头闭合切除全部电阻，起动结束，电动机在额定转速下正常运行。

（2）时间继电器控制的起动控制电路

图 2-14 为时间继电器控制绕线转子电动机串电阻起动控制电路，又称为时间原则控制，其中三个时间继电器 KT$_1$、KT$_2$、KT$_3$ 分别控制三个接触器 KM$_1$、KM$_2$、KM$_3$ 按顺序依次吸合，自动切除转子绕组中的三级电阻，与起动按钮 SB$_1$ 串接的 KM$_1$、KM$_2$、KM$_3$ 三个常闭触头的作用是保证电动机在转子绕组中接入全部起动电阻的条件下才能起动。若其中任何一个接触器的主触头因熔焊或机械故障而没有释放时，电动机就不能起动。

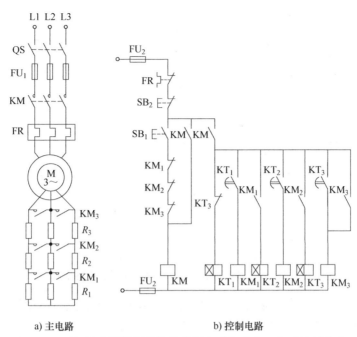

a) 主电路　　　　　　　　b) 控制电路

图 2-14　时间继电器控制的绕线转子电动机串电阻起动控制电路

## 2.2.2　三相异步电动机的制动控制电路

在实际运用中，有些生产机械的电气设备往往要求电动机快速、准确地停车，而电动机在脱离电源后由于机械惯性的存在，完全停止需要一段时间，这就要求对电动机采取有效措施进行制动。电动机制动分机械制动和电气制动两大类。

机械制动是在电动机断电后，利用机械装置对其转轴施加相反的作用转矩（制动转矩）来进行制动。电磁抱闸是常用方法之一，结构上电磁抱闸由制动电磁铁和闸瓦制动器组成。断电制动型电磁抱闸在电磁线圈断电后，利用闸瓦对电动机轴进行制动，电磁线圈得电后，松开闸瓦，电动机可以自由转动。这种制动在起重机械上被广泛应用。

电气制动是使电动机停车时产生一个与转子原来的实际旋转方向相反的电磁转矩来进行制动。常用的电磁制动有反接制动和能耗制动。

**1. 反接制动控制**

采用反接制动时，在电动机三相电源被切断后，立即通上与原电源相序相反的三相电源，以形成与原转向相反的电磁转矩，利用这个制动转矩使电动机迅速停止转动。这种制动方式必须在电动机转速降到接近零时切除电源，否则电动机因有反向转矩而反转，造成事故。

（1）单向运行反接制动控制电路

图 2-15 所示为单向运行电动机反接制动控制电路，该控制电路利用速度继电器实现对反接制动的控制，其中主电路所串联的电阻 R 为制动限流电阻，防止反接制动瞬间过大的电流可能会损坏电动机。

单向运行反接制动控制过程如下：合上开关 QS，接通电源，按下起动按钮 $SB_2$，接触器 $KM_1$ 得电吸合并自锁，$KM_1$ 主触头闭合使电动机 M 起动，当转速上升到 100r/min 时，速度继电器 KS 动作，KS 动合触点闭合，为反接制动做准备。

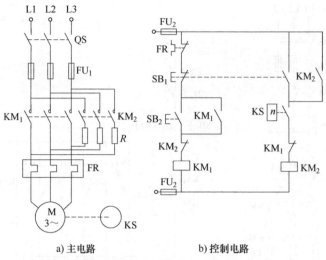

a) 主电路　　　　　　　b) 控制电路

图 2-15　按速度原则控制的单向反接制动控制电路

按下停止按钮 $SB_1$，其常闭触头断开，使接触器 $KM_1$ 断电释放，电动机断电；$SB_1$ 常开触头闭合，$KM_2$ 得电吸合并自锁（因这时电动机转速仍很高，速度继电器 KS 仍是动作状态，KS 常开触点是闭合的），$KM_2$ 主触头闭合使电动机换相，反接制动开始，电动机转速快速下降，当转速低于 $100r/min$ 时，KS 常开触点断开，$KM_2$ 断电释放，反接制动过程结束。

（2）可逆运行反接制动控制电路

图 2-16 为笼型异步电动机减压起动可逆运行反接制动控制电路。其中电阻 $R$ 在起动过程和制动过程中都起限流作用。开始起动时，由于速度继电器的常开触点 $KS_1$ 和 $KS_2$ 均是断开的，故接触器 $KM_3$ 不通电，电阻 $R$ 接入电路中完成定子串电阻减压起动。当转速 $n>100r/min$ 后，常开触点 $KS_1$ 或 $KS_2$（在反转时）闭合使 $KM_3$ 通电吸合，电阻 $R$ 被切除，电动机在额定电压下运行。制动时，利用中间继电器 $KA_3$、$KA_4$ 的常闭触点断开使 KM3 断电释放，从而接入电阻 $R$ 实现串限流电阻反接制动。

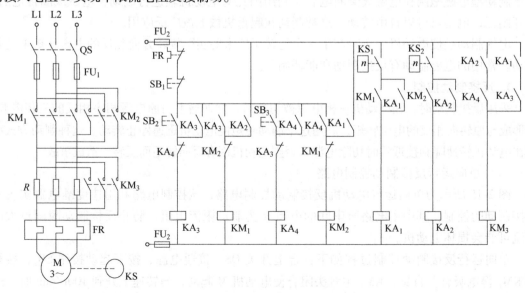

a) 主电路　　　　　　　　　　　　　　　b) 控制电路

图 2-16　笼型异步电动机减压起动可逆运行反接制动控制电路

**2. 能耗制动控制**

三相异步电动机能耗制动是在切断定子绕组的交流电源后，在定子绕组任意两相通入直流电流，以产生一个静止磁场，利用转子感应电流与静止磁场的作用，产生反向电磁转矩而制动。能耗制动时制动转矩的大小与转速有关，转速越高，制动转矩越大，随着转速的降低制动转矩也下降，当转速为零时，制动转矩也为零。制动结束必须及时切除直流电源。

（1）按时间原则控制的能耗制动控制电路

图 2-17 所示为按时间原则控制的电动机能耗制动控制电路。主电路在进行能耗制动时所需的直流电源由二极管组成单相桥式整流电路通过接触器 $KM_2$ 引入，交流电源与直流电源的切换是由 $KM_1$、$KM_2$ 来完成，制动时间由时间继电器 KT 决定。

按时间原则控制的能耗制动控制过程如下：起动时，按下起动按钮 $SB_2$，继电器 $KM_1$ 线圈得电并自锁，电动机 M 运行工作。能耗制动时，按下停止按钮 $SB_1$，$KM_1$ 断电释放，$KM_2$ 和 KT 线圈得电并自锁，$KM_2$ 主触头闭合，将直流电源接入电动机定子绕组，进行能耗制动。经过一段时间，KT 的延时断开常闭触点断开，接触器 $KM_2$ 断电，切断通往电动机的直流电源，时间继电器 KT 也随之断电，电动机能耗制动结束。

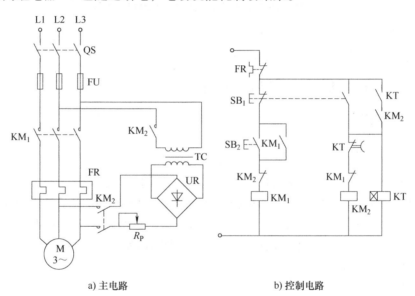

a) 主电路　　　　　　　　　　　b) 控制电路

**图 2-17　按时间原则控制的电动机能耗制动控制电路**

图 2-17 中，自锁回路中的瞬时常开触头的作用是考虑到时间继电器 KT 线圈断线或机械卡阻故障时，可以断开接触器 $KM_2$ 的线圈通路，使电动机定子绕组不致长期接入直流电源。

（2）按速度原则控制的能耗制动控制电路

图 2-18 所示为按速度原则控制的能耗制动控制电路。

按速度原则控制的能耗制动控制过程如下：起动时，按下起动按钮 $SB_2$，继电器 $KM_1$ 线圈得电并自锁，电动机 M 运行工作。当电动机速度上升到一定转速时，速度继电器 KS 触点闭合，为能耗制动做准备。能耗制动时，按下按钮 $SB_1$，$KM_1$ 断电释放，同时 $KM_2$ 得电并自锁，$KM_2$ 主触头闭合，将直流电源接入电动机定子绕组，进行能耗制动。电动机转速很快下降，当转速下降接近零速（$n < 100r/min$）时，速度继电器 KS 常开触点断开使 $KM_2$ 断电释放，切除直流电源，能耗制动过程结束。

50

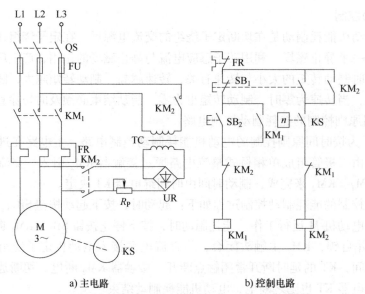

a) 主电路      b) 控制电路

**图 2-18　按速度原则控制的能耗制动控制电路**

能耗制动的优点是制动准确、平稳、能量消耗小，但需要整流设备，故常用于要求制动平稳、准确和起动频繁、容量较大的电动机。

### 2.2.3　三相异步电动机的调速控制电路

三相异步电动机的转速公式为

$$n = \frac{60f_1}{p}(1-s) \tag{2-1}$$

式中，$s$ 为转差率；$f_1$ 为电源频率（Hz）；$p$ 为定子绕组的极对数。

由式（2-1）可知，三相异步电动机的调速方法有改变电动机定子绕组的极对数 $p$、改变电源频率 $f_1$、改变转差率 $s$。其中，改变转差率调速又包括绕线转子电动机在转子电路串接电阻调速、绕线转子电动机串级调速、异步电动机交流调压调速、电磁离合器调速。此处只介绍变极调速和变频调速两种调速电路。

**1. 变极调速**

绕线转子异步电动机的定子绕组极对数改变后，它的转子绕组必须相应地重新组合，这很难实现。而三相笼型异步电动机采用改变磁极对数调速，改变定子极数时，转子极数也同时改变，笼型转子本身没有固定的极数，它的极数随定子极数而定。因此，变极对数调速方法仅适用于笼型异步电动机。但由于这种调速方法只能一级一级地改变转速，所以不能平滑地调速。

笼型异步电动机改变定子绕组极对数的方法主要有以下三种：

1）定子上只有一套绕组，改变其不同的接线组合，得到不同的极对数。

2）在定子槽内安放两种不同极对数的独立绕组。

3）在定子槽内安放两种不同极对数的独立绕组，而且每个绕组又有不同的接线组合，可以得到不同的极对数。

多速电动机一般有双速、三速、四速之分。双速电动机定子装有一套绕组，三速、四速电动机则装有两套绕组。

双速电动机定子绕组的结构及接线方式如图 2-19 所示。图 2-19a 为结构示意图，改变接线方式可获得两种接法；图 2-19b 为三角形联结，磁极对数为 2 对极，同步转速为 1500r/min，是一种低转速接法；图 2-19c 为双星形联结，磁极对数为 1 对极，同步转速为 3000r/min，是一种高转速接法。

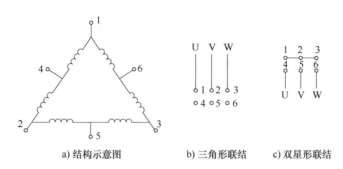

a) 结构示意图　　　　　b) 三角形联结　　c) 双星形联结

图 2-19　双速电动机定子绕组的结构及接线方式

（1）双速三相异步电动机手动控制变极调速控制电路

双速三相异步电动机手动控制变极调速控制电路如图 2-20 所示。控制过程如下：

低速控制：按下按钮 $SB_3$，接触器 $KM_1$ 线圈得电并自锁，此时电动机绕组为三角形联结，低速运行。

高速控制：按下按钮 $SB_2$，接触器 $KM_1$ 线圈断电，同时接触器 $KM_2$、$KM_3$ 线圈得电并自锁，此时电动机绕组为双星形联结，高速运行。

电动机停止：按下按钮 $SB_1$，电动机停止运行。

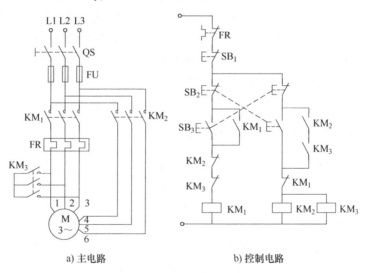

a) 主电路　　　　　　　　　b) 控制电路

图 2-20　双速三相异步电动机手动控制变极调速控制电路

（2）双速三相异步电动机自动控制变极调速控制电路

双速三相异步电动机自动控制变极调速控制电路如图 2-21 所示。图中转换开关 SA 有三个位置：中间位置，所有接触器和时间继电器都不接通，控制电路不起作用，电动机处于停止状态；低速位置，接通 $KM_1$ 线圈电路，其触头动作的结果是电动机定子绕组三角形联结，以低速运转；高速位置，接通 $KM_2$、$KM_3$ 和 KT 线圈电路，电动机定子绕组双星形联结，以高速运转。但应注意，该控制电路高速运转必须由低速运转过渡实现。

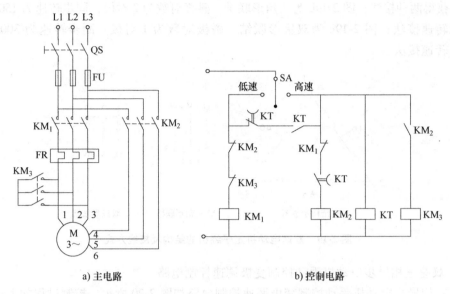

a) 主电路　　　　　　　　　　　　　　　b) 控制电路

**图 2-21　双速三相异步电动机自动控制变极调速控制电路**

控制过程如下：转换开关 SA 置于高速位置，时间继电器 KT 得电，其瞬时触点闭合，接触器 $KM_1$ 得电，电动机 M 低速运行；当时间继电器的设定时间到达后，$KM_1$ 失电，同时 $KM_2$、$KM_3$ 得电，电动机 M 高速运行。

**2. 变频调速**

变频调速是通过变频装置将电网提供的恒压、恒频交流电变为变压、变频的交流电。它是通过平滑改变异步电动机的供电电源频率 $f_1$ 从而改变异步电动机的同步转速 $n_1$，故可以由高速到低速保持较小的转差率。采用变频调速时，平滑性好、效率高，调速范围大、精度高，起动电流小，对系统及电网无冲击，节电效果明显，是交流电动机的一种比较理想的调速方法。

### 2.2.4　三相异步电动机的变频调速控制

交流电动机变频调速是当今节电、改善工艺流程以提高产品质量和改善环境、推动技术进步的一种主要手段。对于风机和泵类负载，如采用变频调速方法改变其流量，节电率可达 $20\% \sim 60\%$。

**1. 变频器的工作原理**

变频器的工作原理是把工频交流电通过整流器变成平滑直流电，然后利用半导体器件组成的三相逆变器，将直流电变成可变电压和可变频率的电流，并采用输出波形调制技术使得输出波形更加完善，如采用正弦脉宽调制（SPWM）方法，可使输出的波形近似于正弦波，用于驱动电动机，实现无级调速，即把恒压恒频的交流电转化为变压变频的交流电，以满足交流电动机变频调速需要。

**2. 变频器的额定参数**

（1）输入侧的额定参数

1）输入电压。即电源侧的电压。我国低压变频器的输入电压通常为 380V（三相）和 220V（单相），中高压变频器的输入电压通常为 0.66kV、3kV、6kV（三相）。此外，变频器还对输入电压的允许波动范围作出规定，如±10%、−15%～+10%等。

2）输入侧电源的相数。如单相、三相。

3）输入侧电源的频率。通常为工频 50Hz，频率的允许波动范围通常规定为±5%。

（2）输出侧的额定参数

1）额定电压。因为变频器的输出电压要随频率而变，所以额定电压被定义为输出的最高电压，通常与输入电压相等。

2）额定电流。即变频器允许长时间输出的最大电流。

3）过载能力。即变频器的输出电流允许超过额定值的倍数和时间，大多数变频器的过载能力规定为：150%，1min。变频器的允许过载能力与电动机的运行过载能力相比，变频器的过载能力是很低的。

**3. 变频器的选择**

变频器的选择应注意以下几点：

1）电压等级与驱动电动机相符，变频器的额定电压与负载的额定电压相符。

2）额定电流为所驱动电动机额定电流的 1.1～1.5 倍。由于变频器的过载能力没有电动机的过载能力强，因此一旦电动机过载，首先损坏的是变频器。如果机械设备选用的电动机功率大于实际机械负载功率，并将机械功率调节至电动机输出功率，则此时变频器的功率选用一定要等于或大于电动机功率。

3）根据被驱动设备的负载特性选择变频器的控制方式。变频器的选型除一般需注意的事项（如输入电源电压、频率、输出功率、负载特点等）外，还要求与相应的电动机匹配良好，要求在正常运行时，在充分发挥其节能优势的同时，避免过载运行，并尽量避开其拖动设备的低效工作区，以保证高效、可靠地运行。

**4. 变频器的继电接触控制电路**

目前变频器的生产厂家很多，如 ABB 公司、三菱公司、西门子公司、欧姆龙公司等。由于三菱公司变频器具有高性能、低噪声、功能强、输入电压范围宽等特点，得到了广泛的应用。下面以三菱公司 FR-A500 系列变频器为例介绍其控制电路。

FR-A500 系列通用变频器控制端子接线如图 2-22 所示。

（1）主电路部分

R、S、T 为电源接线端（380V）。

U、V、W 为变频器输出端，通常用于连接电动机。

$R_1$、$S_1$ 为控制回路电源。

（2）控制电路端子

STF 为正转起动信号，此信号处于 ON 为正转，处于 OFF 为停止。

STR 为反转起动信号，此信号处于 ON 为反转，处于 OFF 为停止。

STOP 为起动自保持选择信号，此信号处于 ON，可选择起动自保持。

RH、RM、RL 为多段速度选择信号，用 RH、RM 和 RL 的组合可选择多段速度。

JOG 为点动模式选择信号，当此信号为 ON 时，选择点动运行（出厂设定）。

RT 为第二加/减速时间选择信号，当此信号为 ON 时，选择第二加/减速时间。

MRS 为输出停止信号，当此信号为 ON 时，变频器输出停止。

RES 为复位信号，用于解除保护回路动作的保持状态。

AU 为电流输入选择信号，此信号处于 ON 时，变频器可用直流 4~20mA 作为频率设定。

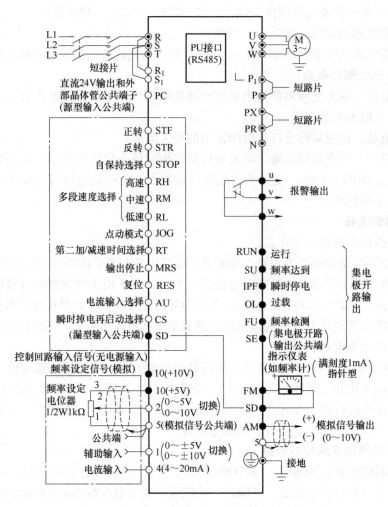

图2-22  FR-A500系列通用变频器控制端子接线

SD 为公共输入端子（漏型）。

u、v、w 为异常输出信号，变频器内部出现故障时，此信号输出。

FM 为指示仪表信号（脉冲），可以从多种输出信号中选择，如频率信号。

AM 为模拟信号输出，同上。

10、2、5 为频率信号设定，可以连接 1kΩ 滑动电位器，作为频率信号输入。

图 2-23 所示为具有正反转运行控制功能的变频调速控制外部端子继电接触控制电路。

图 2-23 中，当正转起动时，按下按钮 SB₁，接触器 KM₁ 线圈得电并自锁，KM₁ 动合触头闭合，接通 STF 端子，电动机正转运行；同理，当反转起动时，按下按钮 SB₂，接触器 KM₂ 线圈得电并自锁，KM₂ 动合触头闭合，接通 STR 端子，电动机反转运行。当需要停止运行时，按下按钮 SB₃，接触器 KM₁、KM₂ 线圈失电，STF 或 STR 端子断开，变频器无输出电压，电动机停止运行。

10、2、5 端连接的电位器用于设定输出频率，改变电位器的阻值，可改变输出的最高频率。FM 端连接的频率计用于监视输出频率的大小。

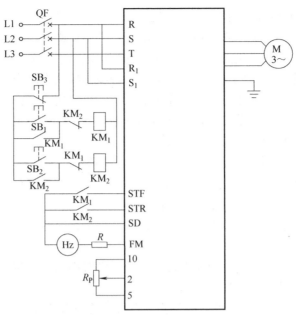

图 2-23　正反转运行的变频调速控制继电接触控制电路

## 2.3　电气控制继电接触控制系统电路分析方法

分析电气控制电路前，先介绍分析电气控制电路图的一般方法。工程上通常将电气控制电路分为电气原理图、元器件布置图、安装接线图等三大图。电气原理图主要是指电气主电路、控制电路、辅助控制电路的工作原理电路等电路图。元器件布置图是指根据电气主电路、控制电路、辅助控制电路等电路中的电气元器件的实际尺寸、空间大小、控制功能要求、电磁环境要求、安装接线位置等要求的实际电气元器件布置图。安装接线图是指将电气元器件布置图中的电气元器件按照电气原理图的工作原理要求和接线工艺要求进行连接的线路图。此处主要介绍电气原理图的分析方法。

### 2.3.1　分析电气控制原理图的基本方法与步骤

**1. 分析电气控制原理图的基本方法**

分析电气控制原理图的基本方法和思路是"先机后电、先主后控、先主后辅、先简后繁、从电源开始、从左到右、从上到下、化整为零、集零为整、统观全局、总结特点"。分析控制电路的最基本方法是查线读图法。

**2. 分析电气控制原理图的基本步骤和方法**

（1）分析主电路

主电路是指成套电气设备中用来驱动电动机等执行电器动作的强电器件的电气通路。相对辅助（控制）电路而言，主电路具有十分简洁的形式。因此分析时应从主电路入手，根据对象（电动机、电磁阀等执行电器）的控制要求去分析电动机的起动控制、转向控制、调速控制、制动控制等基本控制功能要求。

（2）分析控制电路

控制电路的分析通常根据上述分析电气控制原理图的基本方法，首先从主电路开始分析，然后再分析控制电路和辅助控制电路。先从简单电路进行分析，再分析复杂电路。先从电源和主电路开始分析，遵循从左到右、从上到下的分析原则。可以根据主电路和控制电路中各部分电路的功能，将整个电路化分成零星的功能块电路进行分析，然后再集零为整进行整体电路的分析。根据主电路的功能环节要求，对应找出控制电路中相应的控制环节，再按控制环节功能或控制顺序将其划分成若干个控制单元，再利用典型控制环节的分析方法逐一进行分析。完成对每个控制环节或局部工作电路的原理分析后，再根据各环节之间的控制关系，对控制电路进行整体分析。其一般步骤为：

1）从主电路入手对应找出控制电路中相应的控制环节，即根据主电路中的接触器等设备的接入方式，由主电路控制元件的主触头的文字符号查找控制电路的相应设备；将控制电路按功能划分为若干个局部控制电路，然后从电源和主令信号开始，对每一个局部控制环节，按因果关系进行逻辑判断，以便理清控制流程的脉络，简单明了地表达出电路的自动工作过程。

在分析各个局部控制电路时，可将对此环节分析没有影响、暂时不参与控制的电路元件去除，即将其视为通路或者断路。

2）根据各元件及其在电路中的对应触头，寻找相关局部环节及环节间的联系。

3）从电源合闸开始，分析起动及控制环节，分析过程一般从按下起动按钮开始。

按下起动按钮，观察电路中各电磁线圈的得电情况，并找出其分布在控制电路各个部分的触头，分析这些触头的通断对其他控制元件的影响。对于接触器，还应查看其主触头的动作情况及对被控设备的控制情况。按线圈的接通顺序，依次分析各元件在线路中的作用。

对于各类保护继电器，应特别注意其各对触点在控制电路中的作用，不能遗漏。对于时间继电器，还应特别注意其延时触点和瞬动触点在电路中的不同作用。

分析时应按步列写电路的工作原理，以避免遗漏。

（3）分析辅助控制电路

辅助控制电路包括执行元件的工作状态显示、电源显示、参数测定、照明和故障报警等。这部分电路具有相对独立性，起辅助控制作用但又不影响主要功能；辅助控制电路中很多部分受控制电路中的元件控制，所以分析辅助控制电路时，还要回过头来对照控制电路对这部分电路进行分析。

（4）分析联锁与保护环节

生产机械对于安全性、可靠性有很高的要求，实现这些要求，除了合理地选择拖动、控制方案外，在控制电路中还设置了一系列电气保护和必要的电气联锁。在电气控制原理图的分析过程中，电气联锁与电气保护环节是一个重要内容，不能遗漏。

（5）分析特殊控制环节

在某些控制电路中，还设置了一些与主电路、控制电路关系不密切、相对独立的特殊控制环节，如产品计数装置、自动检测系统、晶闸管触发电路和自动调温装置等。这些部分往往自成一个小系统，其读图分析的方法可参照上述分析过程，并灵活运用电子技术、变流技术、自控系统、检测与转换等知识进行逐一分析。

（6）总体检查

经过"化整为零"，逐步分析每一局部电路的工作原理以及各部分之间的控制关系之后，还必须用"集零为整"的方法检查整个控制电路，看是否有遗漏。特别要从整体角度去进一步检查和理解各控制环节之间的联系，以达到正确理解原理图中每一个电气元器件的作用。

## 2.3.2　继电接触控制系统原理图的查线读图法

查线读图法是分析继电接触控制电路的最基本方法。继电接触控制电路主要由信号元器件、控制元器件和执行元器件组成。

用查线读图法阅读电气控制原理图时，一般先分析执行元器件的电路，即主电路。查看主电路有哪些控制元器件的触头及电气元器件等，根据它们大致判断被控制对象的性质和控制要求，然后根据主电路分析的结果所提供的线索及元器件触头的文字符号，在控制电路上查找有关的控制环节，结合元器件表和元器件动作位置图进行读图。控制电路的读图通常是由上而下或从左往右，读图时假想按下操作按钮，跟踪控制电路，观察有哪些电气元器件受控动作。再查看这些被控制元器件的触头又怎样控制另外一些控制元器件或执行元器件动作。如果有自动循环控制，则要观察执行元器件带动机械运动将使哪些信号元器件状态发生变化，并又引起哪些控制元器件状态发生变化。在读图过程中，特别要注意控制环节相互间的联系和制约关系，直至将电路全部看懂为止。

查线读图法的优点是直观性强，容易掌握；缺点是分析复杂电路时易出错。因此，在用查线读图法分析电路时，一定要认真细心。

## 2.3.3　典型继电接触控制系统的电路分析

下面以变频调速恒压供水继电接触控制系统电路作为典型示例，进行继电接触控制系统电路分析。变频调速恒压供水方式的特点是水泵的供水量随着用水量的变化而变化，无多余水量，无须蓄水设备。其实现方法是通过控制电路中变频器和水压变送器的作用，使变频泵电动机的供电频率发生变化，从而调节水泵的转速，确保在用水量变化时，供水量随之相应变化，最终维持供水系统的压力不变，实现供水量和用水量的闭环控制。

**1. 变频调速恒压供水继电接触控制系统组成**

变频调速恒压供水继电接触控制系统由两台水泵（一台为由变频器 VVVF 供电的变速泵，另一台为全电压供电的定速泵）、控制器 KGS 及前述两台泵的相关控制电路组成。主电路如图 2-24 所示，控制系统电路如图 2-25 所示。

**2. 变频调速恒压供水继电接触控制电路原理分析**

（1）主电路工作原理分析

变频调速恒压供水系统的主电路由电源、变频器、变频器 VVVF 供电的变速泵、定速泵和其他外围电路组成。正常上电后，水压信号经水压变送器 P 送到控制器 KGS，由 KGS 控制变频器 VVVF 的输出频率，从而控制水泵的转速。当系统用水量增大时，水压下降，KGS 使 VVVF 输出频率提高，水泵加速，供水量相应增大，实现需求量与供水量的平衡。当系统用水量减少时，水压上升，KGS 使 VVVF 输出频率降低，水泵减速，供水量减少。根据用水量对水压的影响，通过控制器 KGS 改变 VVVF 的频率实现对水泵电动机转速的调节，以维持系统水压基本不变。

（2）控制电路工作原理分析

1）正常用水量的控制。将选择开关 SA 打到图 2-25 控制电路中的 Z 位，系统即进入自动工作状态。合上主电路开关 $QF_1$、$QF_2$，则恒压供水控制器 KGS 和时间继电器 $KT_1$ 同时通电。延时一段时间后 $KT_1$ 常开触点闭合，$KM_1$ 通电，使变速泵 $M_1$ 起动，开始恒压供水。

2）大水量时的控制。随着用水量的增加，变速泵不断加速，以使供水量增加。若仍无

58

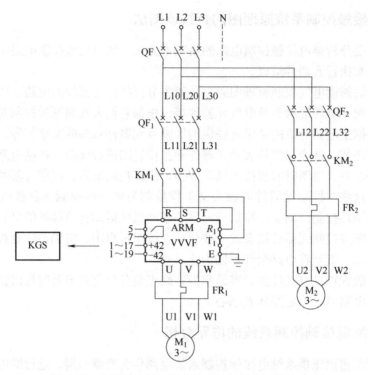

**图 2-24 变频调速恒压供水继电接触控制系统主电路**

法满足用水量要求时，KGS 可使 2 号泵控制回路中的 2-11 与 2-17 接通，KT$_2$ 通电，延迟一段时间后其常开触点 KT$_2$ 闭合使得 KT$_4$ 接通，KM$_2$ 通电，使 M$_2$ 和变速泵同时运转以提高总供水量。当系统用水量减小到一定值时，KGS 的 2-11 与 2-17 断开，使 KT$_2$、KT$_4$ 失电，KT$_4$ 延时断开后，KM$_2$ 失电，定速泵 M$_2$ 停止运转，变速泵又开始单独恒压供水。

3）辅助电路分析。对于 1 号泵的控制，其辅助电路包括故障指示、运行指示和停泵指示。正常手动运行时，按起动按钮 SB$_1$，KM$_1$ 得电，使变速泵 M$_1$ 运转。同时，KM$_1$ 的常开触头闭合，实现自锁。运行指示灯 HL$_{ON1}$ 点亮，此时 KM$_1$ 的常闭触头断开，停泵指示灯 HL$_{ST1}$ 不亮。停泵时，按停止按钮 SB$_2$，使 KM$_1$ 失电，其常闭触头 KM$_1$ 闭合，停泵指示灯 HL$_{ST1}$ 点亮。自动运行时当 1 号泵发生故障，如热保护继电器 FR$_1$ 动作时，KM$_1$ 失电，其常闭触头 KM$_1$ 闭合，使故障指示灯 HL$_1$ 发光。

对于 2 号泵的控制，其辅助电路同样包括故障指示、运行指示和停泵指示。正常手动运行时，按起动按钮 SB$_3$，KM$_2$ 得电，使变速泵 M$_2$ 运转。同时，KM$_2$ 的常开触头闭合，实现自锁。运行指示灯 HL$_{ON2}$ 点亮，此时 KM$_2$ 的常闭触头断开，故障指示灯不亮。停泵时，按停止按钮 SB$_4$，使 KM$_2$ 失电，其常闭触头 KM$_2$ 闭合，停泵指示灯 HL$_{ST2}$ 点亮。自动运行时当 2 号泵发生故障，如热保护继电器 FR$_2$ 动作时，KM$_2$ 失电，其常闭触头 KM$_2$ 闭合，使故障指示灯 HL$_2$ 发光。

4）联锁与保护电路分析。当变速泵电动机 M$_1$ 出现故障时，变频器中的电触点 ARM 闭合，使继电器 KA$_2$ 通电，故障报警器 HA 报警，同时 KT$_3$ 通电，延时一段时间后常开 KT$_3$ 闭合，使 KM$_2$ 通电，定速泵 M$_2$ 起动代替故障泵 M$_1$ 投入工作。

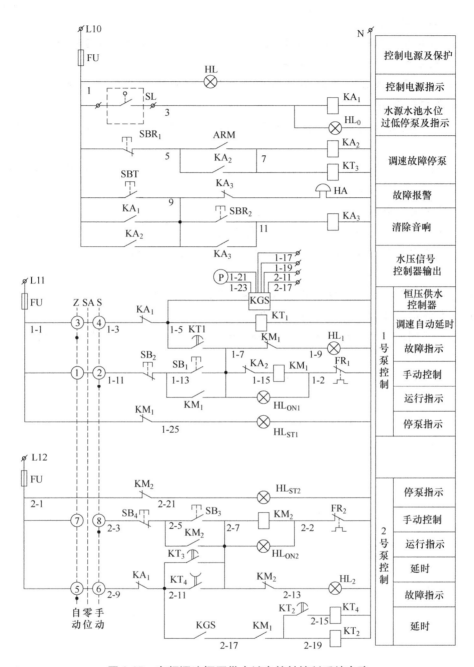

图 2-25　变频调速恒压供水继电接触控制系统电路

## 思考题与习题

2-1　什么叫自锁、互锁？如何实现？

2-2　在电动机正、反转控制电路中，已有按钮的机械互锁，为什么还要采用电气互锁？

2-3　三相笼型异步电动机常用的减压起动方法有几种？

2-4　电动机在什么情况下采用减压起动？定子绕组为星形联结的笼型异步电动机能否

采用Y-△减压起动？为什么？

2-5 笼型异步电动机减压起动的目的是什么？重载时宜采用减压起动吗？

2-6 三相笼型异步电动机常用的制动方法有几种？

2-7 电动机反接制动和能耗制动各有什么优缺点？可分别适用于什么场合？请分别举一电气设备实例说明。

2-8 在反接制动和能耗制动控制电路中都采用了速度继电器，请说明速度继电器的作用。

2-9 请设计一个顺序起动的控制电路，要求：第一台电动机起动 5s 后第二台电动机自行起动，再经过 10s 第三台电动机自行起动，再经过 12s 全部电动机停止。

2-10 什么是变频器？变频器的作用是什么？

2-11 变频器的控制方式有哪些？各有什么特点？

2-12 交流电动机变频调速，在改变电源频率的同时，为什么要成比例地改变电源的电压？

2-13 继电接触控制电路分析的基本思路是什么？基本分析方法是什么？

2-14 查线读图法的方法和要点是什么？

2-15 变频调速恒压供水系统在供水高峰和低峰时，继电接触控制系统如何进行工作？

# 第 3 章

# 可编程序控制器（PLC）的基本组成及工作原理

可编程序控制器（PLC）最初是由电子逻辑电路组成的一种可以编程的逻辑控制器。在20 世纪 70 年代继电接触控制系统引入微型计算机控制技术后，PLC 逐渐发展成为一种专门用于工业控制领域的新型控制器。PLC 是工业控制领域一种专用的计算机控制器，是替代继电接触控制系统的新型控制器。本章主要介绍 PLC 的基本概念、组成、工作原理和编程语言。

## 3.1  PLC 概述

PLC 是一种专门用于工业控制领域的新型控制器。相对于大型计算机和微型计算机而言，它是一种专用的计算机控制器，而在工业控制领域中它是一种通用的计算机控制器。

PLC 以软件控制取代了常规电气控制系统中的硬件控制，具有功能强、可靠性高、配置灵活、使用方便、体积小、重量轻等优点，目前已在工业自动化生产的各个领域中获得了广泛使用，成为工业控制领域的关键性控制器。

### 1. PLC 的基本定义

国际电工委员会（IEC）对 PLC 的定义为：可编程序逻辑控制器是一种数字运算操作的电子系统，专为在工业控制环境下应用而设计。它采用了可编程序的存储器，用来在其内部存储执行逻辑运算、顺序控制、定时、计算和算术运算等操作的指令。通过数字式和模拟式的输入和输出来控制各类机械的生产过程。可编程序控制器及其有关外围设备都按易于与工业系统连成一个整体、易于扩充其功能的原则设计。

### 2. PLC 的技术特点

现代 PLC 主要具有以下技术特点：

（1）高可靠性与高抗干扰能力

PLC 是专为工业控制环境设计的，机内采取了一系列抗干扰措施。其平均无故障时间可高达 4 万~5 万 h，远远超过采用硬接线的继电接触控制系统，也远远高于一般的计算机控制系统。PLC 在软件设计上采取了循环扫描、集中采样、集中输出的工作方式，设置了多种实时监控、自诊断、自保护、自恢复程序功能；在硬件设计上采用了屏蔽、隔离、滤波、联锁控制等抗干扰电路结构，并实现了整体结构的模块化。PLC 适用于恶劣的工业控制环境，这是它优于普通微机控制系统的首要特点。

（2）通用、灵活、方便

PLC 作为专用微机控制系统产品，采用了标准化的通用模块结构。其 I/O 接口电路采用了足够的抗干扰设计，既可以使用模拟量，也可以使用开关量；现场信号可以直接接入，用户不需要进行硬件的二次开发；控制规模可以根据控制对象的信号数量与所需功能进行灵活方便的模块组合，具有接线简单、使用、维护十分方便的优点。

（3）编程简单、易于掌握

这是 PLC 优于普通微机控制系统的另一个重要特点。PLC 的程序编写一般不需要高级语言，通常使用的梯形图语言类似于继电器控制原理图，使未掌握专门计算机知识的现场工程技术人员也可以很快熟悉和使用。这种面向问题和控制过程的编程语言直观、清晰、修改方便且易于掌握。当然，不同机型 PLC 在编程语言上是多样化的，但同一档次不同机型 PLC 的控制功能可以十分方便地相互转换。

（4）设计和开发周期短

设计一套常规继电器控制系统需顺序进行电路设计、安装接线、逻辑调试三个步骤。只有完成系统的前一步设计才能进入下一步设计，开发周期长，电路修改困难，工程越大这一缺点就越明显。而使用 PLC 完成一套电气控制系统的设计和产品开发，只要电气总体设计完成，I/O 接口分配完毕，软件设计、模拟调试与硬件设计可以同时分别进行。在软件调试方面，控制程序可以反复修改；在硬件设计方面，安装接线只涉及输入和输出装置，不涉及复杂的继电器控制电路，硬件投资少，故障率低。在软、硬件分别完成之后的正式调试中，控制逻辑的修改也仅涉及软件修改，大大缩短了产品的开发周期。

（5）功能强、体积小、重量轻

由于 PLC 以微机为核心，所以具有许多计算机控制系统的优越性。以日本三菱公司的 FX2N-32MR 型小型 PLC 为例，该 PLC 的外形尺寸是 87mm×40mm×90mm，质量 0.65kg，内部包含各类继电器 3228 个，状态寄存器 1000 个，定时器 256 个，计数器 241 个，数据寄存器 8122 个，耗电量仅为 150W。其应用指令包括程序控制、传送比较、四则逻辑运算、移位、数据（包括模拟量）处理等多种功能，指令执行时间为每步小于 $0.1\mu s$。无论在体积、质量上，还是在执行速度、控制功能上，常规继电接触控制系统都无法与 PLC 相比。

PLC 按 I/O 点数和存储容量可分为小型、中型和大型 PLC 三个等级。小型 PLC 的 I/O 点数在 256 点以下，存储容量为 2K 步，具有逻辑控制、定时、计数等功能。目前的小型 PLC 产品也具有算术运算、数据通信和模拟量处理功能。中型 PLC 的 I/O 点数在 256~2048 点之间，存储容量为 2~8K 步，具有逻辑运算、算术运算、数据传送、中断、数据通信、模拟量处理等功能，用于多种开关量、多通道模拟量或数字量与模拟量混合控制的复杂控制系统。

大型 PLC 的 I/O 点数在 2048 点以上，存储容量达 8K 步以上，具有逻辑运算、算术运算、模拟量处理、联网通信、监视记录、打印等功能，以及中断、智能控制、远程控制等能力，可完成大规模的过程控制，也可构成分布式控制网络，完成整个工厂的网络化自动控制。

## 3.2　PLC 的基本硬件组成

### 3.2.1　PLC 的基本结构

根据外部硬件结构的不同，可以将 PLC 分为整体式 PLC 和模块式 PLC。

**1. 整体式 PLC 的结构**

其主机主要由 CPU、存储器、I/O 接口、电源、通信接口等部分组成。根据用户需要可配备各种外部设备，如编程器、图形显示器、微型计算机等。各种外部设备都可通过通信接口与主机相连。图 3-1 为整体式 PLC 的外部结构，图 3-2 为整体式 PLC 的硬件结构示意图。整体式 PLC 的 CPU、I/O 接口电路、电源等装在一个箱状机壳内，结构紧凑，体积小、价格低。基本单元内有 CPU 模块、I/O 模块和电源，扩展单元内只有 I/O 模块和电源，基本单元和扩展单元之间用扁平电缆连接。整体式 PLC 一般配备有许多专用的特殊功能单元，如模拟量 I/O 单元、位置控制单元和通信单元等。

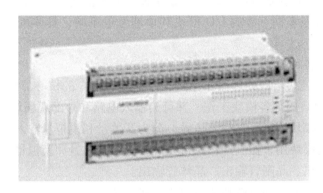

**图 3-1　整体式 PLC 的外部结构**

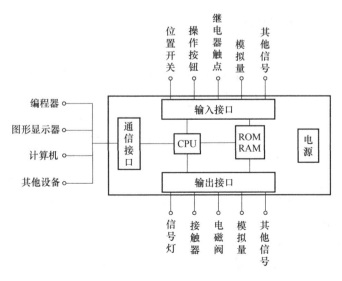

**图 3-2　整体式 PLC 的硬件结构示意图**

### 2. 模块式 PLC 的结构

大、中型 PLC 一般都采用模块式结构。图 3-3 所示为模块式 PLC 的外部结构。模块式 PLC 采用搭积木的方式组成系统，一般由机架和模块组成。模块插在模块插座上，后者焊在机架的总线连接板上。机架有不同的槽数供用户选用。如果一个机架容纳不下所选用的模块，可以增加扩展机架。各机架之间用 I/O 扩展电缆连接。

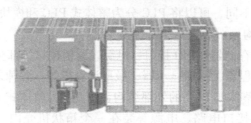

图 3-3　模块式 PLC 的外部结构

用户可以选用不同档次的 CPU 及按需求选用 I/O 模块。除电源模块和 CPU 模块插在固定的位置外，其他槽可以按需要插上输入或输出模块。所插槽位不同输入或输出点的地址不同，不同型号的 PLC 及不同点数的 I/O 模块其地址号也不同，具体可参考相应的用户使用手册。

机架：用于固定各种模块，并完成模块间通信。

CPU 模块：CPU 模块由微处理器和存储器组成，是 PLC 的核心部件，用于整机的控制。

电源模块：供 PLC 内部各模块工作，并可为输入电路和外部现场传感器提供电源。

输入模块：输入模块用于采集输入信号，分为开关量和模拟量输入模块。

输出模块：输出模块用于控制动作执行元件，分为开关量和模拟量输出模块。输出有三种形式，即继电器输出、晶闸管输出、晶体管输出。

功能模块：用于完成各种特殊功能的模块。如运动控制模块、高速计数器模块、通信模块等。

## 3.2.2　中央处理器和存储器

中央处理器（CPU）是 PLC 的核心，在整机中起到类似于人脑的神经中枢的作用，对 PLC 的整机性能有着决定性作用。目前大多数 PLC 都用 8 位或 16 位单片机作为 CPU。单片机在 PLC 中的功能分为两部分，一部分是对系统进行管理，如自诊断、查错、信息传送、时钟、计数刷新等；另一部分是读取用户程序、解释指令、执行输入输出操作等。

PLC 的存储器分为系统程序存储器和用户程序存储器两种。

### 1. 系统程序存储器

用来存放制造商为用户提供的监控程序、模块化应用功能子程序、命令解释程序、故障诊断程序及其他各种管理程序。系统程序固化在 ROM 中，用户无法改变。

### 2. 用户程序存储器

专门提供给用户存放程序和数据，它决定了 PLC 的输入信号与输出信号之间的具体关系，其容量一般以字（每个字由 16 位二进制数组成）为单位。

### 3. PLC 程序存储器的种类

1）随机存储器（RAM）：一般为用户存储器。

2）只读存储器（ROM）：一般为系统存储器。

3）可电擦除的存储器（EPROM、E²PROM）：用于存放用户程序，存储时间远远长于 RAM，一般作为 PLC 的可选件。

### 3.2.3 输入/输出接口电路

输入接口电路用于采集输入信号。输入信号有开关量、模拟量、数字量三种形式。对应有开关量、模拟量、数字量三种形式的输入模块形式和输入接口电路。

图 3-4 为采用光电耦合的开关量输入接口电路。图中，当现场开关 S 闭合时，光电耦合 T 中的发光二极管因有足够的电流流过而发光，输出端的光电晶体管导通，A 点为高电平，经滤波电路输入到 PLC 的内部电路。$R_1$、$R_2$ 分压，且 $R_1$ 起限流作用，$R_2$ 和 $C$ 构成滤波电路，所有的输入信号都经光电耦合并经 RC 电路滤波后才送入 PLC 内部放大器。采用光电耦合并经 RC 电路滤波的措施能有效消除环境中杂散电磁波等造成的干扰。

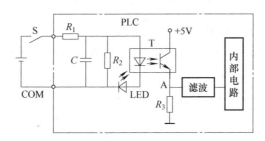

图 3-4 采用光电耦合的开关量输入接口电路

输出接口电路用于控制信号输出或控制驱动电路输出。在 PLC 中，输出控制信号可直接控制驱动电路完成各种动作。在开关量输出模块中有晶体管、晶闸管和继电器三种功率放大元件的输出接口电路形式，输出电流为 0.3～2A，可直接驱动小功率负载电路完成各种动作。图 3-5 为继电器输出接口电路。图中继电器 KA 既是输出开关器件，又是隔离器件；电阻 $R_1$ 和 LED 组成了输出状态显示器；电阻 $R_2$ 和电容 $C$ 组成了 RC 放电灭弧电路。在程序运行过程中，当某一输出点有输出信号时，通过内部电路使得相应的输出继电器线圈接通，继电器触点闭合，使外部负载电路接通，同时输出指示灯点亮，指示该路输出端有输出。负载电源由外部提供。

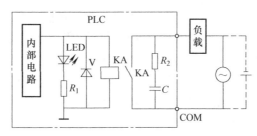

图 3-5 继电器输出接口电路

### 3.2.4 模拟量输入/输出模块

在电气自动化控制系统和工业自动化控制系统中，有些控制输入量往往是连续变化的模拟量，如压力、流量、温度、转速等，而某些执行机构要求 PLC 输出模拟信号，如伺服电动机、调节阀、记录仪等，但 PLC 的 CPU 只能处理数字量，这就产生了将模拟信号转换成数字信号及将数字信号转换成模拟信号的模拟量输入/输出模块。

**1. 模拟量输入（A/D）转换模块**

A/D 转换模块的作用是将输入模拟量转换为数字量。模拟量首先被传感器和变送器转换为标准的电流或电压信号，通过 A/D 转换模块将模拟量变成数字量送入 PLC。PLC 根据数字量的大小便能判断模拟量的大小。如测速发电机随着电动机速度的变化，输出的电压也随着变化。其输出的电压信号通过变送器后送入 A/D 转换模块变成数字量。PLC 对此信号进行处理，便可知速度的快慢。图 3-6 为模拟量输入的 A/D 转换过程。

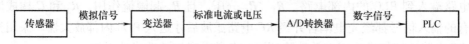

**图 3-6　模拟量输入的 A/D 转换过程**

**2. 数字量输出（D/A）转换模块**

D/A 转换模块的作用是将 PLC 的数字输出量转换成模拟电压或电流，再去控制执行机构。图 3-7 为数字量输出的 D/A 转换过程。

**图 3-7　数字量输出的 D/A 转换过程**

模拟量 I/O 模块的主要任务就是通过模拟量输入（A/D）转换模块将模拟量输入信号转换成数字量，经 PLC 进行数字运算后，通过数字量输出（D/A）转换模块将数字量再转换成模拟量输出，再去控制执行机构。

## 3.2.5　其他硬件模块和接口

**1. 高速计数模块**

PLC 中的计数器的最高工作频率受扫描周期的限制，一般仅为几十 Hz。在工业控制中，有时要求 PLC 有快速计数功能，计数脉冲可能来自旋转编码器、机械开关或电子开关。高速计数模块可以对几十 kHz 甚至上百 kHz 的脉冲计数。它们大多有一个或几个开关量输出点，计数器的当前值等于或大于预置值时，可通过中断程序及时地改变开关量输出的状态。这一过程与 PLC 的扫描过程无关，可以保证负载被及时驱动。

如三菱 FX2N 系列 PLC 就有一个高速计数模块 FX2N-1HC，FX2N-1HC 中有一个高速计数器，可以单相/双相 50kHz 高速计数，用外部输入或通过 PLC 的程序，可使计数器复位或起动计数过程，它可与编码器连接。

**2. 运动控制模块**

这类模块一般带有微处理器，用来控制运动物体的位置、速度和加速度，它可以控制直线运动或旋转运动、单轴或多轴运动，使运动控制与 PLC 的顺序控制功能有机地结合在一起，被广泛地应用在机床、装配机械等场合。

位置控制一般采用闭环控制，用伺服电动机作为驱动装置。如果用步进电动机作为驱动装置，则既可以采用开环控制，也可以采用闭环控制。模块用存储器来存储给定的运动曲线。

**3. 通信模块**

通信模块是通信网络的窗口。在 PLC 中，通信模块用来完成与别的 PLC、其他智能控制设备或主计算机之间的通信。远程 I/O 系统也必须配备相应的通信接口模块。

**4. 人机接口**

随着科学技术的不断发展，以及自动控制的需要，PLC 的控制日趋完美。许多品牌的 PLC 配备了种类繁多的显示模块、图形操作终端（人机界面）和编程器作为人机接口。

（1）显示模块

以三菱 FX-10DM-E 显示模块为例，FX-10DM-E 显示模块可安装在面板上，用电缆与 PLC 连接，有 5 个键和带背光的 LED 显示器，可显示两行数据，每行 16 个字符，可用于各种型号的 FX 系列 PLC。可监视和修改定时器 T、计数器 C 的当前值，监视和修改数据寄存器 D 的当前值。

（2）图形操作终端（人机界面）

图形操作终端（人机界面）在液晶画面中可以显示各种信息、图形，还可以自由显示指示灯、PLC 内部数据、棒图、时钟等内容。同时，可以配备设备的状态，使设备的运行状况一目了然。图形操作终端（人机界面）配置有触摸屏，可以在画面中设置开关键盘，只需触按屏幕即可完成操作。画面的内容可以通过专用的画面制作软件非常简便地创建，制作过程是从库中调用、配置所需部件的设计过程。

（3）编程器

编程器用来对 PLC 进行编程、发出命令和监视 PLC 的工作状态等。它通过通信端口与 PLC 的 CPU 连接，完成人机对话。目前常用的编程器有手持式简易编程器、便携式图形编程器和微型计算机编程三种形式。

1）手持式简易编程器。不同品牌的 PLC 配备不同型号的专用手持编程器，相互之间互不通用。它们不能直接输入和编辑梯形图程序，只能输入和编辑指令表程序。手持编程器的体积小，价格低廉，一般用电缆与 PLC 连接，常用来给小型 PLC 编程，用于系统的现场调试和维修比较方便。

2）便携式图形编程器。便携式图形编程器可直接进行梯形图程序的编制。不同品牌的 PLC 其图形编程器相互之间不通用。它较手持式简易编程器体积大，优点是显示屏大，一屏可显示多行梯形图，但由于性价比不高，使它的发展和应用受到了很大的限制。

3）微型计算机编程。用微型计算机编程是最直观、功能最强大的一种编程方式。在微型计算机上可以直接用梯形图编程或指令编程，以及依据机械动作的流程进行程序设计的顺序功能图（SFC）方式编程，并且这些程序可相互变换。

微型计算机编程方式的主要优点是用户可以使用现有的计算机、笔记本计算机配上编程软件，也很适于在现场调试程序。对于不同厂家和型号的 PLC，只需要使用相应的编程软件就可以了。

编程器对应的工作方式有以下三种：

1）编程方式。编程器在编程方式下可以把用户程序送入 PLC 的内存，也可对原有的程序进行显示、修改、插入、删除等编辑操作。

2）命令方式。此方式可对 PLC 发出各种命令，如向 PLC 发出运行、暂停、出错复位等命令。

3）监视方式。此方式可对 PLC 进行检索，观察各个输入、输出点的通、断状态和内部线圈、计数器、定时器、寄存器的工作状态及当前值，也可跟踪程序的运行过程，对故障进行监测等。

## 3.3　PLC 的工作原理和常用编程语言

### 3.3.1　PLC 控制系统的组成

以 PLC 为控制核心单元的控制系统称为 PLC 控制系统。图 3-8 所示为 PLC 控制系统的组成。此控制系统由 PLC、编程器、信号输入部件和输出执行部件等组成。

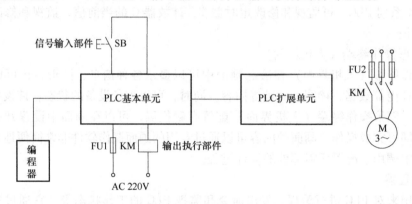

**图 3-8　PLC 控制系统的组成**

图 3-8 中，PLC 是控制系统的核心，它将逻辑运算、算术运算、顺序控制、定时、计数等控制功能以一系列指令形式存放在存储器中，然后根据检测到的输入条件按存储的程序，通过输出执行部件对生产过程进行控制。编程器的功能是把控制程序输入 PLC 基本单元，信号输入部件的功能是把现场信号送入 PLC，输出执行部件的功能是把 PLC 的控制结果进行执行，并对控制对象（电动机）进行运行控制。PLC 扩展单元的作用是在 PLC 基本单元输入/输出接口不够用时，进行输入/输出接口的扩展。

PLC 控制系统的控制过程如下：根据控制系统的功能要求进行编程，然后把编好的控制软件程序通过编程器输入到 PLC 基本单元的用户存储器（RAM）中。然后接通 PLC 控制系统的电源，启动 PLC，PLC 控制系统就可根据 PLC 的现场输入控制信号，按照输入到 PLC 中的控制软件程序的功能要求进行工作，对控制对象（电动机）进行控制，控制电动机的运行。

### 3.3.2　PLC 的工作原理

对于图 3-8 PLC 控制系统中的 PLC 来说，其工作原理是通过输入的用户现场控制程序和现场输入控制信号进行工作。用户程序通过编程器输入，并存储于用户存储器中。PLC 以顺序执行用户程序的扫描工作方式进行有序工作，每一时刻只能执行一个指令。由于 PLC 有足够快的执行速度，从外部结果看似乎是同时执行的。

图 3-9 所示为 PLC 程序执行过程，PLC 本身的工作过程可分为三个阶段：输入采样阶

段、程序执行阶段、输出刷新阶段。对用户程序的循环执行过程称为扫描。这种工作方式称为扫描工作方式。

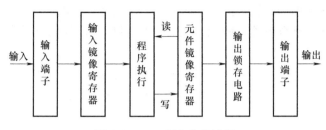

图 3-9　PLC 程序执行过程

**1. 输入采样阶段**

PLC 在输入采样阶段以扫描方式顺序读入所有输入端子的通/断（ON/OFF）状态信息，并将此状态信息存入输入镜像寄存器。接着转入程序执行阶段。在程序执行期间，即使外部输入信号的状态变化，输入镜像寄存器的状态也不会改变。这些变化只能在下一个工作周期的输入采样阶段才被读入。

**2. 程序执行阶段**

PLC 在程序执行阶段顺序对每条指令进行扫描。先从输入镜像寄存器中读入所有输入端子的状态信息。若程序中规定要读入某输出状态信息，则也在此时从元件镜像寄存器读入。然后进行逻辑运算，由输出指令将运算结果存入元件镜像寄存器。这就是说，对于每个元件，元件镜像寄存器中所寄存的内容会随着程序的执行过程而变化。

**3. 输出刷新阶段**

在所有指令执行完毕后，即执行程序结束指令时，元件镜像寄存器中所有输出继电器的通/断（ON/OFF）状态在输出刷新阶段转存到输出锁存电路，因而元件镜像寄存器亦称为输出镜像寄存器，输出锁存电路的状态由上一个刷新阶段输出镜像寄存器的状态来确定。输出锁存电路的状态决定了 PLC 输出继电器线圈的状态，这才是 PLC 的实际输出。

PLC 重复执行上述三个阶段构成的工作周期亦称为扫描周期。扫描周期因 PLC 机型而异，一般执行 1000 条指令约 20ms。

PLC 工作完一个工作周期后，在第二个工作周期输入采样阶段进行输入刷新，因而输入镜像寄存器的数据由上一个刷新时间 PLC 输入端子的通/断状态信息决定。

### 3.3.3　PLC 常用的编程语言

PLC 常用的编程语言主要有：梯形图语言、指令表语言、顺序功能图（SFC）语言、功能块图（FBD）语言、BASIC 语言、C 语言及汇编语言等。其中 BASIC 语言、C 语言及汇编语言为与计算机兼容的高级语言。各种语言都有各自的特点，一般说来，功能越强，语言就越高级，掌握这种语言就越困难。最常用到的编程语言是梯形图和指令表。

**1. 梯形图语言**

梯形图由继电器控制系统图演变而来，与继电接触电气逻辑控制原理图非常相似，是一种形象、直观的实用图形语言，也是 PLC 控制系统的主要编程语言。绝大多数 PLC 均具有这种编程语言。

由于梯形图是一种形象、直观的编程语言，对于熟悉继电接触控制电路的电气技术人员来说，学习梯形图编程语言是比较容易的。

梯形图编程语言特别适用于开关逻辑控制。梯形图由触点、线圈和应用指令组成。触点代表逻辑输入条件，如外部的输入信号和内部参与逻辑运算的条件等。线圈一般代表逻辑输出结果，既可以是输出软继电器的线圈，也可以是 PLC 内部辅助软继电器或定时器、计数器的线圈等。

图 3-10a 所示为一个具有自锁功能的继电接触控制电路，图 3-10b 为与其对应的梯形图程序。

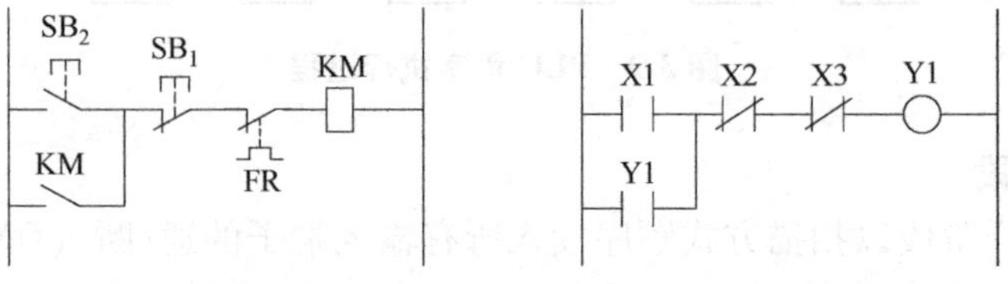

a) 继电接触控制电路　　　　　　　　b) 梯形图

**图 3-10　具有自锁功能的继电接触控制电路及其对应的梯形图**

图 3-10b 中，X1、X2、X3、Y1 称为逻辑元件或编程元件，也可称为软继电器。每个软继电器线圈及所连各逻辑元件触点的逻辑组合构成一个逻辑梯级或称梯级。每个逻辑梯级内可安排若干个逻辑行连到一个软继电器线圈上，左右侧分别有一条竖直母线（有时省略右侧的母线），相当于继电接触控制电路的控制母线。

（1）梯形图绘制原则和要求

1）梯形图按从上到下、从左到右的顺序绘制。每个逻辑元件起于左母线，终于右母线。继电器线圈与右母线直接连接，不能在继电器线圈与右母线之间连接其他元素，整个逻辑图形成阶梯形。

2）对电路各元件分配编号。用户输入设备按输入点的地址编号。如起动按钮 SB₂ 的编号为 X1；用户输出设备都按输出地址编号，如接触器 KM 的编号为 Y1。如果梯形图中还有其他内部继电器，则同样按各自分配的地址来编号。

3）在梯形图中，输入触点用以表示用户输入设备的输入信号。当输入设备的触点接通时，对应的输入继电器动作，其常开触点接通，常闭触点断开。当输入设备的触点断开时，对应的输入继电器不动作，其常开触点恢复断开，常闭触点恢复闭合。

4）在梯形图中，同一继电器的常开、常闭触点可以多次使用，不受限制，但同一继电器的线圈只能使用一次。

5）输入继电器的状态取决于外部输入信号的状态，因此在梯形图中不能出现输入继电器的线圈。

（2）软继电器与能流（控制信号流）

1）软继电器（又称内部线圈）。在 PLC 的梯形图中，主要利用软继电器线圈的吸-放功能以及触点的通-断功能来进行。PLC 内部并没有继电器那样的实体，只有内部寄存器中的位触发器，它根据计算机对信息的存-取原理读出触发器的状态，或在一定条件下改变它的状态。

2）能流（控制信号流）。想象左右两侧竖直母线之间有一个左正右负的直流电源电压（有时省略右侧的竖直母线），电流信号从母线的左侧流向母线的右侧，这就是能流（控制信号流）。

实际上，并没有真实的电流流动，而是为了分析 PLC 的周期扫描原理以及信息存储空间分布的规律做出的假设。能流（控制信号流）在梯形图中只能进行单方向流动，即从左向右流动，层次的改变只能先上后下。

（3）梯形图与继电接触控制电路的比较

相同之处：

1）电路结构形式大致相同。

2）梯形图大都沿用继电控制电路元件符号，有的有些不同。

3）信号输入、信息处理以及输出控制的功能均相同。

不同之处：

1）组成器件不同。继电控制电路由真实的继电器组成，梯形图由所谓的软继电器组成。

2）工作方式不同。当电源接通时，继电控制电路各继电器都处于该吸合的都应吸合，不吸合的继电器都因条件限制不能吸合。而在梯形图中，各继电器都处于周期性循环扫描接通之中。

3）触点数量不同。继电接触控制电路中的继电器触点数量有限，而 PLC 梯形图中软继电器的触点数量无限。这是因为在 PLC 存储器中的触发器状态可以执行任意次。

4）编程方式不同。继电接触控制电路中，程序已包含在电路中，功能专一、不灵活，而梯形图的设计和编程灵活多变。

5）联锁方式不同。继电接触控制电路中设置了许多制约关系的联锁电路，而在梯形图中，因它是扫描工作方式，不存在几个并列支路同时动作的因素，因此简化了电路设计。

**2. 指令表语言**

PLC 的指令是一种与微型计算机汇编语言中的指令相似的助记符表达式，由指令组成的程序称为指令表程序语言。指令表与梯形图有着完全的对应关系，两者之间可以相互转换。指令表程序较难阅读，其中的逻辑关系很难一眼看出，所以在程序设计时一般使用梯形图语言。当用手持编程器键入梯形图程序时，必须将梯形图程序转换为指令表程序，因为手持编程器不具备梯形图程序编辑功能。在用户程序存储器中，指令按序号顺序排列。

如果用便携式图形编程器或微型计算机进行编程，则既可以用梯形图语言又可以用指令表语言。而且梯形图与指令表可以相互自动转换，程序写入 PLC 时，只需按"Download"即可。

**3. 顺序功能图（SFC）语言**

这是一种位于其他编程语言之上的图形语言，用来编制顺序控制程序。顺序功能图提供了一种组织程序的图形方法。步、转换和动作是顺序功能图的三种主要元件。顺序功能图用来描述开关量控制系统的功能，根据它可以很容易地画出顺序控制梯形图程序。图 3-11 即为顺序功能图。

**4. 功能块图（FBD）语言**

功能块图语言是一种类似于数字逻辑门电路的编程语言。该编程语言用类似与门、或门的方框来表示逻辑运算关系。方框的

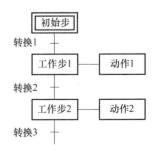

图 3-11 顺序功能图

左侧为逻辑运算的输入变量，右侧为输出变量。输入、输出端的小圆圈表示非运算，方框被导线连接在一起，信号自左向右运动。图 3-12b 为西门子 PLC 功能块图与语句表，它与图 3-12a 梯形图的控制逻辑相同。

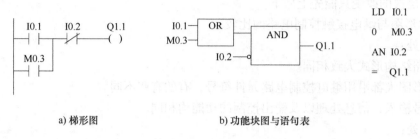

a) 梯形图　　　　　　　　　b) 功能块图与语句表

**图 3-12　西门子 PLC 梯形图、功能块图与语句表**

### 5. 高级编程语言

高级编程语言是一种结构文本语言，是与计算机兼容的高级语言。与梯形图相比，它能完成复杂的数学运算，编写的程序非常简洁、紧凑。如 BASIC 语言、C 语言及汇编语言等。

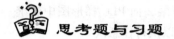 **思考题与习题**

3-1　PLC 主要有哪些技术特点？

3-2　PLC 与继电接触控制系统、微型计算机控制系统、单片机控制系统有何相同和不同之处？

3-3　小型 PLC 由几部分组成？各部分的主要作用是什么？

3-4　简要说明 PLC 的工作过程和工作原理。

3-5　PLC 有哪几种输出形式？各有什么特点？

3-6　试比较 PLC 梯形图与继电接触控制电路图的异同。如何绘制 PLC 的梯形图？

3-7　PLC 常用的编程语言有哪些？各有什么特点？

3-8　PLC 的梯形图绘制原则和要求是什么？

3-9　什么叫指令表语言？什么叫顺序功能图（SFC）语言？什么叫功能块图（FBD）语言？什么叫高级编程语言？

# 第4章

# 三菱FX系列小型PLC及编程方法

目前在工业控制领域主流的小型 PLC 主要有三菱 FX 系列、西门子系列、欧姆龙系列等。本章主要介绍三菱 FX 系列小型 PLC 的性能特点和硬件、三菱 FX 系列 PLC 中的编程元件、基本指令及编程方法、基本指令的应用和编程实例。西门子系列小型 PLC 将在第 6~8 章介绍。

## 4.1 三菱 FX 系列小型 PLC 的性能特点和硬件

### 4.1.1 三菱 FX 系列 PLC 的性能特点和型号含义

**1. 三菱 FX 系列 PLC 的性能特点**

（1）体积小

三菱 FX1S、FX1N 系列 PLC 高 90mm，深 75mm，FX2N、FX2NC 系列 PLC 高 90mm，深 87mm。内置的 DC 24V 电源可作为输入回路的电源和传感器的电源。

（2）外形美观

基本单元、扩展单元和扩展模块的高度、深度相同，宽度不同，它们之间用扁平电缆连接，紧密拼装后组成一个整齐的长方体。

（3）多个子系列

三菱 FX 系列 PLC 包括 FX1S、FX1N、FX2N、FX2NC 子系列。

FX1S 子系列最多 30 个 I/O 点，有通信功能，用于小型开关量控制系统。

FX1N 子系列最多 128 个 I/O 点，有较强的通信功能，用于要求较高的中小型控制系统。

FX2N、FX2NC 子系列最多 256 个 I/O 点，有很强的通信功能，用于要求很高的中小型控制系统。

（4）系统配置灵活

用户除了可选不同的子系列外，还可以选用多种基本单元、扩展单元和扩展模块，组成不同 I/O 点和不同功能的控制系统。

（5）功能强，使用方便

内置高速计数器，有输入/输出刷新、中断、输入滤波时间调整、恒定扫描时间等功能，有高速计数器的专用比较指令。使用脉冲列输出功能，可直接控制步进电动机或伺服电动机。脉冲宽度调整功能可用于温度控制或照明等的调光控制。可设置 8 位数字密码。

**2. 三菱 FX 系列 PLC 的型号含义**

三菱 FX 系列 PLC 的型号含义如下：

FX□□-□□ □ □-□

　　1)　2) 3) 4) 5)

1）子系列名称。如1S、1N、2N等。

2）I/O的总点数。如16、32、48、128等。

3）单元类型。M为基本单元，E为输入输出混合扩展单元与扩展模块，EX为输入专用扩展模块，EY为输出专用扩展模块。

4）输出形式。R为继电器输出，T为晶体管输出，S为双相晶闸管输出。

5）电源和输入、输出类型等特征。D和DS为DC 24V电源；DSS为DC 24V电源，晶体管输出；ES为交流电源；ESS为交流电源，晶体管输出；UA1为AC电源，AC输入。

　　例如：FX2N-64MR-D属于FX2N系列，有64个I/O点的基本单元，继电器输出，使用DC 24V电源；FX2N-48ER-D属于FX2N系列，有48个I/O点的扩展单元，继电器输出，使用DC 24V电源。

　　FX1N系列PLC有13种基本单元：FX1N-14MR-001、FX1N-24MR-001、FX1N-40MR-001、FX1N-60MR-001；FX1N-24MT、FX1N-40MT、FX1N-60MT；FX1N-24MR-D、FX1N-40MR-D、FX1N-60MR-D；FX1N-24MT-D、FX1N-40MT-D、FX1N-60MT-D。FX2N系列PLC有20种基本单元，功能强、速度快，每条指令执行时间仅为0.08μs；内置用户存储器为8K步，可扩展到16K步，I/O点最多可扩展到256点；有多种特殊功能模块或功能扩展板，可实现多轴定位控制；机内有实时钟，PID指令可实现模拟量闭环控制；有很强的数学指令集，如浮点数运算、开二次方和三角函数等；每个FX2N基本单元可扩展8个特殊单元。

## 4.1.2　三菱FX3U系列PLC硬件简介

下面以三菱FX3U-48M□型PLC为例进行介绍。

**1. 三菱FX3U-48M□型PLC的结构**

图4-1为FX3U-48M□型PLC的结构示意图。图中：

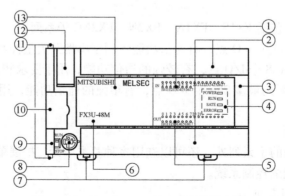

**图4-1　FX3U-48M □型PLC的结构示意图**

①—输入显示（红）　②—端子台盖板　③—扩展设备连接用接口盖板　④—动作状态显示LED
⑤—输出显示LED（红）　⑥—型号显示（简称）　⑦—DIN导轨安装挂钩　⑧—外部设备连接用接口
⑨—RUN/STOP开关　⑩—功能扩展端口部虚拟盖板　⑪—特殊适配器连接用插孔（2处）
⑫—电池盖　⑬—前盖

**2. 输入、输出信号接线示例**

图 4-2 为三菱 FX3U-48M□型 PLC 基本单元端子排列，其中图 4-2a、b 分别为 AC 电源/DC 输入型和 DC 电源/DC 输入型。电源端子的显示：AC 电源型为 [L]、[N] 端子；DC 电源型为 [⊕]、[⊖] 端子。DC 24V 供给电源的显示：AC 电源型为 [0V]、[24V] 端子；DC 电源型中没有供给电源，因此端子显示为 [(0V)]、[(24V)]，请勿在 [(0V)]、[(24V)] 端子上接线。输入端子的显示：X 为输入端子，AC 电源型、DC 电源型的输入端子显示相同，但输入的外部接线不同。连接在公共端上（COM□）的输出端子的显示：Y 为输出端子，输出是由 1 点、4 点、8 点中的某一个单位共用 1 个公共端构成的，对共用一个公共端的同一组输出，必须用同一电压类型和同一电压等级，不同的公共端组可以使用不同的电压类型和电压等级；公共端上连接的输出编号（Y）就是分隔线用粗线框出的范围，这为不同电压类型和等级的负载驱动提供了方便；晶体管输出（源型）型的 [COM□] 端子即 [+V□] 端子。

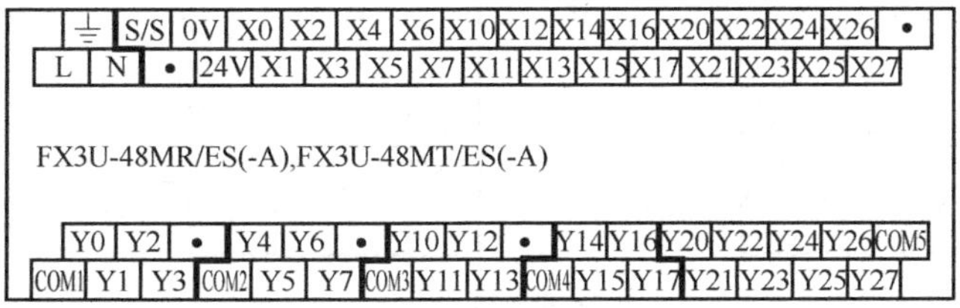

| ⏚ | S/S | 0V | X0 | X2 | X4 | X6 | X10 | X12 | X14 | X16 | X20 | X22 | X24 | X26 | • |
| L | N | • | 24V | X1 | X3 | X5 | X7 | X11 | X13 | X15 | X17 | X21 | X23 | X25 | X27 |

FX3U-48MR/ES(-A),FX3U-48MT/ES(-A)

| Y0 | Y2 | • | Y4 | Y6 | • | Y10 | Y12 | | Y14 | Y16 | Y20 | Y22 | Y24 | Y26 | COM5 |
| COM1 | Y1 | Y3 | COM2 | Y5 | Y7 | COM3 | Y11 | Y13 | COM4 | Y15 | Y17 | Y21 | Y23 | Y25 | Y27 |

a) AC 电源/DC 输入型

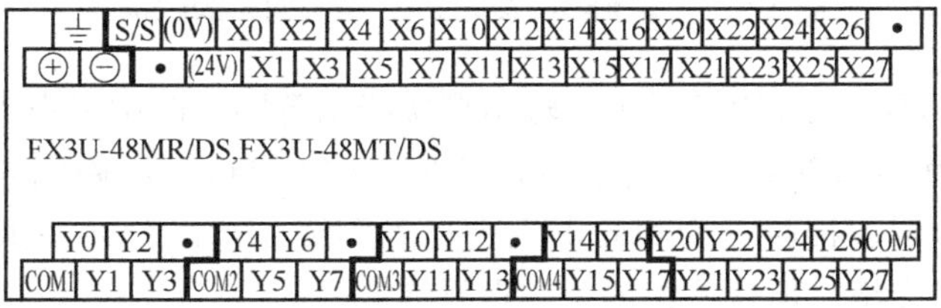

| ⏚ | S/S | (0V) | X0 | X2 | X4 | X6 | X10 | X12 | X14 | X16 | X20 | X22 | X24 | X26 | • |
| ⊕ | ⊖ | • | (24V) | X1 | X3 | X5 | X7 | X11 | X13 | X15 | X17 | X21 | X23 | X25 | X27 |

FX3U-48MR/DS,FX3U-48MT/DS

| Y0 | Y2 | • | Y4 | Y6 | • | Y10 | Y12 | | Y14 | Y16 | Y20 | Y22 | Y24 | Y26 | COM5 |
| COM1 | Y1 | Y3 | COM2 | Y5 | Y7 | COM3 | Y11 | Y13 | COM4 | Y15 | Y17 | Y21 | Y23 | Y25 | Y27 |

b) DC 电源/DC 输入型

**图 4-2　三菱 FX3U-48M□型 PLC 基本单元端子排列**

三菱 FX3U 系列 PLC 基本单元的输入（X）为内部供电 DC 24V 的漏型输入和源型输入的通用型产品。当 DC 输入信号是从输入（X）端子流出电流然后输入时，称为漏型输入，连接晶体管输出型的传感器输出等时，可以使用 NPN 集电极开路型晶体管输出。当 DC 输入信号是电流流向到输入（X）端子的输入时，称为源型输入，连接晶体管输出型的传感器输出等时，可以使用 PNP 集电极开路型晶体管输出。通过将 [S/S] 端子与 [0V]、[⊖] 端子或是 [24V]、[⊕] 端子中的一个连接，可以进行漏型、源型输入的切换。对于 AC 电源型的场合，连接 [24V] 端子和 [S/S] 端子（漏型输入）；连接 [0V] 和 [S/S] 端子（源型输入）。对于 DC 电源型的场合，连接 [⊕] 端子和 [S/S] 端子（漏型输入）；连接 [⊖] 端子和 [S/S] 端子（源型输入）。

图 4-3 为三菱 FX3U 系列 PLC 输入回路的结构。对于漏型输入，在输入（X）端子和 [0V] 端子之间连接无电压触点或是 NPN 集电极开路型晶体管输出，导通时，输入（X）为 ON 状态。此时，显示输入用的 LED 灯亮。对于源型输入，在输入（X）端子和 [24V] 端子之间连接无电压触点或是 PNP 集电极开路型晶体管输出，导通时，输入（X）为 ON 状

态。此时，显示输入用的 LED 灯亮。

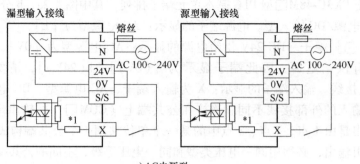

a) AC电源型

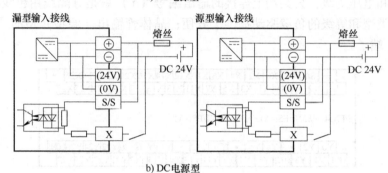

b) DC电源型

图 4-3   三菱 FX3U 系列 PLC 输入回路的结构

图 4-4 为三菱 FX3U 系列 PLC 继电器输出型接线示意图。图中继电器 $KA_1$、$KA_2$ 和接触器 $KM_1$、$KM_2$ 线圈为 AC 220V，电磁阀 $YV_1$、$YV_2$ 为 DC 24V，电磁阀与继电器、接触器不能分在一组，而继电器、接触器为相同电压类型和等级，可以分在一组，如果一组安排不下，可以分在两组或多组，但这些组的公共点要连在一起。

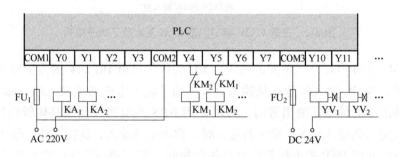

图 4-4   三菱 FX3U 系列 PLC 继电器输出型接线示意图

## 4.2   三菱 FX 系列 PLC 中的编程元件

PLC 提供给用户使用的每个输入/输出继电器、状态继电器、辅助继电器、计数器、定时器及每个存储单元都称为元件。由于这些元件都可以用程序（即软件）来指定，故又称为软元件或编程元件。各个元件有其各自的功能，有其固定的地址，元件的多少决定了 PLC 整个系统的规模及数据处理能力。编程元件的名称由字母和数字组成，它们分别代表元件的类型和元件号。

## 4.2.1　输入继电器（X）和输出继电器（Y）

### 1. 输入继电器（X）

输入继电器是 PLC 接收外部输入信号的窗口。PLC 通过光电耦合器，将外部信号的状态读入并存储在输入镜像寄存器中。输入端可以外接常开触点或常闭触点，也可以接多个触点组成的串并联电路或电子传感器（如接近开关）。在梯形图中，可以多次使用输入继电器的常开触点和常闭触点。表 4-1 为 FX1N、FX2N 型 PLC 主机输入继电器元件编号。

表 4-1　FX1N、FX2N 型 PLC 主机输入继电器元件编号

| PLC 型号 | FX1N-14M | FX1N-24M | FX1N-40M | FX1N-60M | | |
|---|---|---|---|---|---|---|
| 输入继电器 | X0~X7<br>8 点 | X0~X15<br>14 点 | X0~X27<br>24 点 | X0~X43<br>36 点 | | |
| PLC 型号 | FX2N-16M | FX2N-32M | FX2N-48M | FX2N-64M | FX2N-80M | FX2N-128M |
| 输入继电器 | X0~X7<br>8 点 | X0~X17<br>16 点 | X0~X27<br>24 点 | X0~X37<br>32 点 | X0~X47<br>40 点 | X0~X267<br>184 点 |

输入继电器的元件号为 8 进制。如 FX2N-32M 型 PLC 共有 16 个输入点，编号分别为 X0、X1、X2、X3、X4、X5、X6、X7、X10、X11、X12、X13、X14、X15、X16、X17。输入继电器的线圈在程序设计时不允许出现。

PLC 在每一个周期开始时读取输入信号，输入信号的通、断持续时间应大于 PLC 的扫描周期。如果不满足这一条件，可能会丢失输入信号。

### 2. 输出继电器（Y）

输出继电器是 PLC 向外部负载发送信号的窗口。输出继电器用来将 PLC 的输出信号通过输出电路硬件驱动外部负载。

输出继电器的线圈在程序设计时只能使用一次，不可重复使用，但触点可以多次使用。输出继电器的线圈通电后，继电器型输出模块中对应的硬件输出继电器的常开触点闭合，使外部负载工作。硬件输出继电器只有一个常开触点，接在 PLC 的输出端子上。表 4-2 为 FX1N、FX2N 型 PLC 主机输出继电器元件编号。

表 4-2　FX1N、FX2N 型 PLC 主机输出继电器元件编号

| PLC 型号 | FX1N-14M | FX1N-24M | FX1N-40M | FX1N-60M | | |
|---|---|---|---|---|---|---|
| 输出继电器 | Y0~Y5<br>6 点 | Y0~Y11<br>10 点 | Y0~Y17<br>16 点 | Y0~Y27<br>24 点 | | |
| PLC 型号 | FX2N-16M | FX2N-32M | FX2N-48M | FX2N-64M | FX2N-80M | FX2N-128M |
| 输出继电器 | Y0~Y7<br>8 点 | Y0~Y17<br>16 点 | Y0~Y27<br>24 点 | Y0~Y37<br>32 点 | Y0~Y47<br>40 点 | Y0~Y267<br>184 点 |

输出继电器的元件号为 8 进制。如：FX2N-32M 型 PLC 共有 16 个输出点，编号分别为 Y0、Y1、Y2、Y3、Y4、Y5、Y6、Y7、Y10、Y11、Y12、Y13、Y14、Y15、Y16、Y17。

## 4.2.2　辅助继电器（M）

PLC 内有很多辅助继电器，它们是用软件实现的。辅助继电器的线圈可以由 PLC 内部

各软继电器的触点驱动，它们不同于输入继电器那样接收外部的输入信号，也不同于输出继电器那样直接驱动外部负载，而是一种内部的状态标志，起到相当于继电器控制系统中的中间继电器的作用。

### 1. 通用辅助继电器

在 FX 系列 PLC 中，除了输入继电器和输出继电器的元件号采用八进制外，其他编程元件的元件号都采用十进制，因此，通用辅助继电器的元件号采用十进制编号。

不同型号的 PLC 其通用辅助继电器的数量是不同的，其编号范围也不同。使用时，必须参照其编程手册。在此仅介绍 FX1N 和 FX2N 型 PLC 的通用辅助继电器点数及编号范围：FX1N 型 PLC 通用辅助继电器点数为 384 点，元件号为 M0～M383；FX2N 型 PLC 通用辅助继电器点数为 500 点，元件号为 M0～M499。

通用辅助继电器只能在 PLC 内部起辅助作用，使用时，除了不能驱动外部元件外，其他功能与输出继电器非常类似。

FX 系列 PLC 的通用辅助继电器与输出继电器一样没有断电保持功能，即断电后，无论程序运行时是 ON 还是 OFF，都将 OFF，通电后，必须由其他逻辑条件使之 ON。图 4-5 为含有通用辅助继电器的梯形图。

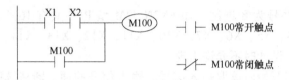

**图 4-5　含有通用辅助继电器的梯形图**

### 2. 失电保持辅助继电器

PLC 在运行中若突然停电，有时需要保持失电前的状态，以使来电后 PLC 继续进行断电前的工作，这靠输出继电器和通用辅助继电器是无能为力了。这时就需要一种能保存失电前状态的辅助继电器，即失电保持辅助继电器。失电保持辅助继电器并非断电后真正能在自身电源也切断的条件下保存原工作状态，而是靠 PLC 内部的备用电池供电而已。

FX1N 型 PLC 失电保持辅助继电器点数为 1152 点，元件号为 M384～M1535；FX2N 型 PLC 失电保持辅助继电器点数为 2572 点，元件号为 M500～M3071。

图 4-6 所示为具有失电保持功能的辅助继电器的梯形图。图中 X1 接通后，M600 动作，其常开触点闭合自锁，即使 X1 再断开，M600 的状态仍保持不变。若此时 PLC 失去供电，等 PLC 恢复供电后再运行时只要停电前 X2 的状态不发生改变，M600 仍能保持动作。M600 保持动作的原因并不是因为自锁，而是因为 M600 是失电保持辅助继电器、有后备电池供电的缘故。

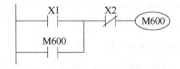

**图 4-6　具有失电保持功能辅助继电器的梯形图**

### 3. 特殊辅助继电器

PLC 内有 256 个特殊辅助继电器，这些特殊辅助继电器各自具有特定功能，可以分为两大类，即只能利用触点型、可驱动线圈型。

（1）只能利用触点型

这类特殊辅助继电器的线圈由 PLC 自动驱动，用户只能利用其触点。例如：

M8000：运行监控，即 PLC 运行时自动接通，停止时断开。

M8002：初始脉冲，即仅在 PLC 运行开始时接通一个扫描周期。

M8005：PLC 后备锂电池电压过低时接通。

M8011：10ms 时钟脉冲。

M8012：100ms 时钟脉冲。

M8013：1s 时钟脉冲。

M8014：1min 时钟脉冲。

图 4-7 为只能利用触点型特殊辅助继电器在 PLC 运行（RUN）和停止（STOP）时的时序图。

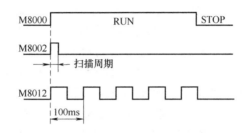

**图 4-7　只能利用触点型特殊辅助继电器时序图**

（2）可驱动线圈型

这类特殊辅助继电器的线圈可由用户驱动，而线圈被驱动后，PLC 将完成特定动作。例如：

M8030：线圈被驱动后使后备锂电池欠电压指示灯熄灭。

M8033：线圈被驱动后 PLC 停止运行时输出保持。

M8034：线圈被驱动后禁止所有的输出。

M8039：线圈被驱动后 PLC 以 D8039 中指定的扫描时间工作。

注意：没有定义的特殊辅助继电器不可在用户程序中出现。

## 4.2.3　状态继电器（S）

状态继电器（S）在步进顺控程序的编程中是一类非常重要的软元件，它与后述的步进顺控指令 STL 组合使用。

状态继电器有以下五种类型：

1）初始状态 S0～S9 共 10 点。

2）回零 S10～S19 共 10 点。

3）通用 S20～S499 共 480 点。

4）失电保持 S500～S899 共 400 点。

5）报警器 S900～S999 共 100 点。

通用状态继电器没有失电保持功能。在使用 IST（初始化状态功能）指令时，S0～S9 供初始状态使用。失电保持状态继电器 S500～S899 在断电时依靠后备锂电池供电保持。在使用应用指令 ANS（信号报警器置位）和 ANR（信号报警器复位）时，报警器 S900～S999 可用作外部故障诊断输出。报警器为失电保持型。

图 4-8 为机械手抓取物体动作顺序功能图。

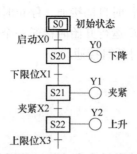

**图 4-8　机械手抓取物体动作顺序功能图**

设启动信号输入点为 X0，下限位开关信号输入点为 X1，夹紧限位开关信号输入点为 X2，上限位开关信号输入点为 X3，…，控制下降电磁阀的输出点为 Y0，控制夹紧电磁阀的输出点为 Y1，控制上升电磁阀的输出点为 Y2，…，S0 为初始状态（原位），S20、S21、S22、…为工作步状态继电器。其动作过程如下：接通启动信号，X0 = ON，状态继电器 S20 置位（=ON），随之，控制下降电磁阀的输出继电器 Y0 动作；当下限位开关 X1 变为 ON 后，状态继电器 S21 置位（=ON），状态继电器 S20 自动复位（=OFF），输出继电器 Y0 随之复位，控制夹紧电磁阀的输出继电器 Y1 动作；当夹紧限位开关 X2 变为 ON 时，状态继电器 S22 置位，同时状态继电器 S21 自动复位，输出继电器 Y1 随之复位，控制上升电磁阀的输出继电器 Y2 动作，…。

随着状态动作的转移，前一状态继电器的状态自动复位（变为 OFF）。状态继电器的触点可多次使用。如果不用步进顺控指令，状态继电器可当作普通的辅助继电器使用。

## 4.2.4　定时器（T）

PLC 内有几百个定时器，其功能相当于继电接触控制系统中的时间继电器。

定时器是根据时钟脉冲的累积计时的。时钟脉冲有 1ms、10ms、100ms 三种，当所计时间到达设定值时，其输出触点动作。

定时器有一个设定值寄存器（一个字长）、一个当前值寄存器（一个字长）和一个用来存储其输出触点状态的映像寄存器（占二进制的一位），这三个单元使用同一个元件号。

定时器用常数 K 作为设定值，也可将数据寄存器（D）的内容作为设定值。用数据寄存器（D）的内容作为设定值时，一般用失电保持型数据寄存器，目的是断电时不会丢失数据。

FX 系列 PLC 的定时器分为非积算定时器和积算定时器。

**1. 非积算定时器**

所谓非积算定时器，是指定时器在停电或定时器线圈输入断开，定时器将复位。当复电或定时器线圈输入再次接通后，定时器将按照原设定时间重新计时，在再次动作时仍按照原设定时间动作，不进行设定时间的累积相加计算的定时器。FX1N 和 FX2N 型 PLC 内有 100ms 非积算定时器 200 点（T0~T199），时间设定值为 0.1~3276.7s。10ms 非积算定时器 46 点（T200~T245），时间设定值为 0.01~327.67s。图 4-9 为非积算定时器的梯形图及动作时序。

图 4-9 中，如果定时器线圈 T200 的驱动输入 X0 接通，T200 使用的当前值计数器将 10ms 时钟脉冲相加计算。如果该值等于设定值 K123，定时器的输出触点就动作，即 X0 接

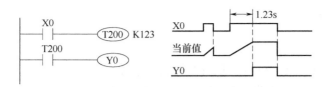

图 4-9　非积算定时器的梯形图及动作时序

通 1.23s 后（也就是 T200 的线圈通电 0.01s×123＝1.23s 后），T200 的触点动作，Y0 随之动作。X0 断开或停电，定时器复位，输出触点复位。非积算定时器没有失电记忆功能。

**2. 积算定时器**

所谓积算定时器，是指在定时器停电或定时器线圈输入断开，定时器保存已计时间，当复电或定时器线圈输入再次接通后，积算定时器继续计时，计时时间为原保存的时间与继续计时时间之和，直到计时时间达到设定值，积算定时器的触点动作，即进行设定时间的累积相加计算的定时器。FX1N 和 FX2N 型 PLC 内有 1ms 积算定时器 4 点（T246~T249），时间设定值为 0.001~32.767s；100ms 积算定时器 6 点（T250~T255），时间设定值为 0.1~3276.7s。图 4-10 为积算定时器的梯形图及动作时序。

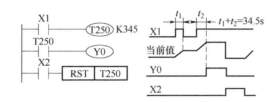

图 4-10　积算定时器在程序中的梯形图及动作时序

图 4-10 中，如果定时器线圈 T250 的驱动输入 X1 接通，则 T250 使用的当前值计数器将100ms 时钟脉冲相加计算。如果相加值等于设定值 K345（即 0.1s×345＝34.5s）则定时器的输出触点动作。在计算过程中，X1 断开或停电，在再动作后，继续进行相加计算，直到相加的时间等于设定时间后，定时器的输出触点动作。积算定时器具有失电记忆功能。要想使得 T250 复位，只有复位输入 X2 接通，强制进行。

非积算定时器没有电池后备，在定时过程中，若停电或定时器线圈输入断开，非积算定时器复位。当复电或定时器线圈输入再次接通后，非积算定时器重新计时。积算定时器有锂电池后备，若停电或定时器线圈输入断开，积算定时器保存已计时间。当复电或定时器线圈输入再次接通后，积算定时器继续计时，计时时间为原保存的时间与继续计时时间之和。

需要注意的是，在 FX1N 和 FX2N 型 PLC 中，在子程序与中断程序内应采用 T192~T199和 T246~T249 定时器。这些定时器在执行指令时或执行 END 指令时计时。如果计时达到设定值，则在执行线圈指令或 END 指令时，输出触点动作。在子程序与中断程序内使用其他定时器，PLC 可能工作不正常。

定时器的精度与程序的编写有关。如果定时器的触点在线圈之前，精度将会降低。如果定时器的触点在线圈之后，最大定时误差为 2 倍扫描周期加上输入滤波器时间；如果定时器的触点在线圈之前，最大定时误差为 3 倍扫描周期加上输入滤波器时间。

最小定时误差为输入滤波器时间减去定时器的分辨率。1ms、10ms、100ms 定时器的分辨率分别为 1ms、10ms 和 100ms。

### 4.2.5 计数器（C）

#### 1. 内部计数器

内部计数器是在执行扫描操作时对内部元件（如X、Y、M、S、T、C）的信号进行计数的计数器。因此，其接通和断开时间应长于PLC的扫描周期。

（1）16位增计数器

FX系列PLC有两种类型的16位增计数型计数器，一种为通用型，一种为失电保持型。

1）通用型16位增计数器。C0～C99为通用型16位增计数器，共100点，其设定值为K1～K32767。当计数输入信号每接通一次，计数器的当前值增1，当计数器的当前值为设定值时，计数器的输出触点接通，之后即使计数输入信号再接通，计数器的当前值都保持不变，只有复位输入信号接通时，执行复位指令，可将计数器当前值复位为0，其输出触点也随之复位。计数过程中如果失电，通用型计数器失去原计数数值，再次通电后将重新计数。

2）失电保持型16位增计数器。C100～C199为失电保持型16位增计数器，共100点，其设定值为K1～K32767，工作过程与通用型相同，只是在计数过程中如果失电，失电保持型计数器其当前值和输出触点的置位/复位状态将保持不变。

计数器的设定值除了可以用常数K直接设定外，还可以通过指定数据寄存器的元件号来间接设定，该编号寄存器内的内容便是设定值。如指定D125，而D125的内容是200，则与设定值K200等效。

图4-11为16位增计数器的动作时序。X2为计数输入，X2每接通一次，计数器的当前值增1，当计数器的当前值为10时，即计数达10次，计数器C0的输出触点接通，随之Y0线圈得电。当复位输入X1接通，执行RST（复位）指令，计数器当前值复位为0，其输出触点也随之复位。

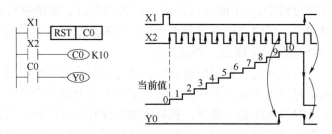

图4-11 16位增计数器的动作时序

（2）32位双向计数器

双向计数器就是既可以设置为增计数又可以设置为减计数的计数器。32位双向计数器计数值设定范围为−2147483648～+2147483647。FX系列PLC有两种32位双向计数器，一种为通用型，一种为失电保持型。

1）通用型32位双向计数器。C200～C219为通用型32位双向计数器，共20点。作增计数或减计数（计数方向）由特殊辅助继电器M8200～M8219设定。计数器与特殊辅助继电器一一对应，如计数器C212对应M8212。对于计数器，当对应的辅助继电器接通（置1）时为减计数；当对应的辅助继电器断开（置0）时为加计数。计数值的设定可以直接用常数

K 或间接用数据寄存器（D）的内容作为设定值，但间接设定时，要用元件号连在一起的两个数据寄存器。因为如果用 16 位的数据寄存器，则必须由两个 16 位的数据寄存器才能组成 32 位。

2）失电保持型 32 位双向计数器。C220~C234 为失电保持型 32 位双向计数器，共 15 点。作增计数或减计数（计数方向）由特殊辅助继电器 M8220~M8234 设定。其工作过程与通用型 32 位双向计数器相同，不同之处在于失电保持型 32 位双向计数器的当前值和触点状态在失电时均能保持。

图 4-12 为 32 位双向计数器的动作时序。计数器 C212 作增计数还是减计数取决于 M8212 的通断。M8212 断开 C212 作增计数，M8212 接通 C212 作减计数。因而 X1 的通断决定了 C212 的计数方向。X3 作为计数输入，驱动 C212 线圈进行加计数或减计数。X2 用于计数器 C212 复位。

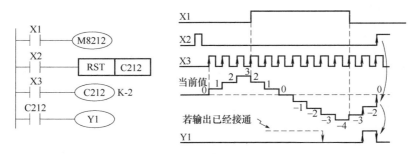

**图 4-12　32 位双向计数器的动作时序**

图 4-12 中，当计数器的当前值由 -3→-2（增加）时，计数器的触点接通（置位），Y1 便有输出，由 -2→-3（减小）时，其触点断开（复位）。当复位输入 X2 接通，通过 RST（复位）指令，使得计数器 C212 复位，其触点断开（复位），随之 Y1 停止输出。

双向计数器是循环计数器，如果计数器的当前值在最大值 2147483647 时进行加计数，则当前值就成为最小值 -2147483647。类似地，如果计数器的当前值在最小值 -2147483647 时进行减计数，则当前值就成为最大值 2147483647。

**2. 高速计数器**

FX 系列 PLC 中共有 21 点高速计数器，元件编号为 C235~C255。这些计数器在 PLC 中共享 8 个高速计数器输入端 X0~X7。当一个输入端被某个高速计数器占用时，这个输入端就不能再用于另一个高速计数器，也不能用作其他的输入。即由于只有 8 个高速计数的输入，因此，最多只能同时用 8 个高速计数器。

高速计数器是按中断方式运行的，与扫描周期无关。所选定的计数器的线圈应被连续驱动，以表示与它有关的输入点已被使用，其他高速计数器的处理不能与它冲突。连续驱动计数器的软元件触点可以是输入继电器触点，也可以是特殊辅助继电器（如 M8000）的常开触点等。

高速计数器分为 1 相型和 2 相型两类。1 相型高速计数器分为 1 相无启动/复位和 1 相带启动/复位两种；2 相型高速计数器分为 2 相双向计数器和 2 相 A-B 相计数器。表 4-3 为高速计数器一览表。

83

84

**表 4-3 高速计数器一览表**

| 中断输入 | 1相无启动/复位计数器 | | | | | | 1相带启动/复位计数器 | | | | | 2相双向计数器 | | | | | 2相 A-B 相计数器 | | | | |
|---|---|---|---|---|---|---|---|---|---|---|---|---|---|---|---|---|---|---|---|---|---|
| | C235 | C236 | C237 | C238 | C239 | C240 | C241 | C242 | C243 | C244 | C245 | C246 | C247 | C248 | C249 | C250 | C251 | C252 | C253 | C254 | C255 |
| X0 | U/D | | | | | | U/D | | | U/D | | U | U | | U | | A | A | | A | |
| X1 | | U/D | | | | | R | | | R | | D | D | | D | | B | B | | B | |
| X2 | | | U/D | | | | | U/D | | | U/D | | R | | R | | | R | | R | |
| X3 | | | | U/D | | | | R | | | R | | | U | | U | | | A | | A |
| X4 | | | | | U/D | | | | U/D | | | | | D | | D | | | B | | B |
| X5 | | | | | | U/D | | | R | | | | | R | | R | | | R | | R |
| X6 | | | | | | | | | | S | | | | | S | | | | | S | |
| X7 | | | | | | | | | | | S | | | | | S | | | | | S |

注：U 为增计数输入；D 为减计数输入；A 为 A 相输入；B 为 B 相输入；R 为复位输入；S 为起动输入。

（1）1 相型高速计数器

1 相型高速计数器共 11 点（C235～C245），所有计数器都是 32 位增/减计数器，即双向计数器，其触点动作方式及计数方向设定与普通 32 位双向计数器相同。作增计数器时，计数值达到设定值时触点动作并保持；作减计数时，当计数值达到设定值时触点复位。

其中 C235～C240 为 1 相无启动/复位计数器，C241～C245 为 1 相带启动/复位计数器。特殊辅助继电器 M8235～M8245 用来设置与之对应的计数器 C235～C245 的计数方向。M 为 ON 时为减计数，为 OFF 时为加计数。要想使得计数器 C235～C245 复位，只有使用 RST 指令。

1）1 相无启动/复位计数器。1 相无启动/复位计数器共有 6 点（C235～C240），每个计数器只有一个输入端。表 4-3 中，C235 利用 X0 作为高速脉冲的输入端、…、C240 利用 X5 作为高速脉冲的输入端，可以双向计数（U/D 表示可以增、减计数），增、减计数由 M8235～M8240 的 OFF 及 ON 决定。图 4-13 为 1 相无启动/复位计数器的用法举例。

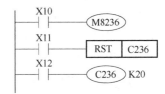

图 4-13　1 相无启动/复位计数器的用法举例

85

要想使得计数器 C236 进行计数，X12 必须接通（即 C236 的线圈被驱动，才选中计数器 C236）。由于输入端 X1 是计数器 C236 的脉冲计数输入端，所以，在 X12 接通的条件下，计数器 C236 对来自 X1 端的脉冲进行计数。

M8236 的通、断决定了计数器 C236 是进行减计数还是增计数，所以，X10 接通时 C236 进行的是减计数，X10 断开时 C236 进行的是加计数。在进行加计数时，当计数值达到设定值 K20 时，C236 的触点动作并保持；在进行减计数时，当计数值达到设定值 K20 时，C236 的触点复位。

要想使得计数器 C236 复位，只有使用 RST 指令，X11 的接通使得计数器 C236 复位，其触点断开。

2）1 相带启动/复位计数器。1 相带启动/复位计数器共有 5 点（C241～C245），每个计数器各有一个计数输入端和一个复位输入端。其中 C244、C245 还另有一个起动输入端。如 C244（见表 4-3），计数输入端为 X0（对 X0 输入的脉冲进行计数），复位输入端为 X1（X1 端接通使得 C244 复位），起动输入端为 X6（X6 接通，C244 立即对 X0 输入的脉冲进行计数）。特殊辅助继电器 M8241～M8245 的通、断决定了 C241～C245 进行减计数还是加计数。

图 4-14 为 1 相带启动/复位计数器的用法举例。X12 接通时，C244 被选中，如果 X6 接通，C244 立即对 X0 输入的脉冲进行计数。计数设定值为数据寄存器 D1、D0 的内容（D1，D0）。可以在程序上用 X11 对 C244 进行复位，但如果 X1 接通，C244 立即复位，则不需要该条程序。M8244 的通、断决定了 C244 进行减计数还是增计数，因而 X10 的通、断决定了 C244 进行减计数还是增计数。

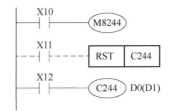

图 4-14　1 相带启动/复位计数器的用法举例

（2）2 相型高速计数器

2 相型高速计数器共有 10 点（C246～C255）。所谓 2 相，是指这些计数器有两个输入端，一个输入端专门用于增计数信号输入，而另一个输入端专门用于减计数信号输入。

1）2 相双向计数器。C246～C250 为 2 相双向计数器。它们有一个增计数输入端和一个减计数输入端，某些计数器还有复位和起动输入端（见表 4-3）。如 C246 的增、减计数端分别是 X0 和 X1。在计数器的线圈接通后，X0 的上升沿使得计数器的当前值加 1；X1 的上升沿使得计数器的当前值减 1。

2) 2 相 A-B 相计数器。C251~C255 为 2 相 A-B 相计数器。它们有两个计数输入端,有的计数器还有复位和起动输入端(见表 4-3)。计数器的最高计数频率受两个因素制约:一是各个输入端的响应速度;二是全部高速计数器的处理时间。高速计数器的处理时间是限制高速计数器计数频率的主要因素。高速计数器采用中断方式运行,因此,同时使用的计数器数量越少,计数频率就越高,如果某些计数器用比较低的频率计数,则其他计数器就能以较高的频率进行计数。

对于高速计数器的计数频率,单相和双向计数器最高为 10kHz,A/B 相计数器最高为 5kHz。最高总计数频率是指同时在 PLC 计数输入端出现的所有输入信号频率之和的最大值。FX1N 型 PLC 的最高总计数频率为 60kHz,FX2N 为 20kHz,计算总计数频率时 A-B 相计数器的频率应加倍。

## 4.2.6 数据寄存器(D)

数据寄存器在模拟量检测、控制及位置控制等场合用来存储数据和参数。数据寄存器可以存储 16 位二进制数或称一个字。要想存储 32 位二进制数据(双字),必须同时用两个序号连续的数据寄存器进行数据存储。如用 D0 和 D1 存储双字,D0 存放低 16 位,D1 存放高 16 位。字或双字的最高位为符号位,0 表示正数,1 表示负数。

数据寄存器的数值读出与写入一般采用应用指令,而且可以从数据存储单元(显示器)与编程装置直接读出/写入。

数据寄存器分为通用数据寄存器、失电保持数据寄存器、特殊数据寄存器、文件寄存器、外部调整寄存器。表 4-4 为 FX1N 和 FX2N 型 PLC 各类数据寄存器的点数及地址编号范围。

表 4-4　FX1N 和 FX2N 型 PLC 各类数据寄存器的点数及地址编号范围

| 数据寄存器类型 | FX1N 型 PLC | FX2N 型 PLC |
| --- | --- | --- |
| 通用数据寄存器 | 128 点(D0~D127) | 200 点(D0~D199) |
| 失电保持数据寄存器 | 7872 点(D128~D7999) | 7800 点(D200~D7999) |
| 特殊数据寄存器 | 256 点(D8000~D8255) | 256 点(D8000~D8255) |
| 文件寄存器 | 7000 点(D1000~D7999) | 7000 点(D1000~D7999) |
| 外部调整寄存器 | 2 点(D8030、D8031) | — |

(1)通用数据寄存器

将数据写入通用数据寄存器后,其值将保持不变,直到下一次被改写。PLC 由运行(RUN)状态进入到停止(STOP)状态时,所有的通用数据寄存器的值都变为 0。如果前述可驱动线圈型特殊辅助继电器 M8033 接通,PLC 由运行(RUN)状态进入到停止(STOP)状态时,通用数据寄存器的值将保持不变。

(2)失电保持数据寄存器

失电保持数据寄存器在 PLC 由运行(RUN)状态进入到停止(STOP)状态时,其值保持不变。利用参数设定,可以改变失电保持数据寄存器的范围。

(3)特殊数据寄存器

特殊数据寄存器是指写入特定目的的数据,或事先写入特定内容的数据寄存器,用来控制和监视 PLC 内部的各种工作方式和元件。如备用锂电池的电压、扫描时间、正在动作的状态的编号等。PLC 上电时,这些数据寄存器被写入默认的值。

(4) 文件寄存器

文件寄存器以 500 点为单位,可被外部设备存取。文件寄存器实际上被设置为 PLC 的参数区。文件寄存器与锁存寄存器重叠,数据不会丢失。FX1N 和 FX2N 型 PLC 的文件寄存器可以通过块传送指令来改写其内容。

(5) 外部调整寄存器

FX1N 型 PLC 的外部调整寄存器为 D8030 和 D8031。在 FX1N 型 PLC 的外部有两个小电位器,这两个电位器常用来修改定时器的时间设定值,通过调整小电位器可以改变 D8030 和 D8031 的值 (0~255),依此来修改定时器的时间设定值。

## 4.3   三菱 FX 系列 PLC 的基本指令及编程方法

三菱 FX1N 和 FX2N 型 PLC 中共有基本指令 27 条,基本指令一般由助记符和操作元件组成,助记符是每一条基本指令的符号,表明操作功能;操作元件是被操作的对象。有些基本指令只有助记符,没有操作元件。

### 4.3.1   基本指令介绍

**1. LD、LDI、OUT 指令**

(1) LD 指令

LD 指令称为取用指令,即常开触点取用指令。

功能:常开触点逻辑运算开始,常开触点与梯形图左母线连接。

操作元件:X、Y、M、S、T、C。

程序步:1。

图 4-15 为 LD 指令在梯形图中的表示。

(2) LDI 指令

LDI 指令称为取用反指令,即常闭触点取用指令。

功能:常闭触点逻辑运算开始,常闭触点与梯形图左母线连接。

操作元件:X、Y、M、S、T、C。

程序步:1。

图 4-16 为 LDI 指令在梯形图中的表示。

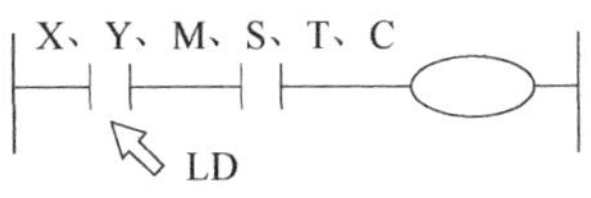

**图 4-15   LD 指令在梯形图中的表示** 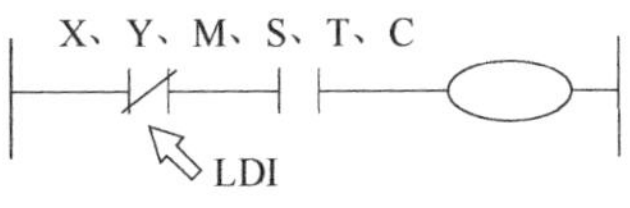          **图 4-16   LDI 指令在梯形图中的表示**

另外,LD、LDI 指令与后面讲到的 ANB 指令组合,在分支起点处也可使用。

(3) OUT 指令

OUT 指令称为输出指令或驱动指令。

功能:输出逻辑运算结果,即根据逻辑运算结果去驱动一个指定的线圈。

操作元件:Y、M、S、T、C。

程序步：1。

图 4-17 为 OUT 指令在梯形图中的表示。

OUT 指令的使用说明：

1）OUT 指令不能用于驱动输入继电器，因为输入继电器的状态由输入信号决定。

2）OUT 指令可以连续使用，相当于线圈的并联，不受使用次数的限制。如图 4-18 所示。

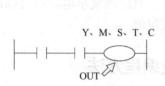

图 4-17 OUT 指令在梯形图中的表示

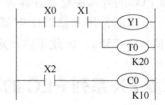

图 4-18 OUT 指令的连续使用

3）定时器（T）及计数器（C）使用 OUT 指令后，必须有常数设定值语句。此外，也可指定数据寄存器的地址号，以此地址号数据寄存器内的内容作为设定值。图 4-18 中，OUT T0 后要有时间设定值 K20，OUT C0 后要有计数器设定值 K10 等。

常数 K 的设定范围、实际的设定值、相对于 OUT 指令的程序步数（包含设定值）见表 4-5。

表 4-5 常数 K 设定表

| 定时器、计数器 | K 的设定范围 | 实际的设定值 | 步数 |
|---|---|---|---|
| 1ms 定时器 | 1~32,767 | 0.001~32.767s | 3 |
| 10ms 定时器 | 1~32,767 | 0.01~327.67s | 3 |
| 100 ms 定时器 | | 0.1~3,276.7s | |
| 16 位计数器 | 1~32,767 | 同左 | 3 |
| 32 位计数器 | −2,147,483,648~+2,147,483,647 | 同左 | 5 |

（4）举例说明 LD、LDI、OUT 指令的使用。

**例 4-1** 写出图 4-19 所示梯形图的指令语句表。

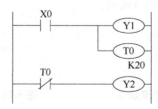

图 4-19 例 4-1 梯形图

**解：** 拿到梯形图后，要按从上到下、自左到右的顺序仔细阅读梯形图，充分了解各触点之间的逻辑关系，然后应用基本指令写出指令语句表。图 4-19 所示梯形图对应的指令语句表如下：

| 步序 | 助记符 | 操作数 |
|------|--------|--------|
| 0 | LD | X0 |
| 1 | OUT | Y1 |
| 2 | OUT | T0 |
|   | K | K20 |
| 5 | LDI | T0 |
| 6 | OUT | Y2 |

**2. AND、ANI 指令**

（1）AND 指令

AND 指令称为与指令，即常开触点串联指令。

功能：使继电器的常开触点与其他继电器的触点串联。

操作元件：X、Y、M、S、T、C。

程序步：1。

图 4-20 为 AND 指令在梯形图中的表示。

（2）ANI 指令

ANI 指令称为与非指令，即常闭触点串联指令。

功能：使继电器的常闭触点与其他继电器的触点串联。

操作元件：X、Y、M、S、T、C。

程序步：1。

图 4-21 为 ANI 指令在梯形图中的表示。

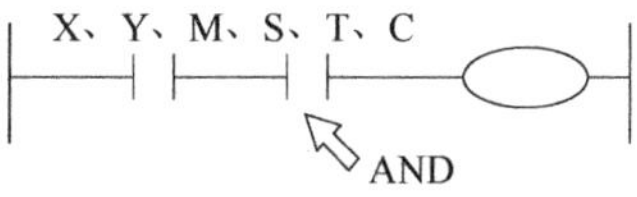

图 4-20　AND 指令在梯形图中的表示 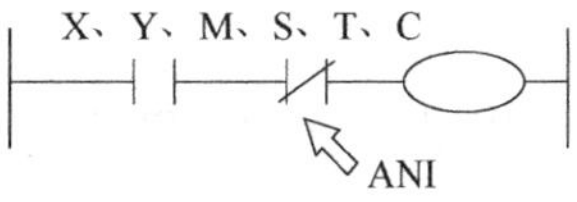　　图 4-21　ANI 指令在梯形图中的表示

（3）举例说明 AND、ANI 指令的使用

**例 4-2**　写出图 4-22 所示梯形图的指令语句表。

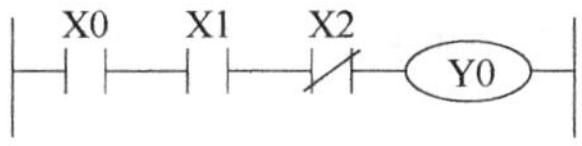

图 4-22　例 4-2 梯形图

**解**：图 4-22 所示梯形图对应的指令语句表如下：

| 步序 | 助记符 | 操作数 |
|------|--------|--------|
| 0 | LD | X0 |
| 1 | AND | X1 |
| 2 | ANI | X2 |
| 3 | OUT | Y0 |

（4）AND、ANI 指令的使用说明

1）用 AND、ANI 指令可进行 1 个触点的串联连接。串联触点的数量不受限制，该指令可以多次使用。

2）OUT 指令后，通过触点对其他线圈使用 OUT 指令，称为纵接输出。如图 4-23 所示，X1 的常开触点与 Y1 线圈串联后，又与 Y0 线圈并联，这就是纵接输出。这时 X1 的常开触点仍可以用 AND 指令。这种纵接输出，如果顺序不错可多次重复，如图 4-24 所示。

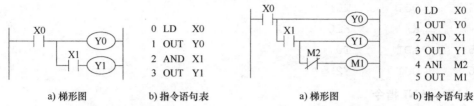

图 4-23　OUT 指令的纵接输出　　　　图 4-24　OUT 指令的多次纵接输出

### 3. OR、ORI 指令

（1）OR 指令

OR 指令称为或指令，即常开触点并联指令。

功能：使继电器的常开触点与其他继电器的触点并联。

操作元件：X、Y、M、S、T、C。

程序步：1。

图 4-25 为 OR 指令在梯形图中的表示。

（2）ORI 指令

ORI 指令称为或非指令，即常闭触点并联指令。

功能：使继电器的常闭触点与其他继电器的触点并联。

操作元件：X、Y、M、S、T、C。

程序步：1。

图 4-26 为 ORI 指令在梯形图中的表示。

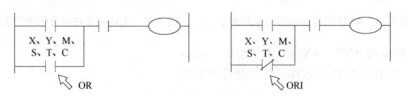

图 4-25　OR 指令在梯形图中的表示　　图 4-26　ORI 指令在梯形图中的表示

（3）举例说明 OR、ORI 指令的使用

**例 4-3**　写出图 4-27 所示梯形图的指令语句表。

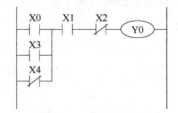

图 4-27　例 4-3 梯形图

**解：**图 4-27 所示梯形图对应的指令语句表如下：

```
0  LD   X0
1  OR   X3
2  ORI  X4
3  AND  X1
4  ANI  X2
5  OUT  Y0
```

（4）OR、ORI 指令的使用说明

1）OR、ORI 指令可以连续使用，并且不受使用次数的限制，如图 4-28 所示。

2）当继电器的常开触点或常闭触点与其他继电器的触点组成混联电路块并联时，也可以使用 OR 指令或 ORI 指令，如图 4-29 所示。

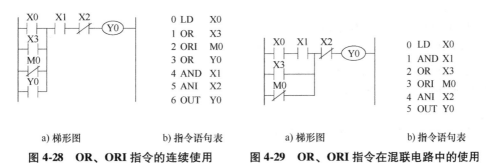

a) 梯形图　　　　b) 指令语句表　　　　a) 梯形图　　　　b) 指令语句表

图 4-28　OR、ORI 指令的连续使用　　　图 4-29　OR、ORI 指令在混联电路中的使用

### 4. LDP、LDF、ANDP、ANDF、ORP、ORF 指令

（1）LDP、ANDP、ORP 指令

LDP、ANDP、ORP 指令是进行上升沿检测的触点指令，仅在指定位软元件上升沿时（由 OFF→ON 变化时）接通一个扫描周期。表示方法为触点的中间有一个向上的箭头。

1）LDP 指令。LDP 指令称为取上升沿脉冲指令。

功能：上升沿检测运算开始。

操作元件：X、Y、M、S、T、C。

程序步：1。

图 4-30 为 LDP 指令在梯形图中的表示。

2）ANDP 指令。ANDP 指令称为与上升沿脉冲指令。

功能：上升沿检测串联连接。

操作元件：X、Y、M、S、T、C。

程序步：1。

图 4-31 为 ANDP 指令在梯形图中的表示。

图 4-30　LDP 指令在梯形图中的表示　　　图 4-31　ANDP 指令在梯形图中的表示

3）ORP 指令。ORP 指令称为或上升沿脉冲指令。

功能：上升沿检测并联连接。

操作元件：X、Y、M、S、T、C。

程序步：1。

图 4-32 为 ORP 指令在梯形图中的表示。

（2）LDF、ANDF、ORF 指令

LDF、ANDF、ORF 指令是进行下降沿检测的触点指令，仅在指定位软元件下降沿时（由 OFF→ON 变化时）接通一个扫描周期。表示方法为触点的中间有一个向下的箭头。

1）LDF 指令。LDF 指令称为取下降沿脉冲指令。

功能：下降沿检测运算开始。

操作元件：X、Y、M、S、T、C。

程序步：1。

图 4-33 为 LDF 指令在梯形图中的表示。

2）ANDF 指令。ANDF 指令称为与下降沿脉冲指令。

功能：下降沿检测串联连接。

操作元件：X、Y、M、S、T、C。

程序步：1。

图 4-34 为 ANDF 指令在梯形图中的表示。

图 4-32 ORP 指令在梯形图中的表示

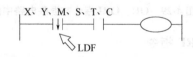

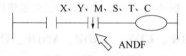

图 4-33 LDF 指令在梯形图中的表示　　图 4-34 ANDF 指令在梯形图中的表示

3）ORF 指令。ORF 指令称为或下降沿脉冲指令。

功能：下降沿检测并联连接。

操作元件：X、Y、M、S、T、C。

程序步：1。

图 4-35 为 ORF 指令在梯形图中的表示。

**5. ANB、ORB 指令**

（1）ANB 指令

ANB 指令称为回路与指令，即回路串联指令。

功能：回路与回路串联。

操作元件：无。

程序步：1。

图 4-36 为 ANB 指令在梯形图中的表示。

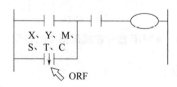

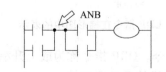

图 4-35 ORF 指令在梯形图中的表示　　图 4-36 ANB 指令在梯形图中的表示

（2）ORB 指令

ORB 指令称为回路或指令，即回路并联指令。

功能：回路与回路并联。

操作元件：无。

程序步：1。

图 4-37 为 ORB 指令在梯形图中的表示。

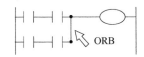

**图 4-37　ORB 指令在梯形图中的表示**

回路的含义：所谓回路就是由几个触点按一定方式连接成的梯形图。由两个以上触点串联而成的回路为串联回路；由两个以上触点并联而成的回路为并联回路。触点的混联就形成了混联回路块。图 4-38 为各种电路块的梯形图表示。

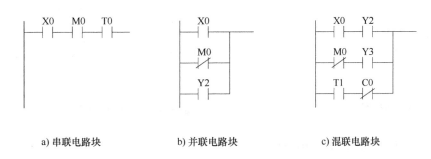

a) 串联电路块　　　　b) 并联电路块　　　　c) 混联电路块

**图 4-38　各种电路块的梯形图**

（3）举例说明 ANB、ORB 指令的使用

**例 4-4**　写出图 4-39 所示梯形图对应的指令语句表。

**解：**图 4-39 所示梯形图对应的指令语句表如下：

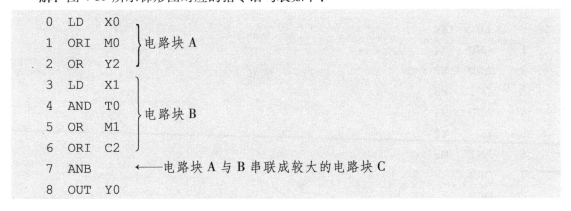

**例 4-5**　写出图 4-40 所示梯形图对应的指令语句表。

**解：**图 4-40 所示梯形图对应的指令语句表如下：

```
0    LD    X0  ┐
1    AND   X1  ├ 电路块 A
2    AND   X2  ┘
3    LDI   X3  ┐ 电路块 B
4    AND   M1  ┘
5    ORB       ←── 电路块 A 与 B 并联成较大的电路块 D
6    LD    Y2  ┐ 电路块 C
7    ANI   M2  ┘
8    ORB       ←── 电路块 C 与 D 并联成较大的电路块 E
9    OUT   Y1
```

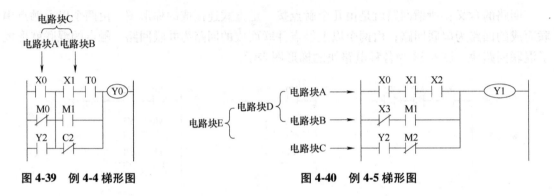

图 4-39　例 4-4 梯形图　　　　　　图 4-40　例 4-5 梯形图

（4）ANB、ORB 指令的使用说明

1）例 4-4、例 4-5 中均采用写完两个电路块相应指令后便用 ANB 或 ORB 指令，这种编程方法中 ANB 和 ORB 指令的使用次数不受限制，并且程序容易理解。

2）使用 ANB 和 ORB 指令编程时，也可采用 ANB 和 ORB 连续使用的方法。即先按顺序将所有的电路块的指令写完，然后连续写 ANB 或 ORB 指令。如果有 $n$ 个电路块，其次数应为 $n-1$ 次。采用这种方法编程，ANB 或 ORB 指令的使用次数不能超过 8 次。

如例 4-5 的指令语句表也可写成：

```
0    LD    X0
1    AND   X1
2    AND   X2
3    LDI   X3
4    AND   M1
5    LD    Y2
6    ANI   M2
7    ORB
8    ORB
9    OUT   Y1
```

这个程序中有 3 个电路块并联，所以用了 2 次 ORB 指令。

注意：ANB 和 AND、ORB 和 OR 之间的区别，在程序设计时要利用设计技巧，能不用

ANB 或 ORB 指令时尽量不用，这样可以减少指令的使用条数。

**6. MPS、MRD、MPP 回路分支指令**

MPS、MRD、MPP 称为回路分支指令，用于一个电路块回路输出分支的连接。

（1）MPS 指令

MPS 指令称为纵向回路分支开始指令。

功能：使用一次 MPS 指令，在梯形图中，控制系统将从主回路转入纵向回路开始分支。

操作元件：无。

程序步：1。

（2）MRD 指令

MRD 指令称为转向横向（中间）回路分支指令。

功能：使用一次 MPS 指令，在梯形图中，控制系统将转入横向（中间）回路分支。

操作元件：无。

程序步：1。

（3）MPP 指令

MPP 指令称为回路分支结束指令。

功能：使用一次 MPS 指令，在梯形图中，控制系统将从纵向回路分支或横向回路分支转入结束回路分支。

操作元件：无。

程序步：1。

图 4-41 为 MPS、MRD、MPP 指令在梯形图中的表示。

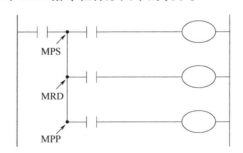

**图 4-41　MPS、MRD、MPP 指令在梯形图中的表示**

（4）举例说明 MPS、MRD、MPP 指令的使用

**例 4-6**　只使用一层堆栈梯形图与指令表转换，梯形图如图 4-42 所示。

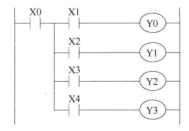

**图 4-42　例 4-6 梯形图**

**解**：图 4-42 所示梯形图对应的指令语句表如下：

| 0 | LD | X0 |
|---|----|----|
| 1 | MPS | |
| 2 | AND | X1 |
| 3 | OUT | Y0 |
| 4 | MRD | |
| 5 | AND | X2 |
| 6 | OUT | Y1 |
| 7 | MRD | |
| 8 | AND | X3 |
| 9 | OUT | Y2 |
| 10 | MPP | |
| 11 | AND | X4 |
| 12 | OUT | Y3 |
| 13 | END | |

**例 4-7** 写出图 4-43 所示梯形图对应的指令语句表。

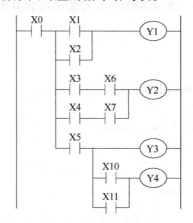

图 4-43　例 4-7 梯形图

**解：** 图 4-43 所示梯形图对应的指令语句表如下：

| 0 | LD | X0 | 11 | ORB | |
|---|----|----|----|-----|---|
| 1 | MPS | | 12 | ANB | |
| 2 | LD | X1 | 13 | OUT | Y2 |
| 3 | OR | X2 | 14 | MPP | |
| 4 | ANB | | 15 | AND | X5 |
| 5 | OUT | Y1 | 16 | OUT | Y3 |
| 6 | MRD | | 17 | LD | X10 |
| 7 | LD | X3 | 18 | OR | X11 |
| 8 | AND | X6 | 19 | ANB | |
| 9 | LD | X4 | 20 | OUT | Y4 |
| 10 | AND | X7 | | | |

本例使用了触点组连接指令 ANB、ORB 和回路分支指令 MPS、MRD、MPP 并用。

**例 4-8**　写出图 4-44 所示梯形图对应的指令语句表。

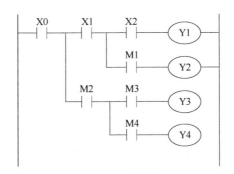

图 4-44　例 4-8 二分支回路梯形图

**解**：图 4-44 所示梯形图对应的指令语句表如下：

| | | | | | | |
|---|---|---|---|---|---|---|
| 0 | LD | X0 | 10 | AND | M2 | |
| 1 | MPS | | 11 | MPS | | |
| 2 | AND | X1 | 12 | AND | M3 | |
| 3 | MPS | | 13 | OUT | Y3 | |
| 4 | AND | X2 | 14 | MPP | | |
| 5 | OUT | Y1 | 15 | AND | M4 | |
| 6 | MPP | | 16 | OUT | Y4 | |
| 7 | AND | M1 | | | | |
| 8 | OUT | Y2 | | | | |
| 9 | MPP | | | | | |

本例连续使用了两条 MPS 指令，称为二分支回路。

**例 4-9**　写出图 4-45 所示梯形图对应的指令语句表。

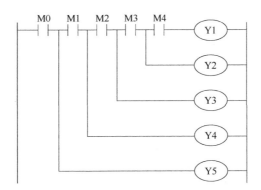

图 4-45　例 4-9 四分支回路梯形图

**解**：图 4-45 所示梯形图对应的指令语句表如下：

| 0 | LD  | M0 | 9  | OUT | Y1 |
|---|-----|----|----|-----|----|
| 1 | MPS |    | 10 | MPP |    |
| 2 | AND | M1 | 11 | OUT | Y2 |
| 3 | MPS |    | 12 | MPP |    |
| 4 | AND | M2 | 13 | OUT | Y3 |
| 5 | MPS |    | 14 | MPP |    |
| 6 | AND | M3 | 15 | OUT | Y4 |
| 7 | MPS |    | 16 | MPP |    |
| 8 | AND | M4 | 17 | OUT | Y5 |

本例连续使用了四条 MPS 指令，称为四分支回路。

（5）MPS、MRD、MPP 指令的使用说明

1）MPS 和 MPP 指令必须成对使用。

2）MPS 指令的使用次数不能超过 11 次。

3）MPS、MRD、MPP 指令后如果有其他触点串联要用 AND 或 ANI 指令；若有电路块串联，要用 ANB 指令；若直接与线圈相连，应该用 OUT 指令。

### 7. MC、MCR 指令

（1）MC 指令

MC 指令称为主控指令。

功能：公共串联触点的连接，用于表示主控电路块的开始。MC 指令只能用于输出继电器 Y 和辅助继电器 M（不包括特殊辅助继电器）。通过 MC 指令的操作元件 Y 或 M 的常开触点将左母线临时移到一个所需的位置，产生一个临时左母线，形成一个主控电路块。

操作元件：N、Y 或 M（特殊辅助继电器除外）。

程序步：3。

N 为主控指令使用次数（N0 ~ N7），也称主控嵌套，一定要按从小到大的顺序使用。图 4-46 为 MC 指令在梯形图中的表示。

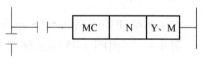

**图 4-46　MC 指令在梯形图中的表示**

（2）MCR 指令

MCR 指令称为主控复位指令。

功能：用于表示主控电路块的结束，即取消临时左母线，将临时左母线返回到原来的位置，结束主控电路块。

操作元件：N。

程序步：2。

MCR 指令的操作元件即主控指令使用次数 N 一定要与 MC 指令中使用的嵌套层数相一致。如果是多层嵌套，主控返回时，一定要按从大到小的顺序返回。如果没有嵌套，通常用 N0 来编程，N0 没有使用次数限制。图 4-47 为 MCR 指令在梯形图中的表示。

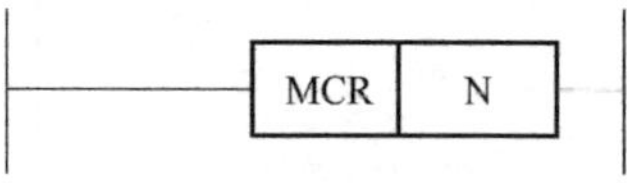

**图 4-47　MCR 指令在梯形图中的表示**

图 4-48 为多路输出转换成用主控指令编程的梯形图。

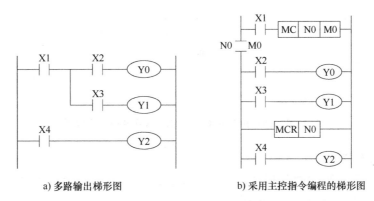

a) 多路输出梯形图　　　　　　　b) 采用主控指令编程的梯形图

**图 4-48　多路输出转换成用主控指令编程的梯形图**

在图 4-48b 梯形图中，X1 接通 N0 层嵌套的主控指令执行，M0 线圈被驱动，触点动作，M0 就是主控触点。这时，如果 X2 接通，Y0 线圈被驱动；如果 X3 接通，Y1 线圈被驱动。即 X1 接通后，执行 MC 与 MCR 之间的所有程序，执行完后，执行后续程序。如果 X1 没有接通，不执行 MC 与 MCR 之间的所有程序，直接执行后续程序。

图 4-48b 梯形图对应的指令语句表如下：

```
0    LD    X1
1    MC    N0
2          M0
3    LD    X2
4    OUT   Y0
5    LD    X3
6    OUT   Y1
7    MCR   N0
8    LD    X4
9    OUT   Y2
```

**8. INV 指令**

INV 指令称为取反指令。

功能：该指令执行之前的运算结果取反。

操作元件：无。

程序步：1。

图 4-49 为 INV 指令在梯形图中的表示。

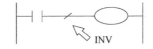

**图 4-49　INV 指令在梯形图中的表示**

INV 指令用于将 INV 指令前的起始触点指令 LD、LDI、LDF、LDP 开始的触点或触点组的逻辑结果取反。图 4-50 所示为 INV 指令对 LD 开始的触点逻辑结果取反在梯形图中的使用。

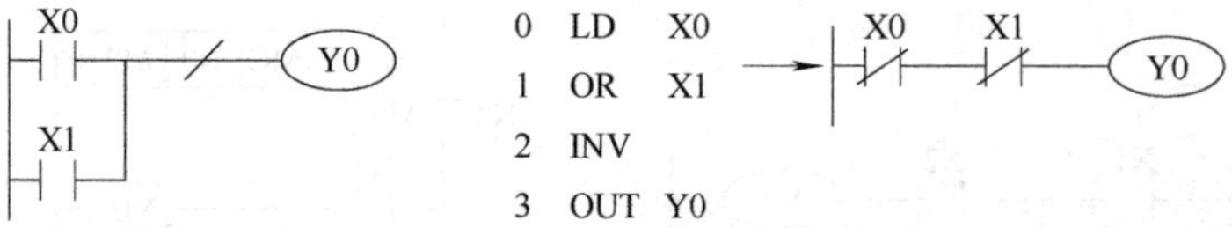

```
          X0                    0  LD   X0         X0    X1
          ┤ ├──────/──(Y0)      1  OR   X1      ─┤ ├──┤/├──(Y0)
          X1                    2  INV
          ┤ ├                   3  OUT  Y0
```

a) 原梯形图                    b) 指令语句表和取反后的梯形图

**图 4-50  INV 指令对 LD 开始的触点逻辑结果取反**

### 9. PLS、PLF 指令

PLS、PLF 指令为脉冲微分指令，主要用于检测脉冲的上升沿或下降沿，当条件满足时，产生一个扫描周期的脉冲信号输出。

（1）PLS 指令

PLS 指令称为上升沿脉冲微分指令。

功能：在脉冲信号的上升沿时，其操作元件的线圈得电一个扫描周期，产生一个扫描周期的脉冲输出。

操作元件：Y、M（特殊辅助继电器除外）。

程序步：2。

图 4-51 为 PLS 指令在梯形图中的表示。

（2）PLF 指令

PLF 指令称为下降沿脉冲微分指令。

功能：在脉冲信号的下降沿时，其操作元件的线圈得电一个扫描周期，产生一个扫描周期的脉冲输出。

操作元件：Y、M（特殊辅助继电器除外）。

程序步：2。

图 4-52 为 PLF 指令在梯形图中的表示。

**图 4-51  PLS 指令在梯形图中的表示    图 4-52  PLF 指令在梯形图中的表示**

（3）PLS、PLF 指令的应用 PLS、PLF 指令的梯形图和时序图如图 4-53 所示，对应的指令表如下：

```
0    LD    X1
1    PLS   M10
2    LD    X1
3    PLF   M20
```

### 10. SET、RST 指令

在 PLC 控制系统中，许多情况需要自锁，利用 SET 和 RST 指令可以方便地进行自锁和解锁控制。

（1）SET 指令

SET 指令称为置位指令。

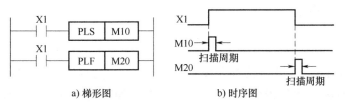

图 4-53　PLS、PLF 指令的应用

功能：驱动线圈，使其保持接通状态。

操作元件：Y、M、S。

程序步：Y、M 为 1 步，S、特殊辅助继电器 M 为 2 步。

图 4-54 为 SET 指令在梯形图中的表示。

（2）RST 指令

RST 指令称为复位指令。

功能：清除线圈保持接通状态，使其复位。

操作元件：Y、M、S、T、C、D、V、Z。

程序步：Y、M 为 1 步，S、特殊辅助继电器 M、T、C 为 2 步，D、V、Z、特殊数据寄存器 D 为 3 步。

图 4-55 为 RST 指令在梯形图中的表示。

图 4-54　SET 指令在梯形图中的表示　　　图 4-55　RST 指令在梯形图中的表示

（3）SET、RST 指令的应用

SET、RST 指令的梯形图和时序图如图 4-56 所示，对应的指令语句表如下：

```
0    LD    X1
1    SET   Y1
2    LD    X2
3    RST   Y1
```

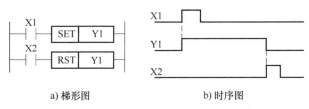

图 4-56　SET、RST 指令的应用

（4）SET、RST 指令的使用说明

对同一元件，SET、RST 指令可以多次使用，顺序也可以随意，但最后执行的指令为有效；可以使用 RST 指令对数据寄存器 D、变址寄存器 V、Z 的内容进行清零；可以使用 RST 指令对积算定时器 T246~T255 的当前值及触点进行复位。

101

### 11. NOP、END 指令

（1）NOP 指令

NOP 指令称为空操作指令。

功能：在程序清除后，指令成为空操作，在程序调试过程中，可以取代一些不必要的指令。另外，使用 NOP 空操作指令可以延长扫描周期。NOP 空操作指令在程序中不予表示。

操作元件：无。

程序步：1。

如果在调试程序时加入一定量的 NOP 空操作指令，在追加程序时可以减少控制程序的步序号变动。在修改程序时可以用 NOP 空操作指令删除触点或电路，也就是用 NOP 空操作指令代替原来的指令，这样可以使步序号不变动，如图 4-57 所示。

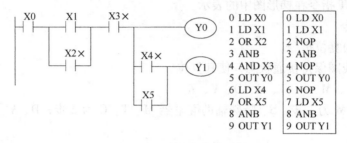

图 4-57  NOP 空操作指令的使用

（2）END 指令

END 指令称为结束指令。

功能：执行到 END 指令后，END 指令后面的指令不予执行，直接返回到 0 步。

操作元件：无。

程序步：1。

在调试程序时，可以插入 END 指令，使得程序分段，提高程序调试速度。

PLC 所执行的程序从第 0 步到 END 指令结束。

如果在程序结束后不加 END 指令，PLC 将继续读 NOP 空操作指令，一直读到最大步序号。

在调试程序过程中，也可以在程序中插入 END 指令，把程序分成若干段，由于 PLC 只执行从第 0 步到第一个 END 指令之间的程序，如果有错误就一定在这段程序中，将错误纠正后将第一个 END 删除，再调试或检查下一段程序。

## 4.3.2  基本指令控制程序设计及编程方法

下面介绍一些常用的基本控制程序及编程方法。

### 1. 起动停止控制程序及编程方法

图 4-58 所示梯形图是起动停止控制程序之一。当 X1 常开触点闭合时，辅助继电器 M1 线圈接通，其常开触点闭合自锁。当 X2 常闭触点断开，M1 线圈断开，其常开触点断开。在这里 X1 就是起动信号，X2 为停止信号。图 4-59 为另一种起动停止控制程序，它利用了 SET/RST 指令达到了相同的目的。

### 2. 产生单脉冲的控制程序及编程方法

在 PLC 程序设计时经常用单个脉冲进行一些软继电器的复位、起动、停止等。最常用的产生单脉冲的程序就是使用 PLS 和 PLF 指令完成，利用这两条指令可以得到宽度为一个扫描周期的脉冲。图 4-60 和图 4-61 为得到单个脉冲的梯形图和时序图。

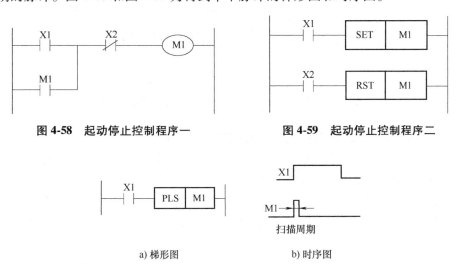

图 4-58　起动停止控制程序一　　　图 4-59　起动停止控制程序二

图 4-60　产生上升沿单个脉冲的梯形图和时序图

图 4-61　产生下降沿单个脉冲的梯形图和时序图

**3. 产生固定脉宽连续脉冲的程序及编程方法**

在 PLC 程序设计时经常用连续的脉冲信号作为计数器的计数脉冲或其他用途。图 4-62 为得到连续脉冲信号的梯形图和时序图，脉冲宽度为一个扫描周期，且不可调整。注意：不可用输出继电器产生连续的脉冲信号，因为如果输出继电器为继电器输出型，硬件继电器的触点在高频率的通断运行中，短时间内就会损坏。

a) 梯形图　　　　　　　　　　b) 时序图

图 4-62　产生连续脉冲信号的梯形图和时序图

**4. 产生可调脉宽连续脉冲的程序及编程方法**

上述产生连续脉冲的程序其脉冲宽度不可调整，在 PLC 程序设计时，经常用到脉宽可调的连续脉冲，如故障报警指示灯等，要求一定的点亮时间，这时可以利用定时器（T）来完成。图 4-63 为产生可调脉宽连续脉冲的梯形图和时序图。T0 为输出接通时间，T1 为输出关断时间，通过修改 T0 和 T1 的时间设定值，便可以改变 M1 的接通和关断时间。

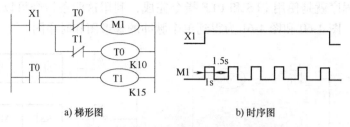

图 4-63　产生可调脉宽连续脉冲的梯形图和时序图

**5. 利用特殊辅助继电器产生的闪烁电路程序及编程方法**

在 PLC 程序设计中，如果故障报警指示灯的闪烁时间定为点亮 1s、熄灭 1s，则可利用特殊辅助继电器 M8013 完成程序设计。如图 4-64 所示，M8013 是时钟为 1s 的特殊辅助继电器，可以利用它来驱动输出继电器。当故障检测信号 X1 有输入时，故障报警输出 Y1 便产生接通 1s、断开 1s 的连续输出信号。利用 M8011～M8014 可以完成 10ms、100ms、1s、1min 的闪烁电路程序。

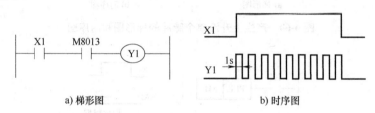

图 4-64　闪烁电路程序的梯形图和时序图

**6. 时间控制程序及编程方法**

FX 系列 PLC 的定时器为接通延时定时器，线圈得电开始延时，时间达到设定值，其常开触点闭合，常闭触点断开。当定时器线圈断电时，其触点瞬间复位。利用定时器的特点可以设计出多种时间控制程序。如接通延时控制程序和断开延时控制程序。图 4-65 为接通延时控制程序，图 4-66 为断开延时控制程序。

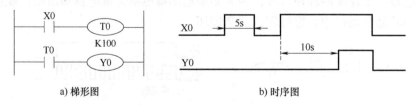

图 4-65　接通延时控制程序的梯形图和时序图

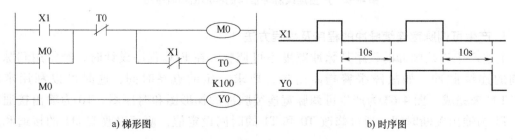

图 4-66　断开延时控制程序的梯形图和时序图

104

图 4-65 程序中，X0 接通后，T0 开始延时，若 X0 接通时间不足，达不到时间设定值，T0 触点不动作。当 X0 一次接通时间达到 10s 后（此例中时间设定值为 K100），Y0 便有信号输出。所以称为接通延时控制程序。

图 4-66 程序中，X1 接通后，Y0 便有输出，当 X1 断开 10s 后，Y0 才停止输出，所以称为断开延时控制程序。

**7. 定时器串级使用控制程序及编程方法**

在 PLC 程序设计中，经常用到较长时间延时的控制程序，而定时器的时间设定值范围是固定的，达不到要求，这时可以使用两个或多个定时器串级使用以扩展延时范围。图 4-67 所示为使用两个定时器串联，达到 1h 延时的控制程序。当 X0 接通后，Y0 便有输出，这时 T0 开始延时，当 T0 延时达到 1800s（30min）后，起动 T1 开始延时。当 T1 延时达到 1800s（30min）后，停止 Y0 输出。这样，在 X0 起动后 Y0 开始输出，1h 后 Y0 停止输出。

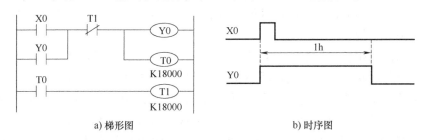

a) 梯形图　　　　　　　　　　　　b) 时序图

**图 4-67　定时器串级使用控制程序的梯形图和时序图**

定时器串级使用时，其总的定时时间为各定时器时间常数设定值之和。如果用 $N$ 个定时器进行串级使用，其最长的定时时间为 $3276.7N$（s）。

**8. 采用计数器实现延时的控制程序及编程方法**

使用计数器实现定时功能，需要使用时钟脉冲作为计数器的输入信号，而时钟脉冲可以由 PLC 内部的特殊辅助继电器产生，如 M8011、M8012、M8013、M8014 等。这些特殊辅助继电器分别为 10ms、100ms、1s、1min 时钟脉冲，也可以使用连续脉冲的控制程序产生。图 4-68 为采用计数器实现延时的控制程序。

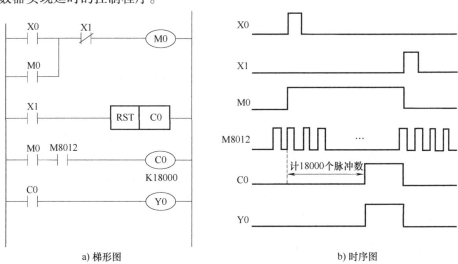

a) 梯形图　　　　　　　　　　　　b) 时序图

**图 4-68　采用计数器实现延时控制程序的梯形图和时序图**

图 4-68 控制程序运行过程为：当起动信号 X0 闭合时，M0 动作并自锁，C0 开始对 M8012 产生的时钟脉冲进行计数。当计数值达到设定值 18000 后，C0 动作，其常开触点闭合，Y0 开始有输出。当停止信号 X1 闭合时，使得 C0 复位，并使 M0 解锁，Y0 停止输出。M8012 为 100ms 的时钟脉冲，从起动信号 X0 闭合到产生 Y0 的延时时间为 $18000 \times 0.1s = 1800s = 30min$。使用 M8012 延时时间最大误差为 0.1s。要想改变延时时间，可以改变设定值，要想提高延时精度可以使用周期更短的时钟脉冲。

## 4.4 基本指令的应用和编程实例

### 4.4.1 异步电动机丫-△减压起动的 PLC 控制

下面介绍采用三菱 FX 系列 PLC 进行异步电动机丫-△减压起动控制的基本电路和基本控制指令的应用编程实例。

将异步电动机三相绕组星形联结起动时，起动电流是直接起动的 1/3，在达到规定转速后，再切换为三角形联结运转。这种减小起动电流的起动方法适合于容量大、起动时间长的电动机，可避免起动时造成电网电压下降而限制电动机的使用。图 4-69 为采用三菱 FX 系列 PLC 控制异步电动机丫-△减压起动的电路。图 4-69a 为异步电动机的主电路，接触器 $KM_1$、$KM_2$ 同时接通时，电动机工作在星形联结起动状态；而当接触器 $KM_2$、$KM_3$ 同时接通时，电动机就转入三角形联结正常工作状态。图 4-69b 为 PLC 的外部输入、输出控制端口电路接线图，其中 X1 接起动按钮，X2 接停止按钮，HL 为电动机运行状态指示灯。

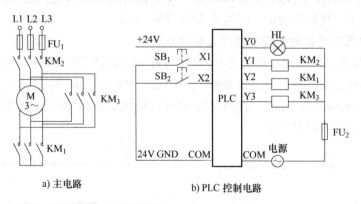

a) 主电路　　　　　　　　　　b) PLC 控制电路

**图 4-69　PLC 控制异步电动机丫-△减压起动电路**

PLC 控制异步电动机丫-△减压起动电路的梯形图如图 4-70a 所示。定时器 T1 确定起动时间，其预置定时值 $t_s$ 应与电动机相匹配。当电动机绕组由星形联结切换到三角形联结时，在继电器控制电路中利用常闭触点断开在先而常开触点闭合在后这种机械动作的延时，保证 $KM_1$ 完全断开后，$KM_3$ 再接通，从而达到防止短路的目的。但 PLC 内部切换时间很短，为了达到上述效果，必须使 $KM_1$ 断开和 $KM_3$ 接通之间有一个锁定时间 $t_A$，这是靠定时器 T2 来实现的。图 4-70b 为工作时序图。

### 4.4.2 异步电动机正反转的 PLC 控制

下面介绍采用三菱 FX 系列 PLC 进行异步电动机正反转控制的基本电路和基本控制指令

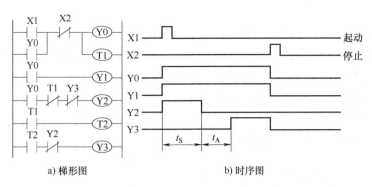

图 4-70　PLC 控制异步电动机 Y-△ 减压起动电路的梯形图和时序图

的应用编程实例。

异步电动机由正转到反转或由反转到正转切换时，使用两个接触器 KM₁、KM₂ 去切换三相电源中的任何两相即可，但在设计控制电路时，必须防止由于电源换相引起的短路事故。如由正向运转切换到反向运转时，当发出使 KM₁ 断电的指令时，断开的主回路触点由于短时间内产生电弧，这个触点仍处于接通状态，如果这时立即使 KM₂ 通电，KM₂ 触点闭合，就会造成电源故障，必须在完全没有电弧时再使 KM₂ 接通。采用 PLC 控制可有效解决这一问题。图 4-71 为 PLC 控制异步电动机的正反转接线图，其中图 4-71a 为 PLC 控制电动机可逆运行的外部输入、输出端口电路接线图，图 4-71b 为对应的梯形图。

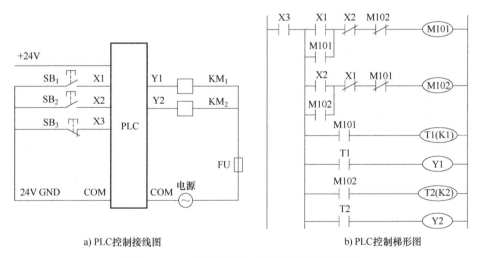

a) PLC控制接线图　　　　　　　　b) PLC控制梯形图

图 4-71　PLC 控制异步电动机的正反转接线图

与机械动作的继电器控制电路不同，在 PLC 的内部处理中，触点的切换几乎没有时间延时。因此必须采用防止电源短路的方法，可使用定时器来设计切换的时间滞后。在图 4-71a 中，X1、X2 接正、反转控制按钮，为常开型；X3 接停止按钮，为常闭型。PLC 控制梯形图中 M101、M102 为内部继电器；T1、T2 为定时器，分别设置对正转指令和反转指令的延迟时间。

思考题与习题

4-1　三菱 FX2N 系列 PLC 中共有几种类型的辅助继电器？这些辅助继电器各有什么

特点?

4-2 概括说明积算定时器与非积算定时器的相同之处与不同之处。

4-3 三菱 FX 系列 PLC 基本指令共有多少条? 说明每一条指令的名称和功能。

4-4 简要说明 AND 指令与 ANB 指令、OR 指令与 ORB 指令之间的区别。

4-5 在什么情况下应该采用主控指令编程, 编程时应注意哪些问题?

4-6 一段完整的程序, 最后如果没有 END 指令, 会产生什么结果?

4-7 写出图 4-72 所示梯形图对应的指令语句表。

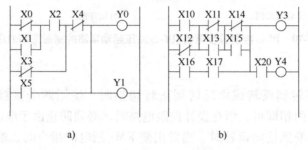

图 4-72 习题 4-7 梯形图

4-8 绘出下列指令语句表对应的梯形图。

| (1) | 0 | LD | X0 | 11 | LD | M0 | (2) | 0 | LD | X0 |
|---|---|---|---|---|---|---|---|---|---|---|
| | 1 | ANI | X1 | 12 | AND | M1 | | 1 | ANI | M0 |
| | 2 | LD | X1 | 13 | ORB | | | 2 | OUT | M0 |
| | 3 | ANI | X3 | 14 | AND | M2 | | 3 | LDI | X0 |
| | 4 | ORB | | 15 | OUT | Y4 | | 4 | RST | C0 |
| | 5 | LD | X4 | 16 | END | | | 5 | LD | M0 |
| | 6 | AND | X5 | | | | | 6 | OUT | C0 |
| | 7 | LD | X6 | | | | | | K | 8 |
| | 8 | ANI | X7 | | | | | 9 | LD | C0 |
| | 9 | ORB | | | | | | 10 | OUT | C0 |
| | 10 | ANB | | | | | | | | |

4-9 写出图 4-73 所示梯形图对应的指令语句表。

4-10 写出图 4-74 所示梯形图对应的指令语句表。

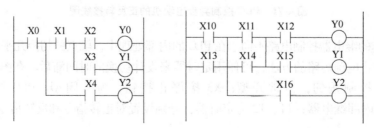

图 4-73 习题 4-9 梯形图      图 4-74 习题 4-10 梯形图

4-11 绘出下列指令语句表对应的梯形图。

| 0 | LD | X0 | 11 | OUT | Y1 |
|---|-----|-----|----|------|-----|
| 1 | MPS |     | 12 | MPP  |     |
| 2 | AND | X1  | 13 | OUT  | Y1  |
| 3 | MPS |     | 14 | MPP  |     |
| 4 | AND | X2  | 15 | OUT  | Y2  |
| 5 | MPS |     | 16 | MPP  |     |
| 6 | AND | X3  | 17 | OUT  | Y4  |
| 7 | MPS |     | 18 | END  |     |
| 8 | AND | X4  |    |      |     |
| 9 | OUT | Y0  |    |      |     |
| 10 | MPP |    |    |      |     |

4-12　绘出下列指令语句表对应的梯形图。该梯形图如果采用 MPS/MPP 指令编程，写出对应的指令语句表。

| 0 | LD  | X1 | 7 | OUT | Y1 |
|---|------|-----|---|------|-----|
| 1 | OR   | Y1  | 8 | LD   | X2  |
| 2 | ANI  | X0  | 9 | OUT  | T1  |
| 3 | MC   | N0  |   |      | K40 |
|   |      | M0  | 11 | MCR | NO  |
| 6 | LDI  | T1  | 12 | END |     |

4-13　写出图 4-75 所示梯形图对应的指令语句表，并补画 M0、M1 和 S30 的时序图。

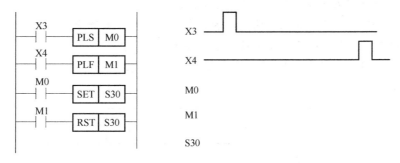

图 4-75　习题 4-13 梯形图及时序图

4-14　写出图 4-76 所示梯形图对应的指令语句表，并补画 M0、M1、M2 和 Y0 的时序图。如果 PLC 的输入点 X0 接一个按钮，输出点 Y0 所接的接触器控制一台电动机，则通过这段程序能否用该按钮控制电动机起动和停止。

4-15　用三菱 FX 系列 PLC 控制三相异步电动机Y-△起动过程，设计出梯形图并写出对应的指令语句表。

4-16　设计一台包装机的计数控制电路，此电路用来对装配线上的产品进行检测和计数。要求检测到每 12 个产品通过时，产生一个输出，接通电磁阀 5s，进行包装，再进行下一道工序。

4-17　有一个指示灯，控制要求为：按下起动按钮后，点亮 5s，熄灭 5s，重复 5 次后停止工作。试设计梯形图并写出指令语句表。

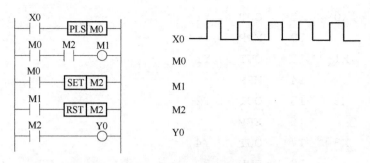

图 4-76　习题 4-14 梯形图及时序图

4-18　有三台电动机，控制要求为：按 M1、M2、M3 的顺序起动；前级电动机不起动，后级电动机不能起动；前级电动机停止时，后级电动机也停止。试设计梯形图，并写出指令语句表。

4-19　设计一个延时接通和延时断开电路并画出其梯形图，对应的时序图如图 4-77 所示。

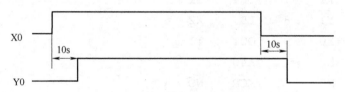

图 4-77　习题 4-19 时序图

4-20　设计一个智力竞赛抢答控制程序，控制要求为：

1）当某竞赛者抢先按下按钮，该竞赛者桌上指示灯亮。竞赛者共三人。

2）指示灯亮后，主持人按下复位按钮后，指示灯熄灭。

4-21　设计十字路口交通信号灯的控制程序，控制要求为：

1）按图 4-78 所示规律循环。

图 4-78　习题 4-21 图

2）绿灯闪光 1s 一次，共 3 次。

3）开起时横向绿灯先亮。

4）另设手控程序，以备特殊情况为纵向（横向）通行开绿灯。

5）在夜间，纵向和横向都只要黄灯闪亮，1s 一次，另加蜂鸣器与黄灯同步鸣响。

# 第 5 章

# 三菱FX系列PLC的步进顺序控制和数据控制功能

对于复杂的自动化控制系统,应用梯形图或指令表编程,程序过长,不易阅读和编写。为了克服这一问题,一些 PLC 生产厂家增加了 IEC 标准的顺序功能图(sequential function chart,SFC)语言编制控制程序的方法,称为步进顺序控制(简称步进顺控)。利用增加的两条步进顺控指令和顺序功能图方式编程,可以较简单地实现较复杂的步进顺序控制。随着 PLC 的运算速度、存储量以及智能化程度的不断增加,步进顺序控制功能也越来越强,使得 PLC 不仅能处理大量开关量和进行顺序功能控制,同时还能实现模拟量和通信等数据处理功能的控制。PLC 除可以完全取代传统继电接触器控制系统的基本功能外,还具有计算机控制系统的数据处理、联网通信、模拟量处理等功能。本章主要介绍三菱 FX 系列 PLC 的步进顺序控制和数据控制功能。

## 5.1 三菱 FX 系列 PLC 的步进顺序控制

### 5.1.1 步进顺序控制指令

步进顺序控制指令是一种符合 IEC 1131-3 标准定义的顺序功能图(SFC)的通用流程图语言。顺序功能图相当于有关电气制图国家标准中的功能表图(function chart)。SFC 特别适合于步进顺序控制,而且编程十分直观、方便,便于读图,初学者也很容易掌握和理解。步进顺序控制指令具体见表 5-1。

表 5-1 步进顺序控制指令

| 名称 | 指令 | 梯形图符号 | 可用软元件 | 程序步 |
|---|---|---|---|---|
| 步进指令 | STL | —┤ ├— 或 —┤ STL ├— | S | 1 |
| 步进结束指令 | REL | —[ RET ] | | 1 |

步进顺序控制指令 STL 的功能使状态元件 S 置位,步进开始,驱动 S 状态元件执行。其触点只有常开触点,当转移条件满足时,其状态置位,STL 触点闭合,驱动负载;当状态转移时,STL 指令断开,使与该指令有关的其他指令都不能执行。

### 5.1.2 单分支的状态转移图和步进梯形图

三菱 FX 系列 PLC 的状态元件一般有近百点到几百点,其中 FX2N 系列 PLC 的状态元件共 900 点（S0~S899），用来作为初始化用的状态元件有 10 点（S0~S9）。

**1. 状态转移图和步进梯形图**

顺序功能图也称为状态转移图或状态流程图。初始化状态元件一般用 PLC 运行后的初始化脉冲特殊继电器 M8002 置位或由其他初始信号将其初始值置位。其他元件状态由状态转移条件决定。当状态转移条件满足时，状态开始从初始化状态转移，转移后的状态被置位，而转移源的状态自动复位。这种状态的转移用状态转移图来描述。如图 5-1 所示，SFC 有三种表示方式，即状态转移图、步进梯形图和指令表。

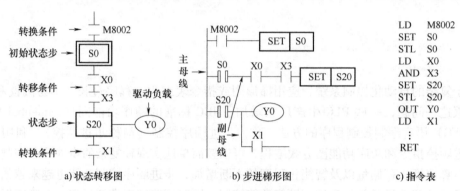

图 5-1　SFC 的三种表达方式

图 5-1a 中，初始状态 S0 由 M8002 驱动，当 PLC 由 STOP→RUN 切换时，由 M8002 发出的初始化脉冲使 S0 置 1。当按下起动按钮 X0 和 X3 时，状态转移到 S20，S20 置 1，同时 S0 复位置 0，S20 立即驱动 Y0。当转移条件 X1 接通时，状态从 S20 转移到下一个状态，如 S21 状态等，使 S21 置 1，而 S20 则在下一执行周期自动复位置 0，Y0 线圈断电。将状态转移图和步进顺序控制指令相结合，就形成了步进梯形图（步进顺控图），如图 5-1b 所示，对应的指令表如图 5-1c 所示。

**2. 单分支的状态转移图**

图 5-2 为某送料小车自动循环控制单分支的状态转移图。其中，双线框表示初始状态，其他状态元件用单线框表示，方框之间的线段表示状态转移的方向，一般由上至下或由左至右，线段间的短横线表示转移的条件，与方框连接的横线和线圈表示状态驱动的负载。

图 5-2 中，初始状态 S0 由 M8002 驱动，当 PLC 由 STOP→RUN 切换时，M8002 初始化脉冲使 S0 置 1，当送料小车在原位时，X0 接近开关受压闭合接通，当按下起动按钮 X3 时，状态转移到 S20，S20 置 1，同时 S0 复位置 0，S20 立即驱动 Y0，使送料小车前进。送料小车前进至 A 点时，转移条件接近开关 X1 接通，状态从 S20 转移到 S21，使 S21 置 1，而 S20 则在下一执行周期自动复位置 0，Y0 线圈断电。当 S21 置 1 时，驱动线圈 Y1，使送料小车后退。送料小车后退至原位时，X0 接近开关受压闭合接通，状态转移到 S22，再次驱动 Y0，使送料小车前进。送料小车前进至 B 点时，转移条件接近开关 X2 接通，状态转移到 S23，驱动 Y1，使送料小车后退。送料小车后退至原位时，X0 接近开关受压闭合接通，状态转移回到 S0，使初始化状态 S0 又置位，控制过程第一次循环结束。当需要再一次工作时，可按下起动按钮 X3，控制过程可再次循环动作。

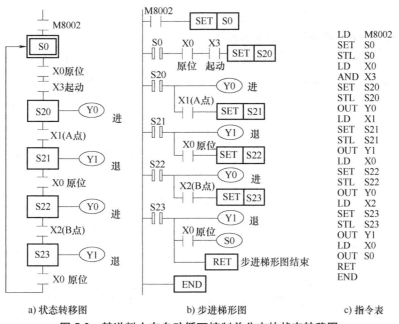

a) 状态转移图　　　　b) 步进梯形图　　　　c) 指令表

图 5-2　某送料小车自动循环控制单分支的状态转移图

## 5.1.3　多分支的状态转移图和步进梯形图

多分支的状态转移图和步进梯形图主要有选择分支的状态转移图和步进梯形图、并行分支的状态转移图和步进梯形图、混合分支的状态转移图。

### 1. 选择分支的状态转移图和步进梯形图

选择分支的状态转移图是由各自的条件选择执行，可选择左分支执行，也可选择右分支执行，取决于各自的选择条件。两个或两个以上的分支的状态不能同时转移。图 5-3a 为选

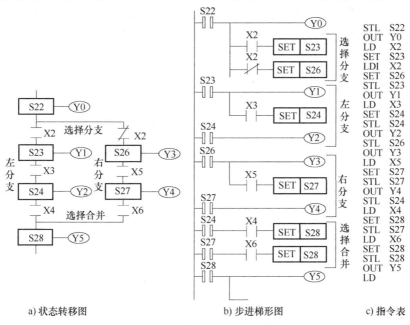

a) 状态转移图　　　　b) 步进梯形图　　　　c) 指令表

图 5-3　选择分支的状态转移图和步进梯形图

113

择分支的状态转移图，图 5-3b 为其步进梯形图，图 5-3c 为其对应的指令表。

**2. 并行分支的状态转移图和步进梯形图**

并行分支的状态转移图是当同一条件满足时，状态同时向各并行分支转移。图 5-4a 为并行分支的状态转移图，图 5-4b 为其步进梯形图，图 5-4c 为其对应的指令表。

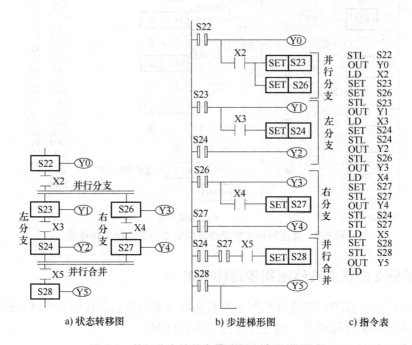

图 5-4　并行分支的状态转移图和步进梯形图

**3. 混合分支的状态转移图**

有些步进顺控有多层分支和混合组合，对于 FX2N 系列的 PLC，其分支数有一定的限制。对所有的初始状态（S0~S9），每一状态下的分支电路不能大于 16 个，并且在每一分支点分支数不能大于 8 个。对于多层分支和混合要注意编程方法。图 5-5 为混合分支的状态转移图。

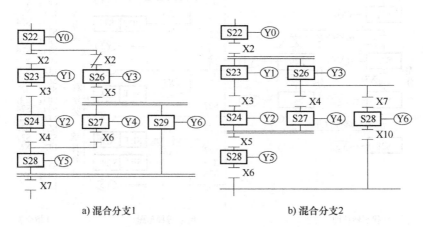

图 5-5　混合分支的状态转移图

## 5.2　步进顺序控制的应用和编程实例

### 5.2.1　运料小车自动往返控制

图 5-6 所示为某运料小车自动往返工况示意图，其控制工艺要求如下：

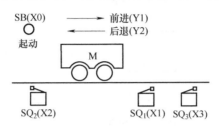

图 5-6　运料小车自动往返工况示意图

1）按下起动按钮 SB，运料小车电动机 M 正转，运料小车前进，碰到限位开关 $SQ_1$ 后，运料小车电动机 M 反转，运料小车后退。

2）运料小车后退碰到限位开关 $SQ_2$ 后，运料小车电动机 M 停转，运料小车停车，停 5s，第二次前进，碰到限位开关 $SQ_3$，再次后退。

3）当后退再次碰到限位开关 $SQ_2$ 时，运料小车停止（或者继续下一个循环）。

为编程需要，设置输入、输出端口配置见表 5-2。

表 5-2　输入、输出端口配置

| 输入设备 | 端口号 | 输出设备 | 端口号 |
|---|---|---|---|
| 起动 SB | X00 | 电动机正转 | Y01 |
| 前限位 $SQ_1$ | X01 | 电动机反转 | Y02 |
| 前限位 $SQ_3$ | X03 | | |
| 后限位 $SQ_2$ | X02 | | |

流程图是描述控制系统的控制过程、功能和特性的一种图形，又称为功能表图（function chart）。流程图主要由步、转移（换）、转移（换）条件、线段和动作（命令）组成。图 5-7 为该运料小车的流程图。运料小车的每次循环工作过程分为前进、后退、延时、前进、后退五个工步。每一步用一个矩形方框表示，方框中用文字表示该步的动作内容或用数字表示该步的标号。与控制过程的初始状态相对应的步称为初始步。初始步表示操作的开始。每步所驱动的负载（线圈）用线段与方框连接。方框之间用线段连接，表示工作转移的方向，习惯的方向是从上至下或从左至右，必要时也可以选用其他方向。线段上的短线表示状态转移条件，图 5-7 中的状态转移条件为 SB、$SQ_1$。方框与负载连接的线段上的短线表示驱动负载的联锁条件，当联锁条件得到满足时才能驱动负载。转移条件和联锁条件可以用文字或逻辑符号标注在短线旁边。流程图的工作原理同步进顺序控制方法。

### 5.2.2　物料自动混合装置步进顺序控制

图 5-8 所示为物料自动混合装置的结构示意图。初始状态时容器是空的，电磁阀 $YV_1$、

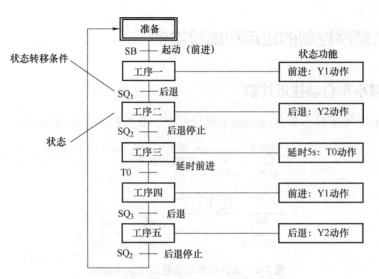

图 5-7 运料小车自动往返状态转移流程图

$YV_2$、$YV_3$ 和 $YV_4$，搅拌电动机 M，液面传感器 $SL_1$、$SL_2$ 和 $SL_3$，加热器 EH 和温度传感器 ST 均处于关断状态。其控制工艺要求如下：

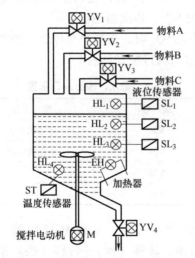

图 5-8 物料自动混合装置结构示意图

1）工作时，按下起动按钮，电磁阀 $YV_1$ 开启，开始注入物料 A，液面至高度 $SL_2$，此时 $SL_2$、$SL_3$ 为 ON 时，关闭阀 $YV_1$，同时开起电磁阀 $YV_2$，注入物料 B，当液面上升至 $SL_1$ 时，关闭电磁阀 $YV_2$。

2）停止物料 B 注入后，起动搅拌电动机 M，使 A、B 两种物料混合 10s。

3）10s 后停止搅拌，开起电磁阀 $YV_4$，放出混合物料，当液面高度降至 $SL_3$ 后，再经 5s 关闭电磁阀 $YV_4$。

4）停止操作时按下停止按钮，在当前过程完成以后，再停止操作，回到初始状态。

图 5-9 为 PLC 控制的 I/O 配置及接线图。物料自动混合过程实际上是一个按一定顺序操作的控制过程，因此，可采用步进指令进行编程，其状态转移图如图 5-10 所示，工作原理分析同前述步进顺序控制方法。

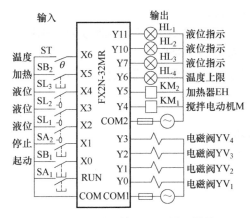

图 5-9　PLC 控制的 I/O 配置及接线图

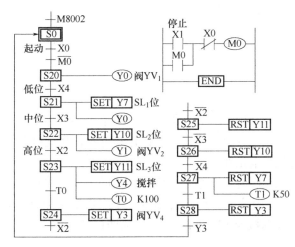

图 5-10　物料自动混合控制的状态转移图

# 5.3　三菱 FX 系列 PLC 的功能指令和数据控制功能

## 5.3.1　功能指令和数据控制功能

从 20 世纪 80 年代开始，PLC 制造商就逐步地在小型 PLC 中加入一些功能指令（functional instruction）或称为应用指令（applied instruction）。这些功能指令实际上就是一个个功能不同的子程序。随着芯片技术的进步，小型 PLC 的运算速度、存储量不断增加，其功能指令的功能也越来越强大，使得 PLC 不仅能处理大量开关量和顺序控制功能，同时还能实现模拟量和通信数据处理等数据控制功能。许多技术人员梦寐以求甚至以前不敢想象的功能，通过功能指令就极易实现，从而大大提高了 PLC 的实用价值。一般来说，功能指令可以分为程序流程控制、传送与比较、算术与逻辑运算、移位与循环移位、数据处理、高速处理、方便指令、外部输入输出处理、外部设备通信、实数处理、点位控制和实时时钟等 12 类。

三菱 FX2N 型 PLC 的功能指令有两种形式，一种是采用功能号 FNC00 ~ FNC246 表示；

117

另一种是采用助记符表示其功能意义。

例如：传送指令的助记符为 MOV，对应的功能号为 FNC12，指令功能为数据传送。功能号（FNC□□□）和助记符是一一对应的。

三菱 FX2N 型 PLC 的功能指令主要有以下几种类型：

1）程序流程控制指令。

2）传送与比较指令。

3）算术与逻辑运算指令。

4）移位与循环移位指令。

5）数据处理指令。

6）高速处理指令。

7）方便指令。

8）外部输入输出指令。

9）外部串行接口控制指令。

10）浮点数运算指令。

11）实时时钟指令。

12）格雷码变换指令。

13）触点比较指令。

三菱 FX1N 和 FX2N 型 PLC 中共有功能指令 108 条，功能指令一般由助记符和操作元件组成，助记符是每一条基本指令的符号，表明操作功能；操作元件是被操作的对象。有些基本指令只有助记符，没有操作元件。

本节以三菱 FX2N 型 PLC 为主介绍一些应用广泛的主要功能指令，主要介绍程序流程控制指令、传送与比较指令、算术与逻辑运算指令。功能指令采用计算机通用的助记符+操作元件（数）方式，稍有计算机及 PLC 知识的人极易明白其功能。

## 5.3.2　功能指令的表现形式

### 1. 功能指令

功能指令由指令助记符、功能号、操作数等组成，功能指令按功能号（FNC00～FNC250）编排。每条功能指令都有一助记符。在简易编程器中输入功能指令时是以功能号输入功能指令，而在编程软件中是以指令助记符输入功能指令。三菱 FX 系列 PLC 功能指令的一般表现形式如图 5-11 所示。

**图 5-11　三菱 FX 系列 PLC 功能指令的一般表现形式**

### 2. 助记符和功能号

图 5-11 中助记符 MEAN（求平均值）的功能号为 FNC45。每一助记符表示一种功能指

令，每一指令都有对应的功能号。

**3. 操作元件**（或称操作数）

助记符表示一种功能指令，有些功能指令只需助记符，但大多数功能指令在助记符之后还必须有 1~4 个操作元件。操作元件的组成部分如下：

1）源操作元件［S·］。如果不止一个源操作元件时，用［S1］、［S2］表示。S 后面［·］的表示可使用变址功能。

2）目标操作元件［D·］。如果不止一个目标操作元件时，用［D1］、［D2］表示。

3）K、H 为常数。K 表示十进制数，H 表示十六进制数。

4）功能助记符后有符号（P）的，表示具有脉冲执行功能。

5）功能指令中有符号（D）的，表示处理 32 位数据，而不标（D）的，表示只处理 16 位数据。

**4. 位软元件和字软元件**

只处理 ON/OFF 状态的元件，称为位软元件，如 X、Y、M、S 等。其他处理数字数据的元件，如 T、C、D、V、Z 等，称为字软元件。

位软元件为由 Kn 加首元件号的组合，也可以处理数字数据，组成字软元件。位软元件以 4 位为一组组合成单元。K1~K4 为 16 位运算，K1~K8 为 32 位运算。如 K1X0，表示 X3~X0 的 4 位数据，X0 为最低位；K4M10 表示 M25~M10 的 16 位数据，M10 为最低位；K8M100 表示 M131~M100 组成的 32 位数据，M100 为最低位。不同长度的字软元件之间的数据传送时，由于数据长度不同，处理方法如下：

1）长→短的传送：长数据的高位保持不变。

2）短→长的传送：长数据的高位全部变零。

对于 BCD、BIN 转换，算术运算，逻辑运算的数据也以这种方式传送。

**5. 变址寄存器 V、Z**

变址寄存器是在传送、比较指令中用来修改操作对象元件号的，其操作方式与普通数据寄存器一样。V 和 Z 是 16 位数据寄存器，将 V 和 Z 组合可进行 32 位的运算，此时，V 作为高位数据处理。变址寄存器用于改变软元件地址号。

例如：下列 Z 值定为 4，则：

K2X000Z = K2X0004　　　K1Y000Z = K1Y0004

K4M10Z = K4M14　　　　K2S5Z = K2S9

D5Z = D9　　　T6Z = T10　　　C7Z = C11

P8Z = P12　　　K100Z = K104

**6. 整数与实数**

（1）整数

在 PLC 中整数的表示及运算采用 BIN 码格式，可以用 16 位或 32 位元件来表示整数，其中最高位为符号位，0 表示正数，1 表示负数。负数以补码方式表示。整数可表示的范围：16 位时为 $-32768 \sim +32767$，32 位时为 $-2147483648 \sim +2147483647$。除表示范围受限制外，进行科学运算时产生的误差也较大，所以需要引入实数。

（2）实数的浮点格式

实数必须用 32 位元件来表示，通常用数据寄存器对来存放实数。实数的浮点格式如图 5-12 所示。

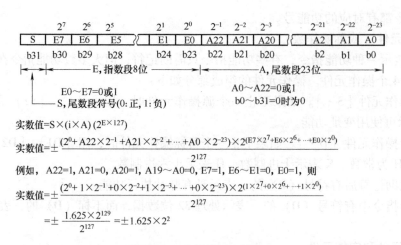

**图 5-12　实数的浮点格式**

（3）实数的记数格式

PLC 内实数的处理是采用上述的浮点格式，但浮点格式不便于监视，所以引入实数的记数格式。这是一种介于 BIN 码与浮点格式之间的表示方法。用这种方法来表示实数也需占用 32 位，即两个字元件。通常也用数据寄存器对（如 D1，D0）来存放记数格式实数。此时，序号小的数据寄存器（D0）存放尾数，序号大的数据寄存器存放以 10 为底的指数。

科学格式实数=尾数×10$^{指数}$（上例中即为 D0×10$^{Dl}$）；尾数范围：±（1000~9999）或 0；指数范围：−41 ~ +35。值得注意的是，尾数应以 4 位有效数字（不带小数）表示，如 $2.34567 \times 10^5$ 应表示为 $2345 \times 10^2$，上例中即为 D0=2345，D1=2。

# 5.4　三菱 FX 系列 PLC 的基本功能指令

## 5.4.1　程序流控制指令

程序流控制指令（FNC00~FNC09）包括程序的条件跳转、调用子程序、中断、主程序结束等。

**1. 条件跳转指令**（FNC00）

（1）指令助记符及操作元件

指令助记符：CJ（FNC00）。操作元件：指针
P0~P63（P63 相当于 END 指令）。

（2）指令格式

指令格式如图 5-13 所示。

（3）指令说明

1）当 CJ 指令的驱动输入 X0 为 ON 时，程序
跳转到指令指定的指针 P 同一编号的标号处。当
X0 为 OFF 时，则执行紧接指令的程序。

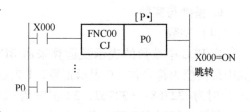

**图 5-13　条件跳转指令格式**

2）当 X0 为 ON 时，被跳转命令到标号之间的程序不予执行。在跳转过程中，如果

Y、M、S 被 OUT、SET、RST 指令驱动使输入发生变化，则仍保持跳转前的状态。如通过 X0 驱动输出 Y0 后发生跳转，在跳转过程中即使 X0 变为 OFF，但输出 Y0 仍有效。

3）对于 T、C，如果跳转时定时器或计数器正发生动作，则此时立即中断计数或定时，直到跳转结束后继续进行定时或计数。但是，正在动作的 T63 或高速计数器，不管有无跳转仍旧连续工作。

4）功能指令在跳转时不执行，但 PLSY、PWM 指令除外。

**2. 调用子程序指令**

（1）指令助记符及操作元件

调用子程序指令助记符：CALL（FNC01）。操作元件：指针 P0~P63。

子程序返回指令助记符：SRET（FNC02）。操作元件：无。

（2）指令格式

调用子程序指令格式如图 5-14 表示。

（3）指令说明

1）把一些常用的或多次使用的程序作为子程序使用。当 X0 为 ON 时，CALL 指令使主程序跳到标号 P10 处执行子程序。子程序结束，执行 SRET 指令后返回主程序。

2）子程序应写在主程序结束指令 FEND 之后。

3）调用子程序可嵌套，嵌套最多可达 5 级。

4）CALL 的操作数与 CJ 的操作数不能用同一标号，但不同嵌套的 CALL 指令可调用同一标号的子程序。

5）在子程序中使用的定时器范围规定为 T192 ~ T199 和 T246 ~ T249。

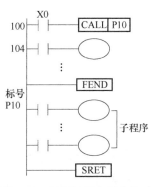

图 5-14　调用子程序指令格式

**3. 中断指令**

（1）指令助记符及操作元件

中断返回指令助记符：IRET（FNC03）。操作元件：无。

允许中断指令助记符：EI（FNC04）。操作元件：无。

禁止中断指令助记符：DI（FNC05）。操作元件：无。

（2）指令格式

中断指令格式如图 5-15 所示。

（3）指令说明

1）中断用指针分为输入中断、定时中断和高速计数器中断三种。

2）如图 5-15a 所示，在主程序执行过程中，X000 由 OFF→ON 时，则程序跳转到 I001 标志的子程序处，当子程序执行到 I001 时就返回到原来的主程序。

3）如果有多个依次发出的中断信号，则优先级按发生的先后为序，发生越早则优先级越高，若同时发生多个中断信号时，则中断标号小的优先级高。

4）中断程序在执行过程中，不响应其他中断（其他中断为等待状态）。不能重复使用与高速计数器相关的输入。

5）PLC 平时处于禁止中断状态。如果 EI-DI 指令在扫描过程中有中断输入时，则执行中断程序（从中断标号到 IRET 之间的程序）。

6）即使在允许中断范围内，如果特殊辅助继电器 M805△（△=0~3）被驱动，则 I△0

121

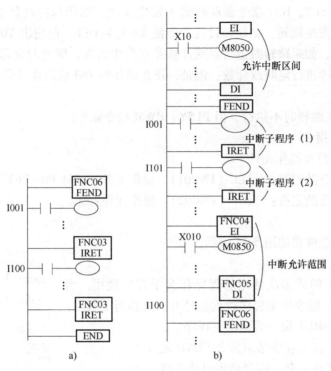

图 5-15 中断指令格式

□的中断不执行。如图 5-15b 所示，如果 X010 为 ON 时，则禁止 I001 或 I000 的中断，即虽存在中断请求，中断也不被接受。

7) 当 DI~EI 指令间（中断禁止区间）发生中断请求时，则存储这个请求信号，然后在 EI 指令执行完后才被执行。如果中断禁止区间较大，则等待中断响应的时间也较长。

**4. 主程序结束**

（1）指令助记符及操作元件

指令助记符：FEND（FNC06）。操作元件：无。

（2）指令格式

主程序结束指令格式如图 5-16 所示。

（3）指令说明

1) FEND 指令表示一个主程序的结束，执行这条指令与执行 END 指令一样，即执行输入、输出处理或警告定时器刷新后，程序送回到 0 步程序。

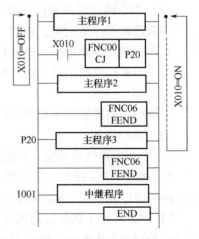

2) 使用多条 FEND 指令时，中断程序应写在最后的 FEND 指令与 END 指令之间。子程序应写在 FEND 之后，而且必须以 SRET 结束。

图 5-16 主程序结束指令格式

3) 如果在 FOR 指令执行后、NEXT 指令执行前执行 FEND 指令，程序将会出错。

程序流控制指令除上述指令外，还有警戒时钟、循环等指令，此处由于篇幅所限，介绍从简。

## 5.4.2　数据传送及比较指令

数据传送及比较指令主要包括数据比较、传送、交换和变换指令。数据比较指令主要包括数据比较、区间比较指令；传送指令主要包括传送、批传送指令；交换和变换指令主要包括二进制码变换成 BCD 码、BCD 码变换成二进制码指令。下面简要介绍数据比较、传送、二进制码变换成 BCD 码指令。

**1. 数据比较指令**

（1）指令助记符及操作元件

指令助记符：（D）CMP（FNCl0）。操作元件如图 5-17 所示。

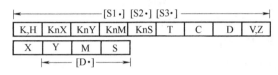

**图 5-17　数据比较指令操作元件**

（2）指令格式

数据比较指令格式如图 5-18 所示。

**图 5-18　数据比较指令格式**

（3）指令说明

1）比较指令操作数有两个源数据，把源数据〔S1·〕与源数据〔S2·〕的数据进行比较，其结果送到目标〔D·〕按比较结果进行操作。比较大小时按代数规则进行。

2）所有的源数据都按二进制数值处理。对于多个比较指令，其目标〔D·〕也可指定为同一个软元件，但每执行一次比较指令，〔D·〕的内容随之发生变化。

3）一条 CMP 指令用到三个操作数，如果只有一个或两个操作数就会出错，妨碍 PLC 运行。

4）功能指令的前面加字母 D 为 32 位指令格式。

**2. 数据传送指令**

（1）指令助记符及操作元件

指令助记符：（D）MOV（FNCl2）。操作元件如图 5-19 所示。

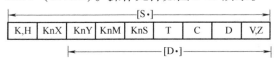

**图 5-19　数据传送指令操作元件**

（2）指令格式

数据传送指令格式如图 5-20 所示。

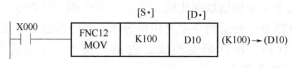

图 5-20　数据传送指令格式

（3）指令说明

1）传送指令是将数据按原样传送的指令，当 X000 为 ON 时，K100 数据传送到 D10 中，如果 X000 为 OFF 时，则目标元件中的数据保持不变。

2）传送时源数据常数 K100 自动转换成二进制数。

**3. 二进制码变换成 BCD 码指令**

（1）指令助记符及操作元件

指令助记符：（D）BCD（FNC18）。操作元件如图 5-21 所示。

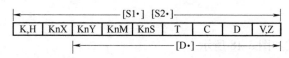

图 5-21　二进制码变换成 BCD 码指令操作元件

（2）指令格式

二进制码变换成 BCD 码指令格式如图 5-22 所示。

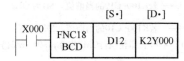

图 5-22　二进制码变换成 BCD 码指令格式

（3）指令说明

1）BCD 指令是将源中二进制数（BIN）转换成目标中的 BCD 码的变换传送指令。当 X000 为 ON 时，D12 中的数据转换成 BCD 码传送到 K2Y000 中；当 X000 为 OFF 时，目标中的数据不变。

2）BCD 指令的转换结果超过 0～9999（16 位运算）或超过 0～99999999（32 位运算）时则出错。

3）在 PLC 控制中，BIN 向 BCD 码变换，常用于向七段码显示等外部器件输出。

### 5.4.3　四则运算及逻辑运算指令

四则运算包括二进制数的加法、减法、乘法和除法。逻辑运算包括逻辑与、或、异或等。

**1. 二进制加法、减法指令**

（1）指令助记符及操作元件

加法指令助记符：（D）ADD（FNC20）；减法指令助记符：（D）SUB（FNC21）。操作元件如图 5-23 所示。

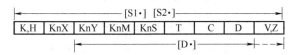

**图 5-23　二进制加法、减法指令操作元件**

（2）指令格式

二进制加法、减法指令格式如图 5-24 所示。

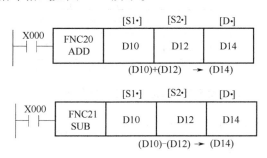

**图 5-24　二进制加法、减法指令格式**

（3）指令说明

1）两个源数据的二进制数值相加（相减），其结果送入目标元件中。各数据的高位是符号位，正为 0，负为 1。这些数据按代数规则进行运算。如 5+（-8）= -3，5-（-8）= 13。

2）当驱动输入 X000 为 OFF 时，不执行运算，目标元件的内容也保持不变。

3）如果运算结果为 0，零标志 M8020 置 1，如果运算结果超过 32767（16 位运算）或 2147483647（32 位运算），则进位标志 M8022 置 1。如果运算结果小于 -32767（16 位运算）或 -2147483647（32 位运算），则借位标志 M8021 置 1。

**2. 二进制乘法、除法指令**

（1）指令助记符及操作元件

乘法指令助记符：（D）MUL（FNC22）；除法指令助记符：（D）DIV（FNC23）。操作元件同二进制加减法指令。

（2）指令格式

二进制乘除法指令格式如图 5-25 所示。

（3）指令说明

1）二进制乘法指令中，乘积以 32 位形式送到指定目标元件中。低 16 位在指定目标元件（D4）中，高 16 位在下一个元件（D5）中。

上例中，若 D0=8，D2=9，则其乘积送到（D5，D4）= 72，最高位为符号位（0 为正，1 为负），V 不用于目标元件，只有 Z 允许进行 16 位运算。

2）16 位运算的结果变为 32 位，32 位运算的结果变为 64 位。如果位组合指定元件为目标元件，超过 32 位的数据就会丢失。

3）如果驱动输入 X000 为 OFF，则不执行运算，目标元件中的数据不变。

4）二进制除法指令中，［S1·］指定为被除数，［S2·］指定为除数，商存储于［D·］中，余数存储于紧靠［D·］的下一个编号的软元件中。V 和 Z 不可用于［D·］中。

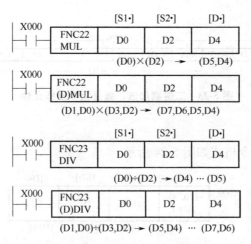

图 5-25　二进制乘除法指令格式

5) 若位组合指定元件为 [D·]，则余数就会丢失。除数为零时，则运算出错，且不执行运算。

**3. 逻辑与、或、异或指令**

（1）指令助记符及操作元件

与指令助记符：AND（FNC26）；或指令助记符：OR（FNC27）；异或指令助记符：XOR（FNC28）。操作元件同二进制加减法指令。

（2）指令格式

逻辑与、或、异或指令格式如图 5-26 所示。

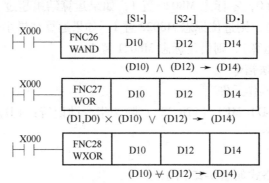

图 5-26　逻辑与、或、异或指令格式

（3）指令说明

1）16 位运算时，指令为 WAND、WOR、WXOR；32 位运算时，指令为（D）AND、（D）OR、（D）XOR。

2）当 X000 为 ON 时，进行各对应的逻辑运算，把结果存于目标 [D·] 中。当 X000 为 OFF 时，不执行运算，[D·] 的内容保持不变。

## 5.4.4　外部设备 SER 指令

在 PLC 中，外部设备 SER 指令主要用于连接串行口的特殊适配器进行控制，PID 运算指令也包括在其中。表 5-3 为外部设备 SER 指令。

**表 5-3　外部设备 SER 指令**

| 功能号 | 指令格式 | | | | 程序步 | 指令功能 |
|---|---|---|---|---|---|---|
| FNC80 | RS | [S·] | m | [D·] n | 9 步 | 串行数据传送 |
| FNC81 | (D) PRUN (P) | [S·] | [D·] | | 5/9 步 | 八进制位传送 |
| FNC82 | ASCI (P) | [S·] | [D·] | n | 7 步 | 十六进制转为 ASCII 码 |
| FNC83 | HEX (P) | [S·] | [D·] | n | 7 步 | ASCII 码转为十六进制 |
| FNC84 | CCD (P) | [S·] | [D·] | n | 7 步 | 校验码 |
| FNC85 | VRRD (P) | [S·] | [D·] | | 5 步 | 电位器值读出 |
| FNC86 | VRSC (P) | [S·] | [D·] | | 5 步 | 电位器值刻度 |
| FNC88 | PID | [S1] | [S2] | [S3] [D] | 9 步 | PID 运算 |

下面主要介绍串行数据传送指令（RS）、八进制位传送指令（PRUN）、PID 运算指令（PID）。

**1. 串行数据传送指令（RS）**

（1）指令助记符及操作元件

指令助记符：RS（FNC80）。操作元件如图 5-27 所示。

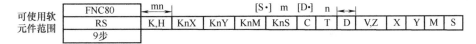

可使用软元件范围

**图 5-27　串行数据传送指令操作元件**

（2）指令格式

串行数据传送指令格式如图 5-28 所示。

指令格式　RS　[S·]　m　[D·]　n　m,n: 0～4096 m+n≤8000

**图 5-28　串行数据传送指令格式**

（3）指令说明

串行数据传送指令（RS）用于 PLC 与外部设备进行串行通信，在 PLC 上使用 RS232C 及 RS485 功能扩展板及特殊适配器，即可进行发送和接收串行数据，如图 5-29 所示。

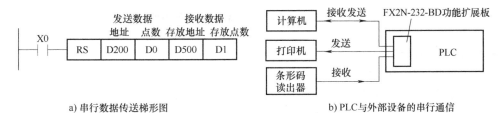

a) 串行数据传送梯形图　　　　　　　　b) PLC 与外部设备的串行通信

**图 5-29　串行数据传送指令说明**

（4）数据传送与接收应用说明

接收数据由特殊辅助继电器 M8122 控制，发送数据由特殊辅助继电器 M8123 控制。数据传送的位数可以是 8 位或 16 位，由 M8161 控制。PLC 数据传送与接收如图 5-30 所示。

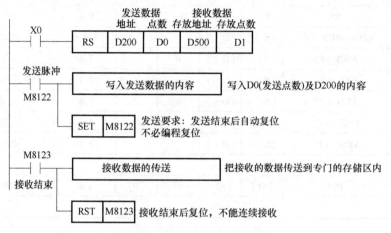

图 5-30　PLC 数据传送与接收

（5）应用举例

例如：PLC 与条形码读出器的通信。在 PLC 上安装一个 FX2N-232-BD 型功能扩展板，用通信电缆将条形码读出器与功能扩展板连接，将 M8120 的值设置为 H0367，控制梯形图如图 5-31 所示。

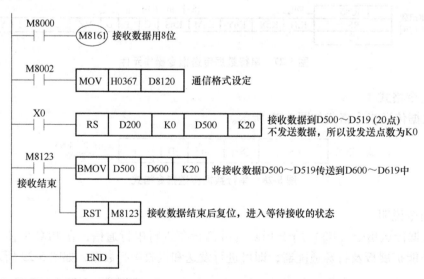

图 5-31　PLC 与条形码读出器的通信控制梯形图

**2. 八进制位传送指令（PRUN）**

（1）指令助记符及操作元件

指令助记符：PRUN（FNC81）。操作元件如图 5-32 所示。

（2）指令格式

八进制位传送指令格式如图 5-33 所示。

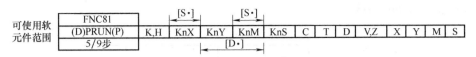

图 5-32　八进制位传送指令操作元件

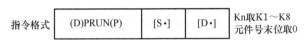

图 5-33　八进制位传送指令格式

（3）指令说明

八进制位传送指令（PRUN）用于八进制数处理。图 5-34 所示为八进制位传送指令应用说明。

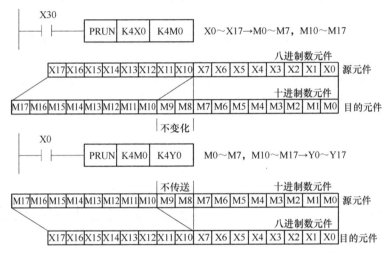

图 5-34　八进制位传送指令应用说明

### 3. PID 运算指令（PID）

（1）指令助记符及操作元件

指令助记符：PID（FNC88）。操作元件如图 5-35 所示。

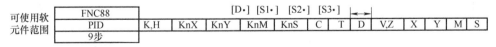

图 5-35　PID 运算指令操作元件

（2）指令格式

PID 运算指令格式如图 5-36 所示。

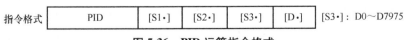

图 5-36　PID 运算指令格式

（3）指令说明

PID 运算指令可进行回路控制的 PID 运算程序。在达到采样时间后的扫描时进行 PID 运算，指令的梯形图如图 5-37 所示。

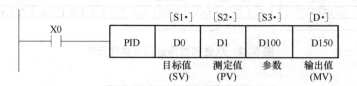

**图 5-37　PID 运算指令的梯形图**

 **思考题与习题**

5-1　什么叫状态转移图和步进梯形图？各有什么特点？

5-2　步进顺序功能控制与基本指令控制有什么不同？各有什么优缺点？各适用于何种控制对象？

5-3　什么叫单分支的状态转移图和多分支的状态转移图及并联分支的状态转移图？各有什么特点？

5-4　画出如图 5-38 所示单分支的状态转移图的步进梯形图，并写出对应的指令表。

5-5　画出如图 5-39 所示混合分支的状态转移图的步进梯形图，并写出对应的指令表。

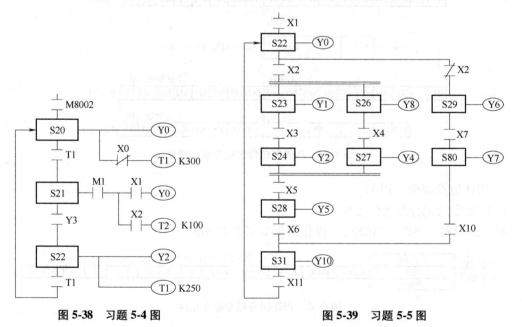

**图 5-38　习题 5-4 图**　　　　　　**图 5-39　习题 5-5 图**

5-6　根据图 5-40 所示的状态转移图画出对应的步进梯形图，并写出指令表。

5-7　某供水系统有 4 台水泵，分别由 4 台三相异步电动机驱动，为了防止备用水泵长时间不用造成锈蚀等问题，要求 2 台运行 2 台备用，并每隔 8h 切换一台，4 台水泵轮流运行。初次起动时，为了减少起动电流，要求第一台起动 10s 后第二台起动。请根据控制要求画出 PLC 输入输出控制接线图和状态转移图。

5-8　控制一台三相异步电动机的正反转，在停止时，用速度继电器接线反接制动，为了减少反接制动电流，主电路中应串入反接制动电阻。请根据要求画出三相异步电动机正反

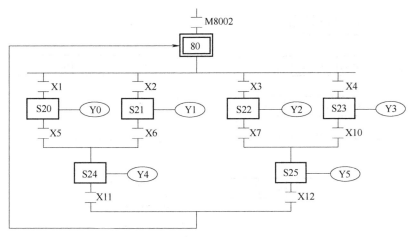

图 5-40　习题 5-6 图

转可逆运行反接制动控制电路、PLC 输入输出控制接线图和状态转移图。

5-9　PLC 的功能指令有哪些？有哪些数据控制功能？与微型计算机的控制指令有何不同？

5-10　PLC 的数据传送及比较指令与微型计算机的数据传送及比较指令有何相同和不同之处？

5-11　如图 5-41 所示，当 X0＝0，X1＝1，X2＝1，X12＝0 时，Y0、Y1 的得电情况，当 X0＝1 时，Y0、Y1 的得电情况如何变化？

5-12　执行图 5-42 所示梯形图的结果是什么？请用二进制数表示 K2Y0~K2Y20 的值。

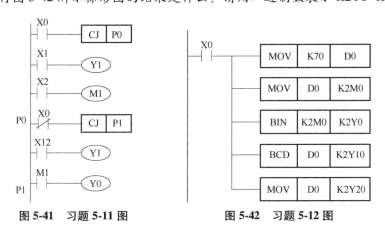

图 5-41　习题 5-11 图　　　　图 5-42　习题 5-12 图

5-13　分析图 5-43 所示梯形图的执行结果是什么？

5-14　根据下面的控制要求画出梯形图，并写出控制程序。

1) 当 X0＝1 时，将一个数 123456 存放到数据寄存器中。

2) 当 X1＝1 时，将 K2X10 表示的 BCD 数存放到数据寄存器 D2 中。

3) 当 X2＝1 时，将 K0 传送到数据寄存器 D10~D20 中。

5-15　分析图 5-44 所示梯形图，如何使 Y0＝1？

5-16　分析图 5-45 所示梯形图的控制原理，根据时序图画出 M1、M2、M3、M4、Y0 和 Y1 的波形图。

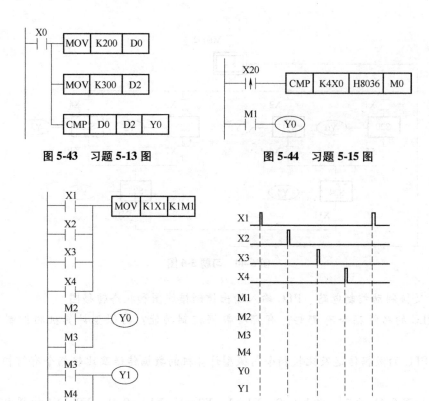

图 5-43　习题 5-13 图　　　　　　　图 5-44　习题 5-15 图

图 5-45　习题 5-16 图

# 第 6 章

# 西门子S7-200 SMART系列PLC
# 及编程方法

德国西门子公司（SIEMENS）是欧洲最大的电气设备制造商，它是世界上研制、开发 PLC 较早的厂家之一。S7-200 SMART 系列 PLC 是西门子公司于 20 世纪末推出的，在 S7-200 系列 PLC 基础上改进的微型 PLC，与其配套的有各种功能模块、人机界面（HMI）及网络通信设备。以 S7-200 SMART 系列 PLC 为控制器组成的控制系统，其功能越来越强大，系统的设计和操作也越来越简便。本章将以 SIMATIC S7-200 SMART 系列 PLC 为例，介绍该系列 PLC 的硬件结构、指令系统和程序设计方法。

## 6.1 S7-200 SMART 系列 PLC 的硬件组成

SIMATIC S7-200 SMART 系列 PLC 有紧凑型不可扩展的单体式结构和可以扩展的标准型结构，配有以太网通信接口和 RS485/RS232 通信接口、内置电源系统和部分 I/O 接口。它体积小、运算速度快、可靠性高，具有丰富的指令，系统操作简便、便于掌握，可方便地实现系统的 I/O 扩展，性价比高，是目前中小规模控制系统的理想控制设备。

### 6.1.1 S7-200 SMART 系列 PLC 与 S7-200 系列 PLC 的区别

S7-200 SMART 系列 PLC 与 S7-200 系列 PLC 的区别主要有以下几方面：

（1）机型丰富，更多选择，I/O 点数更丰富，单体 I/O 点数最高可达 60 点

S7-200 SMART 系列 PLC 提供不同类型、I/O 点数丰富的 CPU 模块，单体 I/O 点数最高可达 60 点，可满足大部分小型自动化设备的控制需求。另外，CPU 模块配备标准型和经济型供用户选择，对于不同的应用需求，产品配置更加灵活，最大限度地控制成本。而 S7-200 系列 PLC 中的 CPU226 型 PLC 只能提供 40 个 I/O 点。

（2）选件扩展，精确定制，带有信号板扩展功能，设计人性化

S7-200 SMART 系列 PLC 新颖的信号板设计可扩展通信端口、数字量通道、模拟量通道，在不额外占用电控柜空间的前提下，信号板扩展能更加贴合用户的实际配置，提升产品的利用率，同时降低用户的扩展成本。

（3）高速芯片，性能卓越，配备专用高速处理器芯片，指令执行时间短

S7-200 SMART 系列 PLC 配备西门子专用高速处理器芯片，基本指令执行时间可达 0.15μs，在同级别小型 PLC 中遥遥领先。

（4）以太网互动，经济便捷，本体上增设了一个标配以太网接口

S7-200 SMART 系列 PLC 的 CPU 模块本体上增设了一个标配以太网接口，集成了强大的以太网通信功能。一根普通的网线即可将程序下载到 PLC 中，也可实现程序的上传，方便快捷，相对于 S7-200 系列 PLC 而言省去了专用编程电缆。S7-200 SMART 系列 PLC 通过以太网接口还可与其他 CPU 模块、触摸屏、计算机进行通信，轻松组网。

（5）可以支持三轴高速脉冲输出，支持多种运动模式

S7-200 SMART 系列 PLC 的 CPU 模块本体最多集成三轴高速脉冲输出，频率高达 100kHz，支持 PWM/PO 输出方式以及多种运动模式，可自由设置运动包络，配以方便易用的向导设置功能，快速实现设备调速、定位等功能。而 S7-200 系列 PLC 只能支持两轴高速脉冲输出。

（6）支持扩展卡功能，支持通用 SD 卡，方便下载

S7-200 SMART 系列 PLC 和 S7-200 系列 PLC 都支持扩展卡功能，但 S7-200 系列 PLC 支持的扩展卡必须是西门子的专用卡。而 S7-200 SMART 系列 PLC 可使用市面上通用的 Micro SD 卡，即可实现程序的更新和 PLC 固件升级，极大地方便了客户工程师对最终用户的远程服务支持，也省去了因 PLC 固件升级返场服务的不便。

（7）软件友好，编程高效

S7-200 SMART 系列 PLC 在继承西门子编程软件强大功能的基础上，融入了更多的人性化设计，如新颖的带状式菜单，全移动式界面窗口，方便的程序注释功能，强大的密码保护等。在体验强大功能的同时，大幅提高了开发效率，缩短了产品上市时间。

（8）完美整合，无缝集成

SIMATIC S7-200 SMART 系列 PLC、SMART LINE IE 触摸屏和 SINAMICS V20 变频器完美整合，为 OEM 客户带来高性价比的小型自动化解决方案，满足客户对于人机交互、控制、驱动等功能的全方位需求。

## 6.1.2　S7-200 SMART 系列 PLC 系统的基本构成

S7-200 SMART 系列 PLC 的硬件系统配置灵活，既可用单独的 CPU 模块构成简单的开关量控制系统，也可通过 I/O 扩展或通信联网功能构成中等规模的控制系统，可以控制各种设备。图 6-1 为 S7-200 SMART 系列 PLC 系统的基本构成。

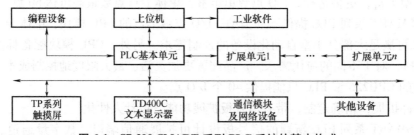

**图 6-1　S7-200 SMART 系列 PLC 系统的基本构成**

1）PLC 基本单元。即 CPU 模块，是 PLC 系统的核心，包括供电电源、CPU、存储器系统、部分输入/输出接口、内置 5V 和 24V 直流电源、以太网通信接口、RS485/RS232 通信接口等。

2）扩展单元。用于 PLC 系统的 I/O 扩展，包括数字量 I/O 模块和模拟量 I/O 模块，以

及通信扩展模块。

3）编程设备。可使用手持式编程器，也可使用装有 SIMATIC S7 系列 PLC 编程软件的计算机。编程设备可实现用户程序的编制、编译、下载、上传和调试等。

4）人机界面。常用的有触摸屏和文本显示器，也可通过装有工业组态软件的微机实现。通过人机界面可实现对工业控制过程的监控。S7-200 SMART 系列 PLC 支持多种形式的触摸面板 HMI，可支持 Comfort HMI、SMART HMI、Basic HMI 和 Micro HMI。其 TD400C 文本显示器是一款显示设备，可以连接到 CPU。使用文本显示向导，可以轻松地对 CPU 进行编程，以显示文本信息和其他与应用有关的数据。TD400C 设备可以作为应用的低成本接口，使用该设备可查看、监视和更改与应用有关的过程变量。SMART LINE IE 触摸屏可为小型机器和工厂提供操作和监视功能。组态和调试时间短、在 WinCC flexible（ASIA 版本）中组态以及具备双端口 Ethernet/RS485 接口，共同构成这些 HMI 的亮点。

5）通信模块及网络设备。可通过 CPU 模块自带的以太网通信接口和 RS485 接口与上位机或其他 PLC 通信，也可通过专用的通信模块与其他网络设备组成各种通信网络以实现数据交换。

6）其他设备。各种特殊功能模块具有独立的运算能力，能实现特定的功能，如位置控制模块、高速计数器模块、闭环控制模块、温度控制模块等。

## 6.1.3　S7-200 SMART 系列 PLC 的 CPU 模块

### 1. 主机单元（CPU 单元模块）外形结构

以 S7-200 SMART 系列 PLC 的 CPU 为例，主要有 CR40、CR60、SR20、SR30、SR40、SR60、ST20、ST30、ST40、ST60 等型号，其外观结构基本相同，如图 6-2 所示。

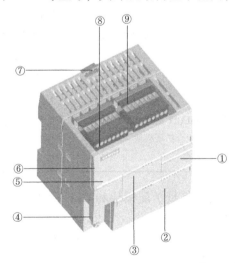

**图 6-2　S7-200 SMART 系列 PLC CPU 单元模块外形结构**

①—I/O 的 LED 指示灯　②—存储卡连接（保护盖下面）　③—可选信号板（仅限标准型）　④—RS485 通信端口
⑤—工作状态指示 LED：指示 RUN、STOP 和 ERROR 状态　⑥—以太网状态指示 LED（保护盖下面）：
LINK，RX/TX　⑦—用于在标准（DIN）导轨上安装的夹片　⑧—以太网通信端口　⑨—端子连接器

### 2. CPU 模块型号描述

CPU 具有不同型号，它们提供了各种各样的特征和功能，这些特征和功能可帮助用户

针对不同的应用创建有效的解决方案。表 6-1 显示了 CPU 的不同型号。S7-200 SMART 系列 PLC 的 CPU 分为紧凑型不可扩展 CPU 和标准型可扩展 CPU 两大类。

**表 6-1　S7-200 SMART 系列 PLC 的 CPU 型号**

| CPU 型号 | CR40 | CR60 | SR20 | ST20 | SR30 | ST30 | SR40 | ST40 | SR60 | ST60 |
|---|---|---|---|---|---|---|---|---|---|---|
| 紧凑型，不可扩展 | × | × | | | | | | | | |
| 标准型，可扩展 | | | × | × | × | × | × | × | × | × |
| 继电器输出 | × | × | × | | × | | × | | × | |
| 晶体管输出（DC） | | | | × | | × | | × | | × |
| I/O 点（内置） | 40 | 60 | 20 | 20 | 30 | 30 | 40 | 40 | 60 | 60 |

### 6.1.4　数字量扩展模块

为更好地满足应用需求，S7-200 SMART 系列 PLC 的标准型可扩展 CPU 包括诸多扩展模块、信号板和通信模块，可将这些扩展模块与标准 CPU 型号（SR20、ST20、SR30、ST30、SR40、ST40、SR60、ST60）搭配使用，为 CPU 增加附加功能。S7-200 SMART 系列 PLC 目前可提供的数字量输入/输出扩展模块见表 6-2 所示。

**表 6-2　S7-200 SMART 系列 PLC 数字量输入/输出扩展模块**

| 类型 | 名称 | 扩展模块 |
|---|---|---|
| 数字量输入扩展模块 | S7-200 SMART 系列 PLC 的数字量输入扩展模块 | 8 个直流输入，光隔离 |
| | | 16 个直流输入，光隔离 |
| 数字量输出扩展模块 | S7-200 SMART 系列 PLC 的数字量输出扩展模块 | 8 个直流输出 |
| | | 8 个继电器输出 |
| | | 16 个继电器输出 |
| | | 16 个晶体管输 |
| 数字量输入/输出组合扩展模块 | S7-200 SMART 系列 PLC 的数字量输入/输出组合扩展模块 | 8 个直流输入/8 个直流输出 |
| | | 8 个直流输入/8 个继电器输出 |
| | | 16 个直流输入/16 个直流输出 |
| | | 16 个直流输入/16 个继电器输出 |

S7-200 SMART 系列 PLC 的数字量扩展模块和 CPU 模块的连接方式与 S7-200 系列 PLC 的连接方式基本类似，如图 6-3 所示。

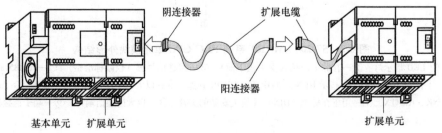

阴连接器　　扩展电缆

阳连接器

基本单元　扩展单元　　　　　　　　　　扩展单元

**图 6-3　数字量扩展模块连接示意图**

用户可根据应用系统的实际需求灵活配置 CPU 模块及扩展模块，选择时除考虑一定的 I/O 裕量外，还需要考虑系统的安装尺寸及费用等问题。

## 6.1.5　模拟量扩展模块

在 S7-200 SMART 系列 PLC 中，除了 CR40 和 CR60 型 CPU 模块本身带有少数模拟量 I/O 并且不能扩展外，其他 CPU 模块若想处理更多的模拟量信号，可进行模拟量模块的扩展。模拟量扩展模块主要有三类，见表 6-3。

表 6-3　S7-200 SMART 系列 PLC 模拟量扩展模块

| 类型 | 名称 |
| --- | --- |
| 模拟量输入扩展模块 | 4 个模拟量输入扩展模块、8 个模拟量输入扩展模块、2 个 RTD 输入扩展模块、4 个 RTD 输入扩展模块、4 个热电偶输入扩展模块 |
| 模拟量输出扩展模块 | 2 个模拟量输出扩展模块、4 个模拟量输出扩展模块 |
| 模拟量输入/输出扩展模块 | 4 个模拟量输入/2 个模拟量输出扩展模块、2 个模拟量输入/1 个模拟量输出扩展模块 |

## 6.1.6　通信扩展模块

通信扩展模块，如 PROFIBUS DP SMART 通信扩展模块等，相关技术信息可参看西门子 S7-200 SMART 系列 PLC 产品手册。

S7-200 SMART 系列 PLC 可实现 CPU、编程设备和 HMI 之间的多种通信。其通信方式如下：

1）以太网通信。编程设备到 CPU 的数据交换；HMI 与 CPU 间的数据交换；S7 与其他 S7-200 SMART 系列 PLC 的 CPU 的对等通信；与其他具有以太网功能的设备间的开放式用户通信（OUC）。

2）PROFIBUS 通信。适用于分布式 I/O 的高速通信（高达 12Mbit/s）；一个总线控制器可连接许多 I/O 设备通信（支持 126 个可寻址设备）。主站和 I/O 设备间的数据交换通信，EM DP01 模块是 PROFIBUS I/O 设备通信。

3）RS485 通信。总共可支持 126 个可寻址设备（每个程序段 32 个设备）通信；可支持 PPI（点对点接口）协议通信；HMI 与 CPU 间的数据交换通信；使用自由端口在设备与 CPU 之间交换数据（XMT/RCV 指令）通信。

4）RS232 通信。可支持与一台设备的点对点连接通信；可支持 PPI 协议通信；HMI 与 CPU 间的数据交换通信；使用自由端口在设备与 CPU 之间交换数据（XMT/RCV 指令）通信。

# 6.2　S7-200 SMART 系列 PLC 的内部元件及其编址方式

程序设计时需要用到 PLC 的内部元件，如输入/输出继电器、辅助继电器、定时器、计数器、累加器等。这些元件具有与相应低压电器相同或相似的功能，它们在 PLC 内部是以寄存器或存储单元的形式出现，每个元件对应一个或多个内存单元，所以又称为内部软元件。

## 6.2.1　数据类型

S7-200 SMART 系列 PLC 的指令系统与 S7-200 系列 PLC 类似，大多数指令具有不同类型的操作数，S7-200 和 S7-200 SMART 系列 PLC 的基本数据类型见表 6-4。

表 6-4　S7-200 和 S7-200 SMART 系列 PLC 的基本数据类型

| 数据类型 | 位数 | 字母缩写 | 数据范围 |
|---|---|---|---|
| 布尔类型（BOOL） | 1 | bit | 0，1 |
| 字节类型（BYTE） | 8 | B | 0~255 |
| 字类型（WORD） | 16 | W | 0~65 535 |
| 双字类型（DWORD） | 32 | DW | 0~（$2^{32}-1$） |
| 整数类型（INT） | 16 | I | −32 768~+32 767 |
| 双整数类型（DINT） | 32 | DI | $-2^{31}$~（$2^{31}-1$） |
| 实数型（REAL） | 32 | R | IEEE 浮点数 |

## 6.2.2　内部元件及其编址方式

S7-200 SMART 系列 PLC 与 S7-200 系列 PLC 一样，具有如下各类内部元器件。

**1. 数字量输入继电器（I）**

PLC 通过输入采样接收来自现场的输入信号或检测信号的状态，并将其存入输入映像寄存器中。输入映像寄存器中的每一位对应一个输入端子，从而对应一个数字量输入点。沿用继电接触器控制系统的传统叫法，也称输入映像寄存器为输入继电器，用字母"I"表示。数字量输入继电器的编址方式如下：

1）位类型。存储器是以字节为单位编址的，S7-200 系列 CPU 按照"字节.位"的方式读取每一个输入继电器的值，如 I0.0、I1.7 等。

2）字节类型。CPU 可按字节方式读取一组相邻继电器的值，每个字节为 8 位。字节类型数据用"B"表示，如 IB0，"I"表示输入继电器，"B"表示字节类型数据，后面的数据"0"表示该字节数据的地址编号。IB0 是指输入映像寄存器中编号为 0 的字节，它由 I0.0~I0.7 组成。

3）字类型。CPU 按字读取一组相邻继电器的值，每个字 16 位。字类型数据用"W"表示，如 IW0，表示输入映像寄存器中编号为 0 的字，它由 IB0 和 IB1 组成，即由 I0.0~I0.7 和 I1.0~I1.7 这 16 位组成。字的编号为组成该字的低位字节的编号，又如 IW2 是由 IB2 和 IB3 组成的。

注意：字类型数据的低位字节占 16 位数据的高 8 位，而高位字节占 16 位数据的低 8 位，如图 6-4 所示，在 IW0 中，IB0 为高 8 位，IB1 为低 8 位。

4）双字类型。CPU 按双字读取一组相邻继电器的值，每个双字 32 位。双字类型数据用"D"表示，如 ID0，表示输入映像寄存器中编号为 0 的双字，它由 IB0、IB1、IB2 和 IB3 这 4 个字节组成。双字的编号为组成该双字中最低位字节的编号。同样，在双字类型数据中，最低位字节占 32 位数据的高 8 位，而最高位字节占 32 位数据的低 8 位，如图 6-5 所示，在 ID0 中，IB0 为高 8 位，IB1 次之，…，IB3 为低 8 位。

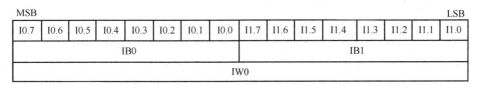

图 6-4　字类型数据的表示

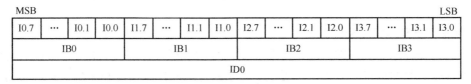

图 6-5　双字类型数据的表示

需要说明的是，字类型数据与双字类型数据占用多个字节，如果地址编号连续使用的话会造成地址空间的重叠。如 IW0 和 IW1 地址连号，但 IW0 由 IB0 和 IB1 组成，IW1 由 IB1 和 IB2 组成，所以为避免数据调用时出现混乱，对字类型数据常按偶数地址编址，如 IW0、IW2、IW4 等。同样对于双字类型数据，按地址编号连续使用也会造成地址重叠，此时可按 4 的倍数递增的方式编址，如 ID0、ID4、ID8 等。

**2. 数字量输出继电器（Q）**

数字量输出继电器对应于 PLC 存储器中的输出映像寄存器，用字母"Q"表示。同样，S7-200 系列 PLC 的输出继电器也是以字节为单位编址的。程序中可使用的编址方式如下：

1）位类型。CPU 按照"字节·位"的方式访问每一个输出继电器，如 Q0.7、Q2.5。

2）字节类型。按字节方式读取数据，如 QB5，"Q"表示输出继电器，"B"表示字节类型数据，后面的数据"5"表示该字节数据的地址编号。字节 QB5 由 Q5.0～Q5.7 组成。

3）字类型。CPU 按字方式读取数据，每个字 16 位。如 QW2，它由 QB2 和 QB3 组成，其中 QB2 占高 8 位，QB3 占低 8 位。

4）双字类型。CPU 按双字方式读取数据，每个双字 32 位。如 QD4，表示输出映像寄存器中编号为 4 的双字，它由 QB4、QB5、QB6 和 QB7 这 4 个字节组成，其中 QB4 占 32 位中的高 8 位，QB7 占 32 位数据中的低 8 位。

**3. 模拟量输入寄存器（AIW）和模拟量输出寄存器（AQW）**

模拟量输入信号经 A/D 转换后的数字量信息存储在模拟量输入寄存器中，而将要经 D/A 转换成为模拟量的数字量信息存储在模拟量输出寄存器中。由于 CPU 处理的数字量是 16 位数据，为字类型，而模拟量输入与输出用"AI"和"AQ"表示，所以模拟量输入寄存器和模拟量输出寄存器常用"AIW"和"AQW"表示。同时由于模拟量输入/输出数据为 16 位，为避免访问数据发生混淆，应以偶数号字节进行编址，如 AIW0、AIW2、…，或 AQW0、AQW2、…。模拟量输入寄存器只能读取，而模拟量输出寄存器只能写入。

**4. 变量寄存器（V）**

S7-200 系列 PLC 提供了大量的变量寄存器，可用于模拟量控制、数据运算、参数设置以及存放程序执行过程中的中间结果等，如 CPU226 中变量寄存器的容量可达 10240B。变量寄存器的符号为"V"，可按位使用，也可按字节、字、双字为单位使用。如：V100.0、

V200.7；VB100、VB200；VW300；VD400 等。

### 5. 辅助继电器（M）

也称为标志寄存器（marker）或辅助寄存器，用符号"M"表示，其功能相当于电气控制系统中使用的辅助继电器或中间继电器。辅助继电器常用于逻辑运算和顺序控制中，多以"位"的形式出现，采用"字节.位"的编址方式，如 M0.0、M1.2 等。当然，辅助继电器也可以按字节、字和双字的方式编址，如 MB10、MW4、MD8 等。但 CPU22X 系列 PLC 的辅助继电器总共有 256 个（32B），所以做数据运算或处理数据时，建议用户使用变量寄存器 V。

### 6. 特殊功能寄存器（SM）

也称为特殊继电器或特殊标志寄存器，用符号"SM"表示。特殊功能寄存器是用户程序与系统程序之间的接口，它为用户提供了一系列特殊的控制功能和系统信息，有助于用户程序的编制和对系统的各类状态信息的获取。同时用户也可将控制过程中的某些特殊要求通过特殊功能寄存器传递给 PLC。特殊功能寄存器可以按位、字节、字或双字类型编址。

常用的特殊功能寄存器如下：

SM0.0：PLC 运行状态监控位，当 PLC 处于"RUN"状态时，SM0.0 总为 ON，即状态 1。

SM0.1：初始扫描位，也称初始脉冲位，当 PLC 由 STOP 转为 RUN 时的第一个扫描周期 SM0.1 为 1，之后一直为 0。

SM0.4：分钟脉冲，周期为 1min，占空比为 50% 的脉冲串。

SM0.5：秒脉冲，周期为 1s，占空比为 50% 的脉冲串。

SM0.6：扫描时钟，一个扫描周期为 ON，下一个扫描周期为 OFF，交替循环。

SMB1：用于提示潜在错误的 8 个状态位，这些位可由指令在执行时进行置位或复位。

SMB2：自由口通信接收字符缓冲区，在自由口通信方式下，接收到的每个字符都放在这里，便于用户程序存取。

SMB3：用于自由口通信的奇偶校验，当出现奇偶校验错误时，将 SM3.0 置 1。

SMB4：用于表示中断是否允许和发送口是否空闲。

SMB5：用于表示 I/O 系统发生的错误状态。

SMB8~SMB21：用于 I/O 扩展模板的类型识别及错误状态存储。

SMW22~SMW26：用于提供扫描时间信息，以毫秒计的上次扫描时间、最短扫描时间及最长扫描时间。

SMB28 和 SMB29：分别对应模拟电位器 0 和 1 的当前值，数值范围为 0~255。

SMB30 和 SMB130：分别为自由口 0 和 1 的通信控制寄存器。

SMB34 和 SMB35：用于存储定时中断间隔时间。

SMB36~SMB65：用于监视和控制高速计数器 HSC0、HSC1 和 HSC2 的操作。

SMB66~SMB85：用于监视和控制脉冲输出（PTO）和脉冲宽度调制（PWM）功能。

SMB86~SMB94 和 SMB186~SMB194：用于控制和读出接收信息指令的状态。

SMB98 和 SMB99：用于表示有关扩展模板总线的错误。

SMB131~SMB165：用于监视和控制高速计数器 HSC3、HSC4、HSC5 的操作。

### 7. 定时器（T）

定时器（timer）是 PLC 程序设计中的重要元件，其作用相当于继电接触器控制系统中的时间继电器。在 S7-200 CPU22X 系列 PLC 中共有 256 个定时器，编号为 T0～T255。每个定时器有两种操作数：一种是字类型，用于存储定时器的当前值，为 16 位有符号整数；另一种是位类型，称为定时器位，用于反映定时器的延时状态，相当于时间继电器的延时触点。这两种数据类型的字符表达与定时器编号完全相同，在指令执行中具体访问哪种类型取决于指令的形式，字类型操作指令取定时器当前值，位类型操作指令取定时器位的值。

定时器有三种指令格式：通电延时定时器（TON）、断电延时定时器（TOF）和带保持的通电延时定时器（TONR）。TON 和 TOF 指令的动作特性与通电延时时间继电器和断电延时时间继电器相同。

**8. 计数器（C）**

计数器（counter）也是 PLC 应用中的重要编程元件，主要用于对输入端子或内部元件发送来的脉冲进行计数。在 S7-200 CPU22X 系列 PLC 中共有 256 个计数器，编号为 C0～C255。计数器的预设值由程序设定。

每个计数器有两种操作数：一种是字类型，用于存储计数器的当前值；另一种是位类型，称为计数器位，用于反映计数状态。这两种数据类型的字符表示与计数器编号相同，在指令执行中具体访问哪种类型的数据取决于指令的形式，字类型操作指令取计数器的当前值，位类型操作指令取计数器位的值。

计数器指令有加计数（CTU）、减计数（CTD）和加减计数（CTUD）三种形式。

一般计数器的计数频率受扫描周期的影响，频率不能太高。对于高频输入的计数应使用高速计数器。

**9. 高速计数器（HSC）**

对高频输入信号计数时，可使用高速计数器。高速计数器只有一种数据类型，它是一个有符号的 32 位的双字类型整数，用于存储高速计数器的当前值。

**10. 累加器（AC）**

累加器是 S7-200 系列 PLC 和 S7-200 SMART 系列 PLC 内部使用较为灵活的存储器，可用于向子程序传递参数，或从子程序返回参数，也可以用来存放数据、运算结果等。累加器可以支持字节类型、字类型和双字类型的指令，数据存取时的长度取决于指令形式。若为字节类型指令，只有低 8 位参与运算；若为字类型指令，只有低 16 位参与运算；若为双字类型指令，32 位数据全部参与运算。

**11. 状态寄存器（S）**

也称为状态元件或顺序控制继电器，是使用步进控制指令编程时的重要元件。在 S7-200 CPU22X 系列 PLC 中有 256 个状态寄存器（32B），常以"字节 . 位"的形式出现，与步进控制指令 LSCR、SCRT、SCRE 结合使用，实现顺序控制功能图的编程。

**12. 局部变量寄存器（L）**

局部变量寄存器与变量寄存器（V）很相似，主要区别在于变量寄存器是全局有效的，而局部变量寄存器是局部有效的。这里的全局指的是同一个寄存器可以被任何一个程序读取，如主程序、子程序、中断程序；而局部是指该寄存器只与特定的程序相关。S7-200 系列 PLC 和 S7-200 SMART 系列 PLC 给每个程序（主程序、各子程序和各中断程序）都分配有最多 64B 的局部变量寄存器。可以按位、字节、字和双字访问局部变量寄存器。

局部变量寄存器的分配过程是按各程序的需要自动完成的。如扫描周期开始时执行主程序，此时不给任何子程序和中断程序分配局部变量寄存器；只有在出现中断或调用子程序

141

时，才给它们分配局部变量寄存器。新的局部变量寄存器地址可能会覆盖另一个子程序或中断服务程序的局部变量寄存器。所以多级或嵌套调用子程序时需谨慎。

## 6.3 S7-200 SMART 系列 PLC 的基本逻辑指令

S7-200 SMART 系列和 S7-200 系列 PLC 的指令基本上相同。具体区别如下（与硬件的差异有关）：

1）通信指令 GIP ADDR 和 SIP ADDR 取代了 S7-200 的 NETR（网络读取）和NETW（网络写入）指令。

指令 GIP ADDR，MASK，GATE：将 CPU 的 IP 地址复制到 ADDR，将 CPU 的子网掩码复制到 MASK，并且将 CPU 的网关复制到 GATE。

指令 SIP ADDR，MASK，GATE：将 CPU 的 IP 地址设置为 ADDR 中找到的值，将 CPU 的子网掩码设置为 MASK 中找到的值，将 CPU 的网关设置为 GATE 中找到的值。

2）程序控制中的 GET_ERROR（获取非致命错误代码）替换了 S7-200 的 DIAG LED（诊断 LED）指令。

3）S7-200 SMART 系列 PLC 的软件自带下载库，而 S7-200 系列 PLC 的软件需要安装。

① MODBUS RTU 主站指令库。

② MODBUS RTU 从站指令库。

③ USS 协议指令库。

除了上述区别外，S7-200 SMART 系列 PLC 和 S7-200 系列 PLC 的指令系统一样，同样可分为基本指令和应用指令。其中大部分指令属于基本指令，主要包括基本逻辑指令、定时器与计数器指令、数学运算与逻辑运算指令、位移指令、顺序控制指令等；应用指令也称为特殊功能指令，是为满足用户不断提出的一些特殊控制要求而开发的指令。

基本逻辑指令包括位逻辑指令、输出指令、堆栈指令等，是 PLC 程序设计中最基本的组成部分，传统的继电接触器控制系统均可由基本逻辑指令实现。

### 6.3.1 位逻辑指令

位逻辑指令也称为触点指令，是 PLC 程序最常用的指令，可实现各种控制逻辑。

**1. 位逻辑指令形式与使用说明**

位逻辑指令及其使用说明见表 6-5，表中 LAD 为指令的梯形图形式，STL 为指令的语句表形式。

**2. 位逻辑指令与逻辑堆栈**

用于控制逻辑操作过程，称为逻辑堆栈。逻辑堆栈的栈顶用于存放当前逻辑运算的结果。

1）逻辑取指令（LD、LDN、LDI、LDNI）执行逻辑堆栈的压栈操作，并将指定位地址 bit 的当前值存入栈顶。

2）逻辑与指令（A、AN、AI、ANI）将指定位地址 bit 的当前值与逻辑堆栈栈顶的值相与，结果存入逻辑堆栈栈顶，逻辑堆栈的其他值保持不变。

3）逻辑或指令（O、ON、OI、ONI）将指定位地址 bit 的当前值与逻辑堆栈栈顶的值相或，结果存入逻辑堆栈栈顶，逻辑堆栈的其他值保持不变。

表 6-5　位逻辑指令及其使用说明

| LAD | STL | 指令说明 |
|---|---|---|
| bit —| |— | LD　bit<br>A　bit<br>O　bit | （1）标准触点逻辑指令<br>1）逻辑取指令：LD，LDN<br>2）逻辑与指令：A，AN<br>3）逻辑或指令：O，ON |
| bit —|/|— | LDN　bit<br>AN　bit<br>ON　bit | （2）立即触点逻辑指令<br>1）逻辑取指令：LDI，LDNI<br>2）逻辑与指令：AI，ANI<br>3）逻辑或指令：O，ON |
| bit —| I |— | LDI　bit<br>AI　bit<br>OI　bit | 立即触点指令执行时，并不使用 PLC 在集中输入阶段的采样值，而是直接对物理输入点进行采样，但并不更新该输入点所对应的映像地址寄存器的值。立即触点指令的操作数只允许使用 I 存储区的地址。 |
| bit —|/I|— | LDNI　bit<br>ANI　bit<br>ONI　bit | （3）取反指令：NOT<br>改变当前能流的状态，即将逻辑堆栈栈顶的值由 1 变为 0 或由 0 变为 1 |
| —| NOT |— | NOT | （4）边沿微分指令<br>1）上升沿微分：EU。若该指令前的梯级逻辑发生正跳变（由 0 到 1），则能流接通一个扫描周期 |
| —| P |— | EU | 2）下降沿微分：ED。若该指令前的梯级逻辑发生负跳变（由 1 到 0），则能流接通一个扫描周期 |
| —| N |— | ED | |

4）取反指令（NOT）是将逻辑堆栈栈顶的值取反。

5）上升沿微分指令（EU）检测到正跳变时，逻辑堆栈栈顶值置 1，否则为 0；下降沿微分指令（ED）检测到负跳变时，逻辑堆栈栈顶值置 1，否则为 0。

位逻辑运算指令执行时对逻辑堆栈的影响如图 6-6 所示。

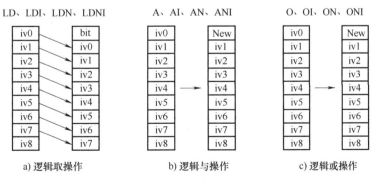

图 6-6　位逻辑运算指令对逻辑堆栈的影响

图 6-6 中，iv0~iv8 表示逻辑堆栈的原值；逻辑取操作中的 bit 为指令操作数的值；逻辑与和逻辑或指令中的 "New" 表示指令操作数与原逻辑堆栈栈顶值经逻辑运算后的结果。

**143**

### 6.3.2 输出指令和逻辑块操作指令

#### 1. 输出指令

输出指令也称为线圈指令，可作为逻辑梯级的结束指令。输出指令及其使用说明见表 6-6。

**表 6-6 输出指令及其使用说明**

| LAD | STL | 指令说明 |
|---|---|---|
| bit<br>——( ) | = bit | |
| bit<br>( I ) | =I bit | 1) 输出指令（=）：将逻辑堆栈栈顶的值写入指令位地址所对应的存储单元<br>2) 立即输出指令（=I）：除将栈顶值写入位地址所对应的存储单元外，还将该值直接输出至位地址对应的物理输出点上。立即输出指令的操作数只允许使用 Q 存储区的地址 |
| bit<br>( S )<br>N | S bit, N | 3) 置位指令（S）：当该指令前的梯级逻辑为真时，即当前逻辑堆栈栈顶值为 1 时，将从指定位地址 bit 开始的连续 N 个位置位。N 的取值范围为 1~255 |
| bit<br>——( R )<br>N | R bit, N | 4) 复位指令（R）：当该指令前的梯级逻辑为真时，将从指定位地址 bit 开始的连续 N 个位复位。N 的取值范围为 1~255 |
| bit<br>( SI )<br>N | SI bit, N | 5) 立即置位、复位指令（SI、RI）：将从指定位地址 bit 开始的连续 N 个位立即置位或复位。N 的取值范围为 1~128。指令执行时会同时将新值写入相应存储区和物理输出点。立即置位、复位指令的操作数只允许使用 Q 存储区的地址 |
| bit<br>——( RI )<br>N | RI bit, N | |

**例 6-1** 简单的逻辑控制举例如图 6-7 所示，输出点 Q0.0 为输入 I0.0 常开触点、I0.1 常开触点和 I0.2 常闭触点相与的结果；Q0.1 为输入 I0.4 常开触点、I0.5 常开触点和 I0.6 常闭触点相或的结果。

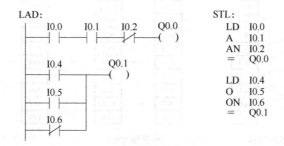

**图 6-7 简单的逻辑控制举例**

STEP7-Micro/WIN 软件编程时是以 Network 为单位的，即一个网络中只能容纳一个梯级。图 6-7 有 2 个梯级，应分别画在两个不同的 Network 中。为求简单，本书中的梯形图程序及语句表程序均未标明 "Network", 所以读者在实际编程时应格外注意。

**2. 逻辑块操作指令**

多个触点的逻辑组合称为逻辑块, 最小的逻辑块为单个触点。逻辑块的操作指令包括逻辑块的与指令 ALD (and load) 和逻辑块的或指令 OLD (or load)。逻辑块操作指令执行时逻辑堆栈的操作如下:

1) ALD 指令将逻辑堆栈中第一层 (栈顶) 和第二层的值进行逻辑与操作, 结果存放于栈顶, 如图 6-8a 中的 "New", 同时将逻辑堆栈其他层的值向上弹出一位 (堆栈的深度减 1)。逻辑堆栈栈底的值 "x" 为随机数 (0 或 1)。

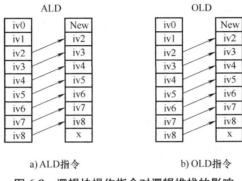

a) ALD指令　　　　　　b) OLD指令

**图 6-8　逻辑块操作指令对逻辑堆栈的影响**

2) OLD 指令将逻辑堆栈中第一层和第二层的值进行逻辑或操作, 结果存放于栈顶, 如图 6-8b 中的 "New", 同时将其他层的值向上弹出一位。

**例 6-2** 逻辑块操作举例如图 6-9 所示。输出 Q0.0 实际上为左右两个逻辑块相与的结果, 其中左边是由两个逻辑块相或, 这两个逻辑块分别为输入点 I0.0 常开触点和 I0.1 常闭触点与的结果, 以及 I0.2 常开触点和 I0.3 常开触点与的结果; 右边逻辑块为 I0.4 常开触点和 I0.5 常开触点与的结果再与 I0.6 的常闭触点相或。

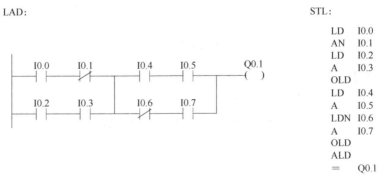

**图 6-9　逻辑块操作举例**

### 6.3.3　堆栈指令和 RS 触发器指令

**1. 堆栈指令与堆栈操作**

S7-200 SMART 系列 PLC 和 S7-200 系列 PLC 的堆栈指令描述相同, 具体描述如下:

1) LPS 指令。复制栈顶的值, 并将该值压入栈, 栈底移出的值丢弃。

2）LRD 指令。将堆栈第二层的值复制至栈顶。该指令无压入栈或弹出栈的操作。

3）LPP 指令。执行弹出栈操作，此时堆栈第二层的值成为新的栈顶值。

4）LDS 指令。执行压入栈操作的同时将原逻辑堆栈第 N 层的值复制至栈顶。N 的取值范围为 0~8。

逻辑堆栈的具体操作过程如图 6-10 所示。

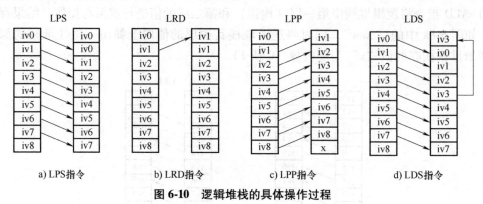

图 6-10　逻辑堆栈的具体操作过程

**例 6-3**　堆栈指令举例如图 6-11 所示。

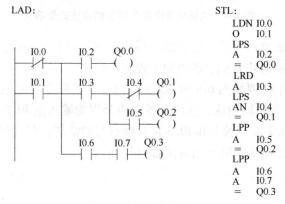

图 6-11　堆栈指令举例

## 2. RS 触发器指令

RS 触发器指令及其使用说明见表 6-7。

表 6-7　RS 触发器指令及其使用说明

| LAD | 指令说明 |
| --- | --- |
| bit<br>S1　OUT<br>SR<br>R | 1）置位优先触发器（SR）：当置位端（S1）和复位端（R）均为 1 时，输出位 bit 为 1 |
| | 2）复位优先触发器（RS）：当置位端（S）和复位端（R1）均为 1 时，输出位 bit 为 0 |
| bit<br>S　OUT<br>RS<br>R1 | 3）对 SR 或 RS 触发器，当置位端为 1、复位端为 0 时，输出位 bit 为 1；当置位端为 0、复位端为 1 时，输出位为 0；当置位端、复位端均为 0 时，输出位保持原状态不变 |

在程序设计中，RS 触发器也可由置位、复位指令实现，如图 6-12 所示。

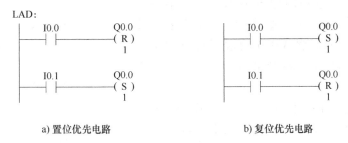

a) 置位优先电路　　　　　　　b) 复位优先电路

**图 6-12　由置位、复位指令组成触发器电路**

上述程序也可与电气控制线路设计中的电动机基本起、保、停电路相对应。置位优先相应于开启优先型电路，而复位优先相应于关断优先型电路。

## 6.3.4　基本逻辑指令程序举例

基本逻辑指令在 PLC 程序中使用的频率最高，除实现一般的逻辑运算功能外，还可实现较为复杂的控制。

**1. 边沿微分指令举例**

**例 6-4**　边沿微分指令举例如图 6-13 所示。检测到输入 I0.0 有上升沿跳变时，M0.0 为 1，即一个扫描周期；I0.1 有下降沿跳变时，M0.1 为 1，即一个扫描周期。

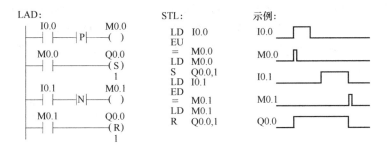

**图 6-13　边沿微分指令举例**

边沿微分指令常用于检测信号状态的变化，并可将一个长信号转变为短信号，短信号的宽度为一个扫描周期。

**2. 置位、复位指令实现顺序控制举例**

**例 6-5**　用置位、复位指令实现 3 节拍的顺序控制举例如图 6-14 所示。

顺序控制是工业现场控制过程中非常普遍的一种控制方法。在电气控制线路设计中已经介绍了顺序控制的基本思想，以下是用置位、复位指令实现顺序控制的 PLC 程序设计方法。

先将控制过程划分为若干个工序或节拍，指出各节拍间的转换条件（或每个节拍的结束信号）；然后用 PLC 的内部位地址表示各个节拍，如辅助继电器 M 或变量寄存器 V，一个位地址表示一个节拍；最后依次使用置位、复位指令实现顺序控制过程。图 6-14 是对 3 个节拍顺序控制过程的描述。

图 6-14 中，I0.0 为系统起动条件，M0.1～M0.3 分别表示 3 个节拍，V0.1～V0.3 分

别对应 3 个节拍的结束信号（节拍间的转换信号）。M0.0 可理解为控制过程的运行标志，它从第一个节拍开始直至控制过程结束始终为 1，用于表示控制过程正在进行。同时将 M0.0 的常闭触点与系统起动信号串接，可防止系统正常运行时的二次起动。

值得注意的是，上述电路仅实现了顺序控制各节拍间的转换，完整的控制电路还应加上实际的输出电路。

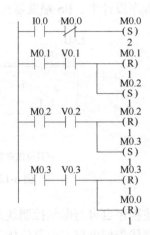

**图 6-14  用置位、复位指令实现 3 节拍的顺序控制**

### 3. 二分频电路举例

**例 6-6**  二分频电路举例如图 6-15 所示。在许多控制场合，需要对控制信号进行分频，其中二分频电路使用较多。图 6-15 所示为实现二分频的常用方法。

在图 6-15a 中，当检测到 I0.0 为 1 时的第一个扫描周期，辅助继电器 M0.0 状态为 1，M0.1 的状态也为 1，M0.2 状态为 0，所以该扫描周期结束后，输出点 Q0.0 为 1。进入下一个扫描周期时，由于 M0.1 为 1，所以 M0.0 为 0，也就是说，M0.0 为 1 的状态仅能维持一个扫描周期，M0.2 为 0，所以 Q0.0 的状态得以保持。当 I0.0 恢复为 0 时，M0.1 为 0，其他位的状态不变。当 I0.0 再次为 1 时的第一个扫描周期，M0.0、M0.1 状态为 1，此时因为 Q0.0 为 1，所以 M0.2 为 1，当该扫描周期执行结束后，Q0.0 为 0。随后进入下一个扫描周期，由于为 M0.1 为 1，所以 M0.0 为 0，之后 M0.2 也为 0，Q0.0 状态保持。当 I0.0 为 0 时 M0.1 为 0，程序恢复至初始状态。当第三次检测到 I0.0 为 1 时，Q0.0 为 1，第四次 I0.0 为 1 时，Q0.0 为 0，…。

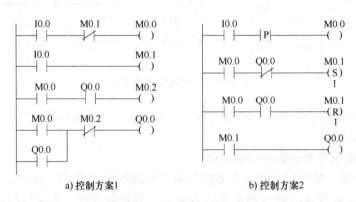

a) 控制方案1          b) 控制方案2

**图 6-15  二分频电路举例**

图 6-15b 中使用了边沿微分指令及置位、复位指令，并使用了顺序控制的思想。设初始状态时为节拍 0，当 I0.0 奇数次为 1 时为节拍 1，用辅助继电器 M0.1 表示。当检测到 I0.0 为 1 时，M0.0 仅为 1，即一个扫描周期，所以 M0.1 的状态完全由 Q0.0 的当前状态决定，即 Q0.0 状态为 0 且检测到 I0.0 为 1 时，其状态被置为 1，系统进入节拍 1；而 Q0.0 状态为 1 且检测到 I0.0 为 1 时，其状态被复位为 0，系统恢复至初始状态。

## 6.4　S7-200 SMART 系列 PLC 的定时器指令与计数器指令

### 6.4.1　定时器指令

定时器指令是 PLC 的重要编程器件，用于模拟在电气控制线路设计中使用的时间继电器。

**1. 定时器指令形式**

S7-200 SMART 系列 PLC 与 S7-200 系列 PLC 一样，按工作方式也有三种定时器指令，见表 6-8。

表 6-8　S7-200 SMART 系列 PLC 的定时器指令

| 名称 | LAD | STL |
|---|---|---|
| 通电延时定时器（TON） | Tn<br>─┤ IN　TON<br>─┤ PT　???ms | TON　Tn, PT |
| 断电延时定时器（TOF） | Tn<br>─┤ IN　TOF<br>─┤ PT　???ms | TOF　Tn, PT |
| 带保持的通电延时定时器（TONR） | Tn<br>─┤ IN　TONR<br>─┤ PT　???ms | TONR　Tn, PT |

定时器指令的参数包括定时器编号（Tn）、预设值（PT，字类型）和指令使能输入端（IN）。定时器编号 n 的取值范围为 0~255；预设值 PT 最大值为 32767。

**2. 定时器指令的时间基**

在 S7-200 系列 PLC 和 S7-200 SMART 系列 PLC 中，定时器指令有三种时间基：1ms，10ms，100ms。定时器的延时时间由指令的预设值和时间基确定，即：延时时间＝指令预设值×时间基。

定时器指令类型、时间基及编号对照表见表 6-9。

表 6-9　定时器指令类型、时间基及编号对照表

| 指令类型 | 时间基/ms | 最大定时范围/s | 定时器编号 |
|---|---|---|---|
| TONR | 1 | 32.767 | T0，T64 |
|  | 10 | 327.67 | T1~T4，T65~T68 |
|  | 100 | 3276.7 | T5~T31，T69~T95 |
| TON、TOF | 1 | 32.767 | T32，T96 |
|  | 10 | 327.67 | T33~T36，T97~T100 |
|  | 100 | 3276.7 | T37~T63，T101~T255 |

### 3. 可使用的操作数数据类型

1）位类型。称为定时器位，相当于时间继电器的延时触点。

2）字类型。定时器的当前值，是对定时器时间基的累计值，即时间基的倍数。

### 4. 定时器指令使用说明

（1）通电延时定时器（TON）

初始时定时器当前值为 0，定时器位状态为 0。当指令的梯级逻辑为真时（指令使能输入端 IN 为 1），定时器开始计时，当定时器当前值大于等于预设值时，定时器位被置位，相应的常开触点闭合、常闭触点断开。达到预设值后，若梯级逻辑一直为真，则定时器计时过程继续，当前值也一直继续累加，直至最大值 32767。当梯级逻辑为假时定时器自动复位，此时定时器位被复位，当前值清零。用户也可使用复位指令 R 来复位 TON 定时器。

**例 6-7** TON 指令应用举例，如图 6-16 所示。

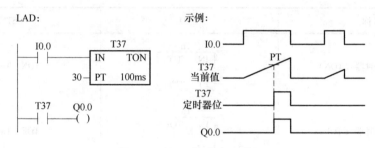

**图 6-16 TON 指令应用举例**

（2）断电延时定时器（TOF）

初始时定时器当前值为 0，定时器位状态为 0。当指令的梯级逻辑为真时，定时器位被置位，其常开触点闭合、常闭触点断开，同时定时器当前值清零。当指令的梯级逻辑由真变假时，定时器开始计时，其当前值由 0 开始增加。当定时器当前值等于预设值时，定时器位被复位，当前值保持不变直至梯级逻辑再次为真。可使用复位指令 R 来复位 TOF 定时器。

**例 6-8** TOF 指令应用举例，如图 6-17 所示。

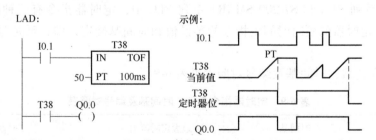

**图 6-17 TOF 指令应用举例**

（3）带保持的通电延时定时器（TONR）

初始时定时器当前值为 0，定时器位状态为 0（带掉电保护的除外）。当指令的梯级逻辑为真时，定时器开始计时，当前值开始累加；当梯级逻辑为假时，当前值保持不变。当定时器当前值大于等于预设值时，定时器位被置位。定时器当前值最大值为 32767。TONR 只能用复位指令 R 来复位，定时器复位后当前值清零，定时器位被复位。

**例 6-9**　TONR 指令应用举例，如图 6-18 所示。

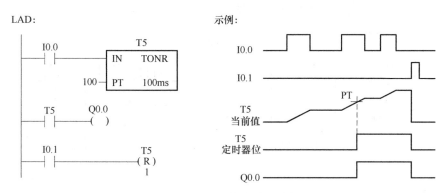

图 6-18　TONR 指令应用举例

## 6.4.2　计数器指令

计数器指令是 PLC 另一重要的编程元件，用于累计外部输入脉冲或由软件生成的脉冲个数。计数器指令的计数频率受 PLC 扫描周期的影响，所以脉冲频率不能太高。脉冲的计数个数可由程序设定。

**1. 指令形式**

S7-200 系列 PLC 和 S7-200 SMART 系列 PLC 按工作方式有三种计数器指令，见表 6-10。

表 6-10　S7-200 系列 PLC 和 S7-200 SMART 系列 PLC 的计数器指令

| 指令名称 | 加计数（CTU） | 减计数（CTD） | 加减计数（CTUD） |
|---|---|---|---|
| LAD | Cn<br>CU CTU<br>R<br>PV | Cn<br>CD CTD<br>LD<br>PV | Cn<br>CD CTUD<br>CD<br>R<br>PV |
| STL | CTU Cn, PV | CTD Cn, PV | CTUD Cn, PV |

计数器指令的参数包括计数器编号（Cn）、预设值（PV，字类型）、计数脉冲输入端（CU 或 CD）、复位端（R 或 LD）。计数器编号 n 的取值范围为 0~255。在同一应用程序中，不同类型的计数器指令不能共用同一计数器编号，计数器的类型可由程序设定。

计数器设定值 PV 的数据类型为整数 INT 型。

**2. 可操作的数据类型**

1）位类型。称为计数器位，可认为是计数完成位。

2）字类型。计数器的当前值，是对计数脉冲个数的累加值。

**3. 计数器指令使用说明**

（1）加计数指令（CTU）

对 CU 端计数脉冲的上升沿进行加计数。当计数器的当前值大于等于预设值时，计数器位被置位，当复位端 R 为 1 或执行复位指令时，计数器复位，计数当前值清零，计数器位被复位。计算器最大计数值为 32767。

**例 6-10** CTU 指令应用举例如图 6-19 所示。

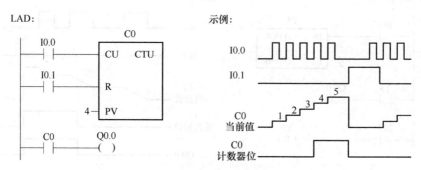

图 6-19  CTU 指令应用举例

（2）减计数指令（CTD）

对 CD 端计数脉冲上升沿进行减计数。复位端无效时，若检测到计数脉冲上升沿，则计数器从预设值开始进行减计数，直至减为 0；若当前值为 0 时，计数器位被置位；当装载输入端 LD 为 1 时，计数器位被复位，并将计数器当前值设为预设值 PV。

**例 6-11** CTD 指令应用举例如图 6-20 所示。

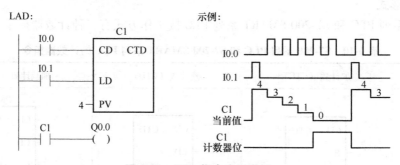

图 6-20  CTD 指令应用举例

（3）对加、减计数端（CU、CD）的输入脉冲上升沿计数指令（CTUD）。当计数器当前值大于等于预设值时，计数器位置位，否则计数器被复位；当复位端 R 为 1 或执行复位指令时，计数器位被复位，当前值清零。

CTUD 的计数范围为 -32768 ~ 32767。当计数器当前值达到 32767 时，若再来一个加计数脉冲，当前值变为 -32768。同样，当前值为 -32768 时，若再来一个减计数脉冲，则当前值变为 32767。所以使用时应格外小心。

## 思考题与习题

6-1  简述 S7-200 系列 PLC 和 S7-200 SMART 系列 PLC 的基本构成。

6-2  S7-200 SMART 系列 PLC 在系统扩展时应注意哪些问题？

6-3  简述 S7-200 SMART 系列 PLC 扩展模块的具体分类。

6-4  S7-200 SMART 系列 PLC 有哪些数据类型？

6-5　S7-200 SMART 系列 PLC 内部软元件包括哪些类型？各自的编址范围是什么？适用于哪些场合？

6-6　简述 S7-200 SMART 系列 PLC 的逻辑堆栈在指令执行过程中的作用。

6-7　用 S7-200 SMART 系列 PLC 的梯形图程序实现一台电动机的定子串电阻减压起动过程。使用的低压电器及 PLC 的 I/O 地址自行设计，减压起动过程设定为 3s。

6-8　用一个开关控制一盏灯。要求：开关闭合 3s 后灯亮，开关断开 5s 后灯灭。

6-9　用一个按钮控制一盏灯。要求：按钮按下后灯亮，5s 后灯自动熄灭。

6-10　用 S7-200 SMART 系列 PLC 的梯形图程序设计一个三分频控制电路。

6-11　S7-200 SMART 系列 PLC 定时器指令的时间基不同时，指令的刷新过程有何不同？

6-12　简述 S7-200 SMART 系列 PLC 定时器指令 TON、TOF 和 TONR 的工作特性。

6-13　S7-200 SMART 系列 PLC 计数器指令在使用时对输入脉冲序列的频率有什么要求？

6-14　设计一台 S7-200 SMART 系列 PLC 抢答器，系统有 5 个抢答按钮，对应 5 个指示灯，出题人提出问题后，答题人按动抢答按钮进行抢答，只有最先按下的按钮对应的指示灯亮。出题人按下复位按钮后，可进行下一题的抢答。试设计梯形图程序，I/O 地址自行分配。

# 第 7 章

# 西门子S7-200 SMART系列PLC的步进顺序控制和数据控制功能

西门子 S7-200 SMART 系列 PLC 与 S7-200 系列 PLC 一样，对于复杂的控制电路或大型的自动控制系统，具有强大的步进顺序控制和数据控制功能。本章将以 SIMATIC S7-200 SMART 系列 PLC 为例，主要介绍 S7-200 SMART 系列 PLC 的步进控制指令及顺序控制功能、比较指令和一般功能指令。

## 7.1 S7-200 SMART 系列 PLC 的步进控制指令及顺序控制

S7-200 SMART 系列 PLC 可使用步进控制指令来实现顺序控制。前面已经讲到，许多生产过程可以分成若干个工序（或节拍），每个工序又可称为一个步进控制段，由步进控制指令（sequence control relay，SCR）来描述，所以也可称为顺序控制段，简称顺控段。

### 7.1.1 步进控制指令

S7-200 SMART 系列 PLC 与 S7-200 系列 PLC 相同，规定只能用状态寄存器（S）来表示顺序控制段，每个段由一个状态寄存器位来表示。步进控制指令包括段的开始、段的结束和段的转移指令，指令形式及其使用说明见表 7-1。

表 7-1　步进控制指令及其使用说明

| LAD | STL | 指令说明 |
|---|---|---|
| Sn.x<br>SCR | LSCR　Sn. x | 1）LSCR：表示顺序控制段的开始，其操作数 Sn. x 为状态寄存器中的一个位，称为 SCR 段标志位。当 Sn. x 为 1 时，允许该 SCR 段工作 |
| Sm.y<br>——( SCRT ) | SCRT　Sm. y | 2）SCRT：顺序控制段转移指令，该指令的梯级逻辑为 1 时，程序转移至由其操作数 Sm. y 表示的 SCR 段，同时自动停止当前 SCR 段的工作 |
| ——( SCRE ) | CSCRE | 3）CSCRE：顺序控制段条件结束指令 |
| ——( SCRE ) | SCRE | 4）SCRE：顺序控制段无条件结束指令<br>5）每个顺序控制段必须有 LSCR 和 SCRE 指令 |

使用 LSCR 指令时，不能在不同的程序中使用相同的 S 状态位。如主程序中使用了

LSCR S0.1，则该指令不能在其他子程序或中断程序中使用，且在整个程序中也只能出现一次。在每个 SCR 段内可以使用跳转和标号指令，但不允许在 SCR 程序段之间进行跳转。在 SCR 段内也不能使用 END 指令。

SCR 段之间的转移是靠 SCRT 指令实现的。设 SCRT 指令所属的 SCR 段标志位为 $Sn.x$，指令的操作数为 $Sm.y$，则 SCRT 指令执行时将置位 $Sm.y$，同时复位 $Sn.x$。

## 7.1.2 功能图与顺序控制程序设计

复杂的控制过程直接用步进控制指令编程往往会出现许多问题，正确的方法是先用功能图将控制过程描述出来，弄清各顺控段的任务以及它们之间的关系，然后再使用步进控制指令将其转化为梯形图程序或语句表程序，最后进行补充与完善。

功能图的设计方法如下：先将控制过程划分为若干个独立的顺控段（节拍），确定每个顺控段的起动条件或转换条件（相当于节拍间的转程信号）；然后将每个顺控段用方框表示，根据工作顺序或动作次序用箭头将各方框连接起来；再为每个顺控段分配状态寄存器位；最后在相邻的方框之间用短横线来表示转换条件，每个顺控段所要执行的控制程序在方框的右侧画出。

下面通过典型的控制流程讲述功能图的绘制以及相应顺序控制程序的设计。

### 1. 单支流程

单支流程是顺序控制程序的最简形式，整个流程的方向是单一的，无分支、选择、跳转和循环等，程序示例如图 7-1 所示。

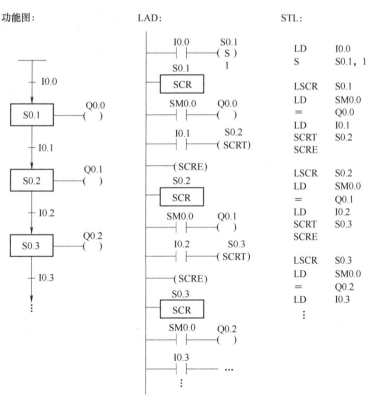

**图 7-1 单支流程的步进控制**

## 2. 选择性分支与合流

选择性分支与合流程序举例如图 7-2 所示。选择性分支结构的步进控制难点在于分支点的程序设计。在选择性分支中，任何时刻只允许一条分支工作，进入不同的分支需要不同的条件，且条件不能同时为 1。如图中 S0.1 表示的顺控段中，当 I0.1 为 1 时转移至 S0.2 表示的顺控段，即进入左边分支；当 I0.4 为 1 时转移至 S0.4 表示的顺控段，即进入右边分支。由于选择性分支结构中仅有一条分支工作，所以只要任意一条分支结束，即可实现合流。

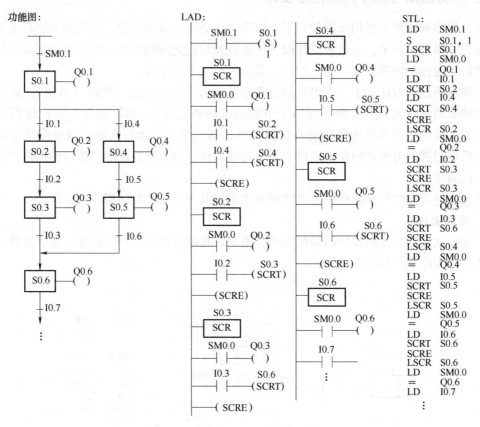

图 7-2 选择性分支结构的步进控制

## 3. 并行性分支与合流

并行性分支与合流程序举例如图 7-3 所示。在功能图中用双水平线表示并行分支结构，其控制难点在于分支点与合流点的程序设计。在并行性分支中，如果转换条件满足，则同时进入所有的分支。如图中 S0.1 表示的顺控段中，当 I0.1 为 "1" 时同时转移至 S0.2 和 S0.4 表示的顺控段，即左、右两条分支同时工作。

并行性分支结构的合流点设计比较复杂，要求所有的分支都结束后才能实现合流，图 7-3 中用 M2.0 表示所有分支结束的条件，实际中应为各条并行分支结束条件的与。左边分支的最后一个顺控段（S0.3）中无转移指令，但在右边分支的最后一个顺控段（S0.5）中用置位、复位指令实现了程序的转移，在置位 S0.6 的同时将所有并行分支最后一个顺控段复位，如 S0.3 和 S0.5，从而实现了并行性分支的合流。

## 4. 跳转与循环

跳转与循环结构程序举例如图 7-4 所示。图中在由 S0.2 表示的顺控段中，若 I0.2 和

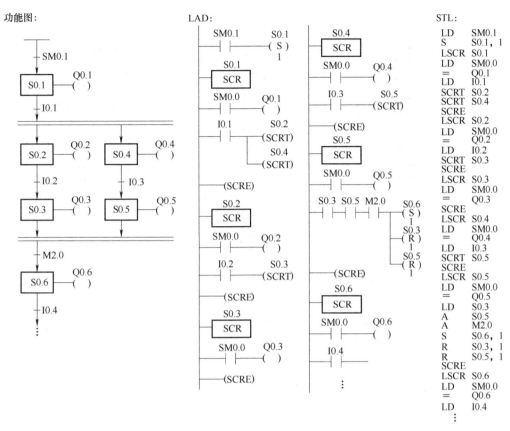

**图 7-3　并行性分支结构的步进控制**

I0.3 为 1，则转移至 S0.1 表示的顺控段，从而组成循环结构；在由 S0.6 表示的顺控段中，当 I1.0 为 1 时，若 I1.1 为 1 则转移至 S0.1 表示的顺控段，若 I1.1 为 0 则转移至 S0.0 表示的顺控段，从而组成两个不同的循环结构；在由 S0.3 表示的顺控段中，当 I0.4 和 I0.5 为 1 时，跳过 S0.4 和 S0.5 表示的顺控段，直接转移至 S0.6 表示的顺控段，从而实现跳转。

跳转与循环结构是选择性分支结构的两个特例，梯形图程序设计与选择性分支相同。

## 7.1.3　步进控制指令应用举例

**例 7-1**　某工地运料小车的控制。图 7-5 为建筑工地运料小车工作过程示意图。初始状态下小车位于左端，压触后限位开关。工作时按下起动按钮，小车向右运动（前进），压触前限位开关后小车停止，同时漏斗下方的翻门打开，为小车装料，8s 后翻门关闭，结束装料过程，同时小车后退，压触后限位开关后停止，并打开小车的底门，6s 后关闭底门，结束一次工作过程。要求用 PLC 步进控制指令编写控制程序。

小车的工作方式如下：

1）手动控制。可实现对小车前进、后退及翻门和底门的手动控制。

2）单次自动控制。初始状态下，每按下一次起动按钮，自动完成一次上述的运料过程。

3）自动循环控制。按下起动按钮后周而复始地执行上述运料过程。

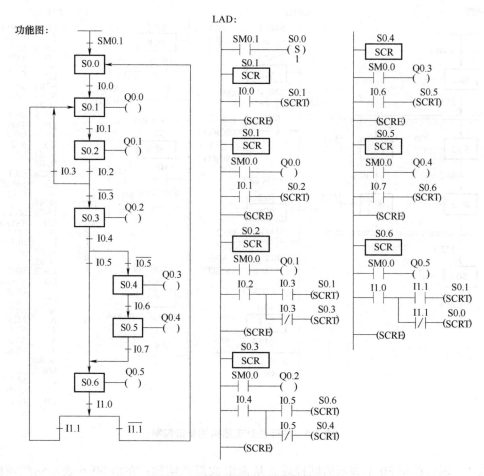

图 7-4　跳转与循环结构的步进控制

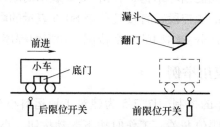

图 7-5　运料小车工作过程示意图

小车运料系统 I/O 分配见表 7-2。

可以采用如图 7-6 所示的主程序结构，该结构采用跳转与标号指令，当处于手动控制方式时，I0.3 为 1，I0.4 和 I0.5 为 0，CPU 在每个扫描周期执行完手动控制程序后直接跳转至程序结尾。当处于自动控制方式时，I0.3 为 0，I0.4 或 I0.5 为 1，CPU 在每个扫描周期将跳过手动控制程序而仅执行自动控制程序。

也可采用子程序的方式设计程序，如图 7-7 所示，其中 SBR_0 为手动控制程序，SBR_1 为自动控制程序。

表 7-2　小车运料系统 I/O 分配表

| 名称 | 类型 | 地址 | 名称 | 类型 | 地址 |
|---|---|---|---|---|---|
| 起动按钮 | 输入 | I0.0 | 手动控制方式 | 输入 | I0.3 |
| 前限位开关 | 输入 | I0.1 | 单次自动方式 | 输入 | I0.4 |
| 后限位开关 | 输入 | I0.2 | 自动循环方式 | 输入 | I0.5 |
| 小车前进手动按钮 | 输入 | I0.6 | 小车前进 | 输出 | Q0.0 |
| 小车后退手动按钮 | 输入 | I0.7 | 小车后退 | 输出 | Q0.1 |
| 翻门打开手动按钮 | 输入 | I1.0 | 打开翻门 | 输出 | Q0.2 |
| 底门打开手动按钮 | 输入 | I1.1 | 打开底门 | 输出 | Q0.3 |

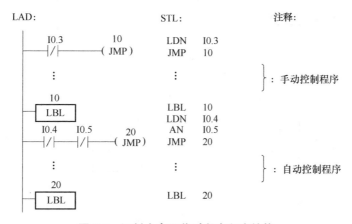

图 7-6　运料小车工作过程主程序结构

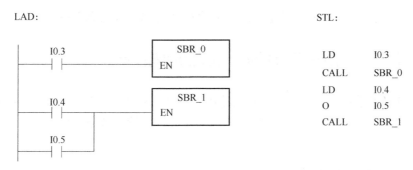

图 7-7　采用子程序的主程序结构

现以自动运行方式为例，采用步进控制指令设计的控制程序如图 7-8 所示。

根据题意可以将小车的工作过程分为 4 个节拍，即 4 个顺控段：小车前进、装料、小车后退、卸料，分别由 S0.1、S0.2、S0.3 和 S0.4 表示。设初始状态由 S0.0 表示，小车自动运行时必须由初始状态开始。S0.0 应在系统从手动方式向自动方式切换时置位。

注意：控制程序中还应考虑手动控制和自动控制方式的相互切换。如自动方式下小车未完成一次循环就将工作方式改为手动控制，或手动方式下小车未回到初始位置就将系统工作方式改为自动运行等。最简单的处理方法是小车只有处于初始位置时才能进行工作方式的切

159

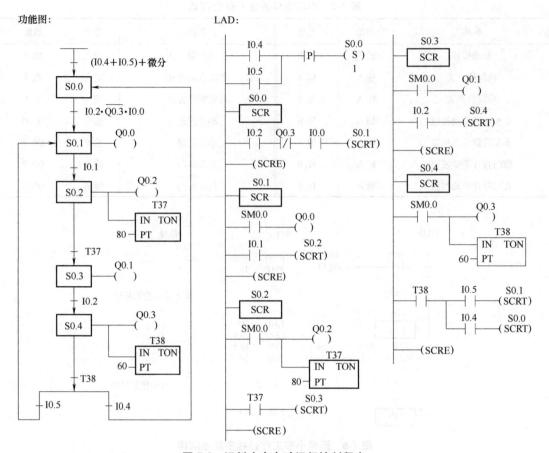

**图7-8 运料小车自动运行控制程序**

换。当然现场调试时可能还会有其他要求，程序设计时都应该认真考虑。

# 7.2 S7-200 SMART 系列 PLC 的比较指令

S7-200 SMART 系列 PLC 与 S7-200 系列 PLC 的比较指令相同，也是以触点的形式出现的，它是将两个类型相同的操作数按照指定的条件进行比较，若条件成立则触点闭合，否则触点断开。

## 7.2.1 比较指令的指令形式

比较指令的梯形图形式及相应的语句表形式见表7-3。

**表7-3 比较指令的指令形式**

| 逻辑操作 | LAD | STL |
|---|---|---|
| 逻辑取 | IN1<br>⊣×× □⊢<br>IN2 | LD□×× IN1, IN2 |

（续）

| 逻辑操作 | LAD | STL |
|---|---|---|
| 逻辑与 | bit　　IN1<br>—┤├—┤××□├—<br>IN2 | A□×× 　IN1, IN2 |
| 逻辑或 | bit<br>—┤├—<br>IN1<br>└┤××□├┘<br>IN2 | O□×× 　IN1, IN2 |

比较指令中的符号 "××" 表示两操作数 IN1 和 IN2 进行比较的条件。允许的比较条件见表 7-4。

表 7-4　允许的比较条件

| 符号×× | 比较条件描述 | 符号×× | 比较条件描述 |
|---|---|---|---|
| = = | 等于 | < = | 小于等于 |
| < > | 不等于 | > | 大于 |
| > = | 大于等于 | < | 小于 |

比较指令中的符号 "□" 表示两操作数的数据类型，可用的数据类型见表 7-5。

表 7-5　比较指令的数据类型

| 符号□ | 数据类型描述 | 符号□ | 数据类型描述 |
|---|---|---|---|
| B | 字节 | D | 双字 |
| I | 字 | R | 实数 |

161

## 7.2.2　比较指令程序设计举例

例 7-2　用比较指令设计脉冲输出电路，如图 7-9 所示。

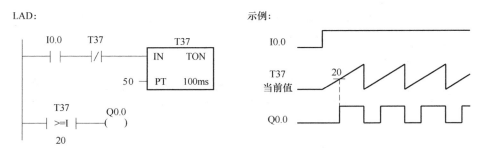

图 7-9　用比较指令实现脉冲输出电路

图 7-9 中，当 I0.0 为 1 时，定时器 T37 及其常闭触点组成自振荡电路，周期为 5s。当 T37 当前值大于等于 20 时，则 Q0.0 输出为 1，否则为 0。改变定时器预设值及比较指令参数值，即可得到不同周期、不同占空比的脉冲输出。

**例 7-3** 用比较指令完成用按钮往复控制一盏灯的要求，如图 7-10 所示。

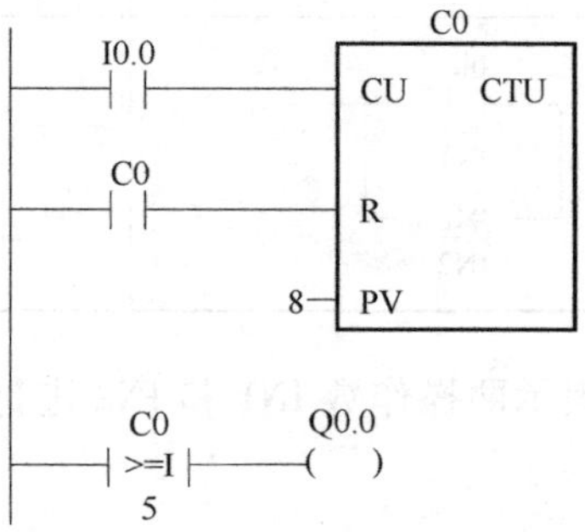

**图 7-10　用比较指令实现往复控制一盏灯要求的梯形图程序**

图 7-10 中仅用了一个计数器 C0，其预设值为 8，复位端接 C0 的计数器位，可使 C0 的当前值到达预设值时自动复位。当第五次按下按钮时，C0 的当前值为 5 时，满足比较条件，Q0.0 为 1；当第八次按下按钮时，计数器复位，C0 当前值清零，比较条件不满足，Q0.0 为 0。

# 7.3　S7-200 SMART 系列 PLC 的一般功能指令

S7-200 SMART 系列 PLC 与 S7-200 系列 PLC 一样，常用的功能指令主要包括数据处理指令、数据运算类指令、逻辑运算类指令和移位指令等。

## 7.3.1　数据处理指令

数据处理指令包括数据传送类指令、数据转换类指令、编码与解码指令等。

**1. 数据传送类指令**

传送类指令用于在 PLC 各内部元件（地址）之间进行数据传送。根据每次传送数据数量的多少可分为单数据传送指令和数据块传送指令。

（1）单数据传送指令

单数据传送指令使用较多，按操作数的类型可分为字节传送、字传送、双字传送和实数传送等。单数据传送指令的形式及其使用说明见表 7-6。

（2）数据块传送指令

数据块传送指令可以一次传送多个数据，按组成数据块的数据类型可分为字节类型数据块、字类型数据块和双字类型数据块。数据块传送指令的形式及其使用说明见表 7-7。

（3）字节交换指令

字节交换指令 SWAP 用于将字类型数据的高位与低位字节互换，所以也称为半字交换指令。字节交换指令的形式及其使用说明见表 7-8。

表 7-6　单数据传送指令及其使用说明

| LAD | STL | 指令说明 |
|---|---|---|
| MOV_B<br>─EN　ENO─<br>─IN　OUT─ | MOVB　IN，OUT | 1）当指令的允许输入端（EN）有效时，将输入操作数 IN 的值传送至目的操作数 OUT 中<br>　EN 端也称为指令的使能端（enable）<br>2）指令操作数的类型包括：B（字节）、W（字）、DW（双字）、R（实数）<br>3）双字传送指令（MOV_DW）可用于定义指针<br>4）字节立即传送（读和写）指令允许在物理 I/O 和存储器之间立即传送一个字节的数据<br>5）字节立即读指令（BIR）读取物理输入（IN），并将结果存入内存地址（OUT），但并不刷新输入地址映像区内相应寄存器的值<br>6）字节立即写指令（BIW）从内存地址（IN）中读取数据，写入物理输出（OUT），同时刷新输出地址映像区内相应寄存器的值 |
| MOV_W<br>─EN　ENO─<br>─IN　OUT─ | MOVW　IN，OUT | |
| MOV_DW<br>─EN　ENO─<br>─IN　OUT─ | MOVD　IN，OUT | |
| MOV_R<br>─EN　ENO─<br>─IN　OUT─ | MOVR　IN，OUT | |
| MOV_BIR<br>─EN　ENO─<br>─IN　OUT─ | BIR　IN，OUT | |
| MOV_BIW<br>─EN　ENO─<br>─IN　OUT─ | BIW　IN，OUT | |

表 7-7　数据块传送指令及其使用说明

| LAD | STL | 指令说明 |
|---|---|---|
| BLKMOV_B<br>─EN　ENO─<br>─IN　OUT─<br>─N | BMB　IN，OUT，N | 1）当指令的使能端（EN）有效时，将以输入操作数 IN 为首址的连续的 N 个数据传送至以操作数 OUT 为首址的新的数据区中<br>2）指令操作数的类型包括：B（字节）、W（字）、D（双字）<br>3）N 的取值范围为 1~255。即每次传送的数据长度为 N 个字节、字或者双字 |
| BLKMOV_W<br>─EN　ENO─<br>─IN　OUT─<br>─N | BMW　IN，OUT，N | |
| BLKMOV_D<br>─EN　ENO─<br>─IN　OUT─<br>─N | BMD　IN，OUT，N | |

163

表 7-8 字节交换指令及其使用说明

| LAD | STL | 指令说明： |
|---|---|---|
| SWAP<br>—EN ENO—<br>—IN | SWAP IN | 1）交换输入操作数 IN 的高位字节和低位字节<br>2）操作数的类型为字类型 |

例 7-4 传送类指令与字节交换指令示例，如图 7-11 所示。

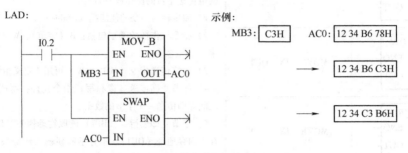

图 7-11 传送类指令与字节交换指令示例

当 I0.2 为 1 时，依次执行传送类指令和字节交换指令。传送类指令将 MB3 的值传送至 AC0 的低 8 位，字节交换指令将 AC0 低 16 位中的高 8 位和低 8 位的值互换。

（4）数据填充指令

数据填充指令 FULL 用于将字类型输入数据 IN 填充到以 OUT 为首址的连续的 N 个存储单元中。数据填充指令及其使用说明见表 7-9。

表 7-9 数据填充指令及其使用说明

| LAD | STL | 指令说明 |
|---|---|---|
| FULL<br>—EN ENO—<br>—IN OUT—<br>—N | FULL IN, OUT, N | 1）将输入数据 IN 的值填充到以 OUT 为首址的连续的 N 个存储单元中<br>2）操作数的类型均为字类型<br>3）N 为字节类型，取值范围为 1~255 |

### 2. 数据转换类指令

（1）数字转换指令

数字转换指令是指将一个数据按字节、字、双字和实数等类型进行转换。数字转换指令的形式及其使用说明见表 7-10。

数据进行数字转换时应注意，如果想将一个字类型的整数转换为实数类型，必须先将字类型整数转换为双字类型整数，然后再转换为实数。进行数制转换时可能会影响溢出标志位 SM1.1，所以用户编制应用程序时应对 SM1.1 进行检验，以免发生错误。

（2）BCD 码转换指令

BCD 码转换指令是针对字类型的整数和 BCD 数进行操作。BCD 码转换指令的形式及其使用说明见表 7-11。

**表 7-10　数字转换指令及其使用说明**

| LAD | STL | 指令说明 |
|---|---|---|
| BTI<br>EN　ENO<br>IN　OUT | BTI　IN，OUT | 1）当指令的使能端（EN）有效时，将输入操作数 IN 转换为指定的数据格式存入目的操作数 OUT 中<br>2）BTI 指令：将字节类型数据转换为整数类型。字节是无符号的，所以无符号扩展 |
| ITB<br>EN　ENO<br>IN　OUT | ITB　IN，OUT | 3）ITB 指令：将一个字类型数据转换为一个字节数据。只有 0～255 之间的值可被转换，其他值转换时将产生溢出（溢出标志 SM1.1 置 1）。发生溢出时，操作数 OUT 的值保持不变 |
| ITD<br>EN　ENO<br>IN　OUT | ITD　IN，OUT | 4）ITD 指令：将字类型整数转换为双字类型整数。字类型整数是有符号的，所以应将符号位扩展至高位字中。字类型数据范围为 -32768～32767 |
| DTI<br>EN　ENO<br>IN　OUT | DTI　IN，OUT | 5）DTI 指令：双字类型整数转换为字类型整数。同样数据大小超出字类型可表示的范围时将产生溢出 |
| DTR<br>EN　ENO<br>IN　OUT | DTR　IN，OUT | 6）DTR 指令：将双字类型整数转换为 32 位实数。双字类型整数是有符号的 |

**表 7-11　BCD 码转换指令及其使用说明**

| LAD | STL | 指令说明 |
|---|---|---|
| BCD_I<br>EN　ENO<br>IN　OUT | BCDI　OUT | 1）BCDI 指令：将 BCD 码类型的输入数据转换为字类型整数存放于 OUT 中。输入数据范围为 0～9999 的 BCD 数<br>2）IBCD 指令：将字类型整数转换为 BCD 码数据存放于 OUT 中。输入整数的有效范围为 0～9999 |
| I_BCD<br>EN　ENO<br>IN　OUT | IBCD　OUT | 3）若数据范围超过 BCD 码可表示范围，则置位特殊标志位 SM1.6 |

（3）取整指令

取整指令用于将实数型数据转换成双字类型的整数。取整指令的形式及其使用说明见表 7-12。

**表 7-12　取整指令及其使用说明**

| LAD | STL | 指令说明 |
|---|---|---|
| ROUND<br>EN　ENO<br>IN　OUT | ROUND　IN，OUT | 1）ROUND 指令：按四舍五入的原则将输入的实数值转换为双字类型整数存放于 OUT 中<br>2）TRUNC 指令：按截取的原则将输入的实数值转换为双字类型的整数存放于 OUT 中。截取时小数部分舍去 |
| TRUNC<br>EN　ENO<br>IN　OUT | TRUNC　IN，OUT | 3）如果实数超过双整数所能表示的范围，则产生溢出，并置位溢出标志位 SM1.1 |

### 3. 编码与解码指令

S7-200 SMART 系列 PLC 与 S7-200 系列 PLC 一样，指令系统中的编码与解码指令及其使用说明见表 7-13。

表 7-13　编码与解码指令及其使用说明

| LAD | STL | 指令说明 |
|---|---|---|
| ENCO<br>EN　ENO<br>IN　OUT | ENCO　IN, OUT | 1）ENCO 指令：将输入字 IN 的状态为 1 的最低位号写入输出字节 OUT 的低 4 位中，也称为编码指令<br>2）DECO 指令：按照输入字节 IN 的低 4 位所表示的位号置位输出字 OUT 中相应的位，其余位为 0，也称为解码指令<br>3）SEG 指令：将输入字符（字节类型）的低 4 位转换为七段码（共阴极）存放于 OUT 中 |
| DECO<br>EN　ENO<br>IN　OUT | DECO　IN, OUT | |
| SEG<br>EN　ENO<br>IN　OUT | SEG　IN, OUT | |

**例 7-5**　编码、解码指令程序示例如图 7-12 所示。

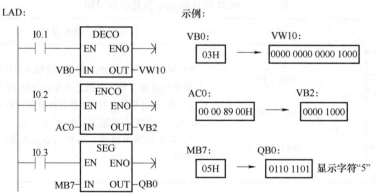

图 7-12　编码、解码指令程序示例

## 7.3.2　数学运算类指令

S7-200 SMART 系列 PLC 与 S7-200 系列 PLC 一样，数据运算类指令包括数学运算指令和逻辑运算指令。数学运算指令包括数据四则运算指令，加 1、减 1 指令，以及数学函数指令，数据类型通常为整型（INT）、双整型（DINT）和实数类型（REAL）。

### 1. 数据四则运算指令

数据四则运算指令包括加法、减法、乘法和除法，运算结果将影响某些特殊功能寄存器（特殊标志位）的值，如零标志位 SM1.0、溢出标志位 SM1.1、负标志位 SM1.2、除数为零标志位 SM1.3 等。按操作数类型的不同，四则运算指令主要包括如下几类。

（1）整数加、减法运算指令

整数加、减法运算指令是对两个有符号数进行操作，指令形式及其使用说明见表 7-14。

表 7-14　整数加、减法指令及其使用说明

| LAD | STL | 指令说明 |
|---|---|---|
| ADD_I<br>EN　ENO<br>IN1　OUT<br>IN2 | +I　IN, OUT | 1) 操作数均为 16 位有符号整数<br>2) LAD：　IN1 + IN2 → OUT<br>　　　　　IN1 − IN2 → OUT<br>　STL：　OUT + IN → OUT<br>　　　　OUT − IN → OUT<br>3) 运算结果影响特殊标志位：SM1.0、SM1.1、SM1.2 |
| SUB_I<br>EN　ENO<br>IN1　OUT<br>IN2 | −I　IN, OUT | |

　　值得注意的是，LAD 指令中有两个输入参数和一个输出参数，而语句表指令中只有两个参数，所以两种指令中参数的个数和意义是不同的。在梯形图指令中，如果参数 IN1 和 OUT 地址不相同，则转换成语句表指令时应附加一条传送指令，传送指令的数据类型取决于加、减法指令操作数的类型，如图 7-13 所示。

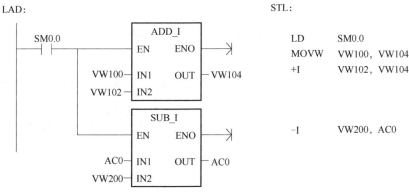

图 7-13　整数加、减法运算指令举例

（2）双整数加、减法运算指令

　　双整数加、减法运算指令是对两个 32 位有符号数进行操作，指令形式及其使用说明见表 7-15。

表 7-15　双整数加、减法指令及其使用说明

| LAD | STL | 指令说明 |
|---|---|---|
| ADD_DI<br>EN　ENO<br>IN1　OUT<br>IN2 | +D　IN, OUT | 1) 操作数均为 32 位有符号整数<br>2) LAD：　IN1 + IN2 → OUT<br>　　　　　IN1 − IN2 → OUT<br>　STL：　OUT + IN → OUT<br>　　　　OUT − IN → OUT<br>3) 运算结果影响特殊标志位：SM1.0、SM1.1、SM1.2 |
| SUB_DI<br>EN　ENO<br>IN1　OUT<br>IN2 | −D　IN, OUT | |

167

（3）实数加、减法运算指令

实数加、减法运算指令与整数和双整数加、减法运算指令类似，指令形式及其使用说明见表7-16。

表 7-16　实数加、减指令及其使用说明

| LAD | STL | 指令说明 |
|---|---|---|
| ADD_R<br>EN ENO<br>IN1 OUT<br>IN2 | +R IN, OUT | 1）操作数均为32位实数<br>2）LAD：　IN1 + IN2 → OUT<br>　　　　　　IN1 − IN2 → OUT<br>　　STL：　OUT + IN → OUT<br>　　　　　　OUT − IN → OUT<br>3）运算结果影响特殊标志位：SM1.0、SM1.1、SM1.2 |
| SUB_R<br>EN ENO<br>IN1 OUT<br>IN2 | −R IN, OUT | |

（4）整数乘、除法运算指令

整数乘、除法运算指令是对两个有符号数进行操作，指令形式及其使用说明见表7-17。

表 7-17　整数乘、除法指令及其使用说明

| LAD | STL | 指令说明 |
|---|---|---|
| MUL_I<br>EN ENO<br>IN1 OUT<br>IN2 | *I IN, OUT | 1）整数乘法指令将两个16位整数相乘，结果（积）送入16位的OUT地址中<br>2）整数除法指令将两个16位整数相除，结果（商）送入16位的OUT地址中，余数不保留<br>3）LAD：　IN1 * IN2 → OUT<br>　　　　　　IN1 / IN2 → OUT<br>　　STL：　OUT * IN → OUT<br>　　　　　　OUT / IN → OUT<br>4）运算结果影响特殊标志位：SM1.0、SM1.1、SM1.2、SM1.3 |
| DIV_I<br>EN ENO<br>IN1 OUT<br>IN2 | /I IN, OUT | |

与整数加、减法指令相同，梯形图指令和语句表指令中参数的个数及意义均不同，两种指令进行转换时应格外注意。

（5）双整数乘、除法运算指令

双整数乘、除法运算指令是对两个32位有符号数进行操作，指令形式及其使用说明见表7-18。

（6）实数乘、除法运算指令

实数乘、除法运算指令形式及其使用说明见表7-19。

168

表 7-18　双整数乘、除法指令及其使用说明

| LAD | STL | 指令说明 |
|---|---|---|
| MUL_DI<br>EN　ENO<br>IN1　OUT<br>IN2 | *D IN, OUT | 1）双整数乘法指令将两个 32 位整数相乘，结果（积）送入 32 位的 OUT 地址中<br>2）双整数除法指令将两个 32 位整数相除，结果（商）送入 32 位的 OUT 地址中，余数不保留<br>3）LAD：　IN1 * IN2 → OUT<br>　　　　　IN1 / IN2 → OUT<br>　　STL：　OUT * IN → OUT<br>　　　　　OUT / IN → OUT |
| DIV_DI<br>EN　ENO<br>IN1　OUT<br>IN2 | /D IN, OUT | 4）运算结果影响特殊标志位：SM1.0、SM1.1、SM1.2、SM1.3（除数为 0） |

表 7-19　实数乘、除法指令及其使用说明

| LAD | STL | 指令说明 |
|---|---|---|
| MUL_R<br>EN　ENO<br>IN1　OUT<br>IN2 | *R IN, OUT | 1）实数乘法指令将两个 32 位实数相乘，结果（积）送入 32 位的 OUT 地址中<br>2）实数除法指令将两个 32 位实数相除，结果（商）送入 32 位的 OUT 地址中<br>3）LAD：　IN1 * IN2 → OUT<br>　　　　　IN1 / IN2 → OUT<br>　　STL：　OUT * IN → OUT<br>　　　　　OUT / IN → OUT |
| DIV_R<br>EN　ENO<br>IN1　OUT<br>IN2 | /R IN, OUT | 4）运算结果影响特殊标志位：SM1.0、SM1.1、SM1.2、SM1.3（除数为 0） |

169

例 7-6　乘、除法运算指令举例，如图 7-14 所示。

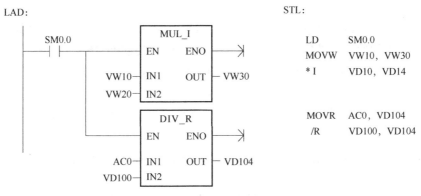

图 7-14　乘、除法运算指令举例

（7）结果为 32 位的整数乘法和带余数的整数除法运算指令

结果为 32 位的整数乘法指令 MUL 是将两个 16 位的有符号整数相乘，结果送入 32 位的 OUT 中；带余数的整数除法运算指令 DIV 将两个 16 位有符号整数相除，结果送入 32 位的

OUT 中，其中商存入低 16 位，余数存入高 16 位。指令形式及其使用说明见表 7-20。

**表 7-20  MUL、DIV 指令及其使用说明**

| LAD | STL | 指令说明 |
|---|---|---|
| MUL<br>EN  ENO<br>IN1  OUT<br>IN2 | MUL  IN，OUT | 1）LAD 指令中，参数 IN1 和 IN2 为 16 位有符号整数，参数 OUT 为 32 位<br>2）STL 指令中，参数 IN1 为 16 位，参数 IN2 为 32 位<br>3）LAD：  IN1 * IN2 → OUT<br>    IN1 / IN2 → OUT<br>  STL：  OUT$_{低16位}$ * IN → OUT<br>    OUT$_{低16位}$/ IN → OUT |
| DIV<br>EN  ENO<br>IN1  OUT<br>IN2 | DIV  IN，OUT | 对于 STL 指令，整数乘法运算 MUL 中 OUT 的低 16 位作为其中的一个乘子，而整数除法运算 DIV 中 OUT 的低 16 位作为被除数<br>4）运算结果影响特殊标志位：SM1.0、SM1.2、SM1.3（除数为 0） |

**例 7-7**  MUL、DIV 指令举例，如图 7-15 所示。

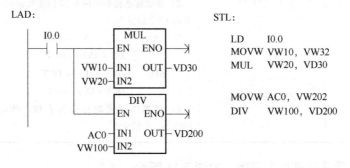

**图 7-15  MUL、DIV 指令举例**

注意：在 STL 程序中，实际参与乘、除法运算的是 32 位操作数 OUT 中的低 16 位，所以 MUL 指令中附加的字传送指令应将 VW100 传送至 VD30 的低 16 位 VW32，DIV 指令中附加的字传送指令应将 AC0 的低 16 位传送至 VD200 的低 16 位 VW202。

**2. 加 1、减 1 指令**

加 1、减 1 指令又称为参数增减指令，数据类型可以为字节、字和双字。

（1）字节的加 1、减 1 指令

字节的加 1、减 1 指令是对 8 位的输入参数 IN 执行加 1 或减 1 操作，结果存入 8 位的 OUT 中，指令形式及其使用说明见表 7-21。

STL 指令中只有一个参数，若梯形图指令中参数 IN 和 OUT 不一致，应附加一条传送指令。

（2）字的加 1、减 1 指令

字的加 1、减 1 指令是对 16 位的输入参数 IN 执行加 1 或减 1 操作，结果存入 16 位的 OUT 中，指令形式及其使用说明见表 7-22。

170

**表 7-21 字节的加 1、减 1 指令及其使用说明**

| LAD | STL | 指令说明 |
|---|---|---|
| INC_B<br>EN ENO<br>IN OUT | INCB OUT | 1）LAD： IN + 1 → OUT<br>　　　　　IN − 1 → OUT<br>　　STL： OUT + 1 → OUT<br>　　　　　OUT − 1 → OUT<br>2）INCB 和 DECB 操作是无符号的<br>3）运算结果影响特殊标志位：SM1.0、SM1.1 |
| DEC_B<br>EN ENO<br>IN OUT | DECB OUT | |

**表 7-22 字的加 1、减 1 指令及其使用说明**

| LAD | STL | 指令说明 |
|---|---|---|
| INC_W<br>EN ENO<br>IN OUT | INCW OUT | 1）LAD： IN + 1 → OUT<br>　　　　　IN − 1 → OUT<br>　　STL： OUT + 1 → OUT<br>　　　　　OUT − 1 → OUT<br>2）INCW 和 DECW 操作是有符号的<br>3）运算结果影响特殊标志位：SM1.0、SM1.1、SM1.2 |
| DEC_W<br>EN ENO<br>IN OUT | DECW OUT | |

（3）双字的加 1、减 1 指令

双字的加 1、减 1 指令是对 32 位的输入参数 IN 执行加 1 或减 1 操作，结果存入 32 位的 OUT 中，指令形式及其使用说明见表 7-23。

**表 7-23 双字的加 1、减 1 指令及其使用说明**

| LAD | STL | 指令说明 |
|---|---|---|
| INC_DW<br>EN ENO<br>IN OUT | INCD OUT | 1）LAD： IN + 1 → OUT<br>　　　　　IN − 1 → OUT<br>　　STL： OUT + 1 → OUT<br>　　　　　OUT − 1 → OUT<br>2）INCD 和 DECD 操作是有符号的<br>3）运算结果影响特殊标志位：SM1.0、SM1.1、SM1.2 |
| DEC_DW<br>EN ENO<br>IN OUT | DECD OUT | |

**例 7-8** 加 1、减 1 指令举例，如图 7-16 所示。

**3. 数学函数指令**

S7-200 SMART 系列 PLC 与 S7-200 系列 PLC 一样，数学函数指令主要包括平方根函数 SQRT、自然对数指令 LN、指数函数 EXP、正弦函数 SIN、余弦函数 COS 和正切函数 TAN 等。指令形式及其使用说明见表 7-24。

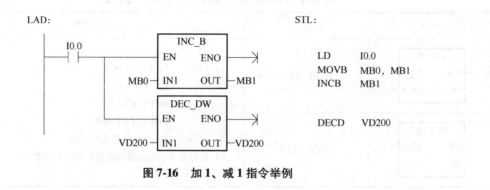

**图 7-16 加 1、减 1 指令举例**

**表 7-24 数学函数指令及其使用说明**

| LAD | STL | 指令说明 |
|---|---|---|
| SQRT<br>EN ENO<br>IN OUT | SQRT IN, OUT | |
| LN<br>EN ENO<br>IN OUT | LN IN, OUT | |
| EXP<br>EN ENO<br>IN OUT | EXP IN, OUT | 1）数学运算符"OP"包括：SQRT、LN、EXP、SIN、COS、TAN，指令功能如下：<br>        OP（IN）→ OUT<br>2）IN 和 OUT 均为实数类型<br>3）运算结果影响特殊标志位：SM1.0、SM1.1、SM1.2<br>4）三角函数运算中输入参数为弧度值，所以要将角度值换算为弧度值，在运算前应使用 MUL_R 指令，将角度值乘以 1.745329E-2（或 π/180） |
| SIN<br>EN ENO<br>IN OUT | SIN IN, OUT | |
| COS<br>EN ENO<br>IN OUT | COS IN, OUT | |
| TAN<br>EN ENO<br>IN OUT | TAN IN, OUT | |

注意：由于数学函数指令的操作数为实数类型，所以对整数或双整数进行操作时应先进行数据格式的转换。

**例 7-9** 数学函数指令举例，如图 7-17 所示。

图 7-17 中，设 AC0 中存放的是双整型数据，先将整型数据转换为实数类型，然后再对实数进行平方根运算。如果直接对 AC0 求平方根，CPU 会将双整型格式数据直接按照实数

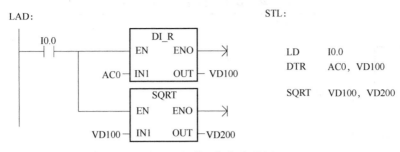

**图 7-17　数学函数指令举例**

格式进行运算，导致运算结果出错。

另外，S7-200 系列 PLC 指令系统中并没有提供幂函数指令，但可以通过对数函数和指数函数来构造幂函数，如 $z = x^y = \exp(\ln x^y) = \exp(y \ln x)$。同样余切函数和反三角函数也可通过现有的三角函数进行构造。

### 7.3.3　逻辑运算类指令

逻辑运算类指令是对无符号的字节、字或双字类型数据进行逻辑操作，如逻辑与、逻辑或、逻辑异或及取反操作等。

**1. 逻辑与指令**

逻辑与指令形式及其使用说明见表 7-25。

**表 7-25　逻辑与指令及其使用说明**

| LAD | STL | 指令说明 |
|---|---|---|
| WAND_B<br>EN　ENO<br>IN1　OUT<br>IN2 | ANDB　IN1，OUT | |
| WAND_W<br>EN　ENO<br>IN1　OUT<br>IN2 | ANDW　IN1，OUT | 1）将两个输入操作数按位进行逻辑与操作，结果存于 OUT 中<br>2）LAD：　IN1 and IN2 → OUT<br>　　STL：　IN1 and OUT → OUT<br>3）指令的操作数类型有 B（字节）、W（字）、DW（双字）<br>4）运算结果影响特殊标志位 SM1.0 |
| WAND_DW<br>EN　ENO<br>IN1　OUT<br>IN2 | ANDD　IN1，OUT | |

**2. 逻辑或指令**

逻辑或指令形式及其使用说明见表 7-26。

表 7-26 逻辑或指令及其使用说明

| LAD | STL | 指令说明 |
|---|---|---|
| 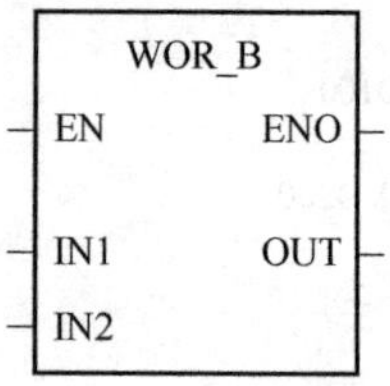 WOR_B<br>EN ENO<br>IN1 OUT<br>IN2 | ORB IN1, OUT | |
| 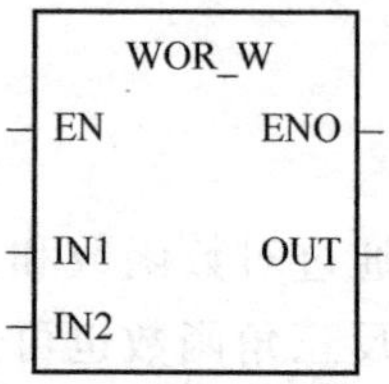 WOR_W<br>EN ENO<br>IN1 OUT<br>IN2 | ORW IN1, OUT | 1）将两个输入操作数按位进行逻辑或操作，结果存于 OUT 中<br>2）LAD：IN1 or IN2 → OUT<br>　　STL：IN1 or OUT → OUT<br>3）指令的操作类型有 B（字节）、W（字）、DW（双字）<br>4）运算结果影响特殊标志位 SM1.0 |
| 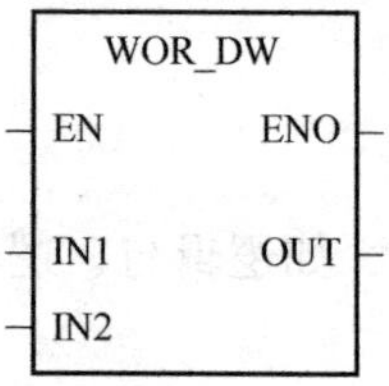 WOR_DW<br>EN ENO<br>IN1 OUT<br>IN2 | ORD IN1, OUT | |

## 3. 逻辑异或指令

逻辑异或指令形式及其使用说明见表 7-27。

表 7-27 逻辑异或指令及其使用说明

| LAD | STL | 指令说明 |
|---|---|---|
| 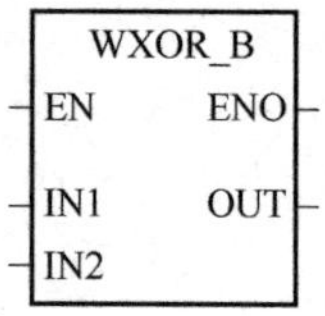 WXOR_B<br>EN ENO<br>IN1 OUT<br>IN2 | XORB IN1, OUT | |
| 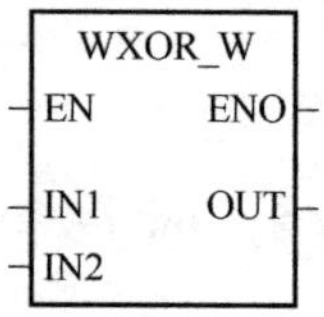 WXOR_W<br>EN ENO<br>IN1 OUT<br>IN2 | XORW IN1, OUT | 1）将两个输入操作数按位进行逻辑异或操作，结果存于 OUT 中<br>2）LAD：　IN1 xor IN2 → OUT<br>　　STL：　IN1 xor OUT → OUT<br>3）指令的操作类型有 B（字节）、W（字）、DW（双字）<br>4）运算结果影响特殊标志位 SM1.0 |
| 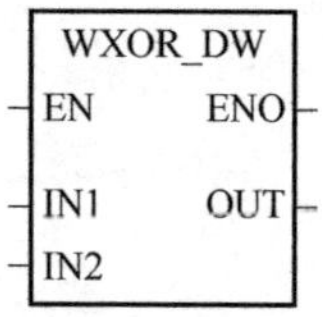 WXOR_DW<br>EN ENO<br>IN1 OUT<br>IN2 | XORD IN1, OUT | |

## 4. 取反指令

取反指令形式及其使用说明见表 7-28。

表 7-28　取反指令及其使用说明

| LAD | STL | 指令说明 |
|---|---|---|
| INV_B<br>EN ENO<br>IN OUT | INVB OUT | |
| INV_W<br>EN ENO<br>IN OUT | INVW OUT | 1）对输入操作数进行按位取反操作，结果存于 OUT 中<br>2）LAD：　inv（IN）→ OUT<br>　　STL：　inv（OUT）→ OUT<br>3）指令的操作类型有 B（字节）、W（字）、DW（双字）<br>4）运算结果影响特殊标志位 SM1.0 |
| INV_DW<br>EN ENO<br>IN OUT | INVD OUT | |

**例 7-10**　逻辑运算指令举例，如图 7-18 所示。

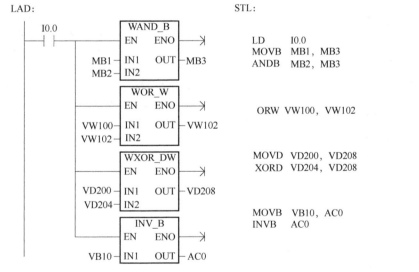

图 7-18　逻辑运算指令举例

## 7.3.4　移位指令

移位指令在 PLC 控制系统中较为常用，根据移位数据的长度可分为字节类型、字类型和双字类型的移位，也可根据实际情况自定义移位长度。移位的方向分为左移和右移，也可进行左、右方向的循环移位。指令每次执行时可以只移动一位，也可移动多位。

**1. 左移、右移指令**

左移、右移指令的功能是将输入数据向左或向右移动 N 位后，将结果送入 OUT 中。指令形式及其使用说明见表 7-29 所示。

表 7-29 左移、右移指令及其使用说明

| LAD | STL | 指令说明 |
|---|---|---|
| 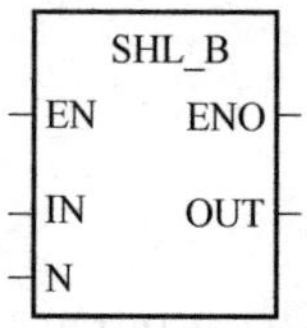 SHL_B<br>EN ENO<br>IN OUT<br>N | SLB OUT, N | |
| 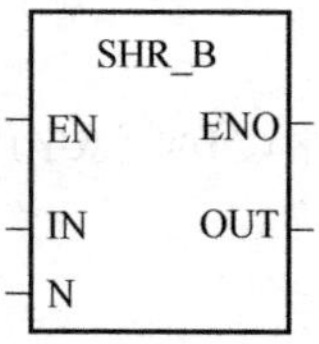 SHR_B<br>EN ENO<br>IN OUT<br>N | SRB OUT, N | 1) 在 LAD 中，SHL 指令为左移指令，即把输入操作数 IN 向左移动 N 位，结果存于 OUT 中。移空的位自动补零。指令的操作类型有 B（字节）、W（字）、DW（双字）。SHR 指令为右移指令，即把输入操作数 IN 向右移动 N 位，结果存于 OUT 中。移空的位自动补零。指令的操作类型有 B（字节）、W（字）、DW（双字） |
| 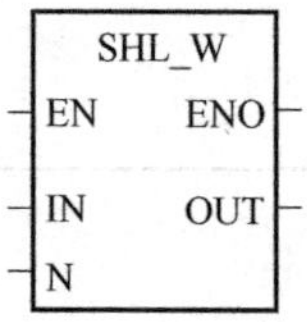 SHL_W<br>EN ENO<br>IN OUT<br>N | SLW OUT, N | 2) 在 STL 中，只有操作数 OUT，相当于 LAD 中操作数 IN 和 OUT 指向同一单元 |
| 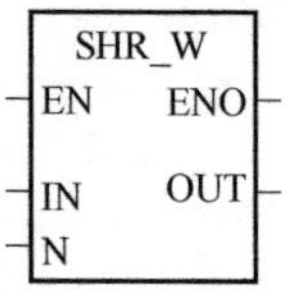 SHR_W<br>EN ENO<br>IN OUT<br>N | SRW OUT, N | 3) N 为字节型数据。当 N=0 时，不进行移位操作；对于字节类型移位指令，当 N≥8 时，按 8 处理；对于字类型移位指令，当 N≥16 时，按 16 处理；对于双字类型移位指令，当 N≥32 时，按 32 处理<br>4) 移位运算的结果影响特殊标志位 SM1.0 和 SM1.1，其中 SM1.1 的值为移位操作最后被移出的位的值 |
| 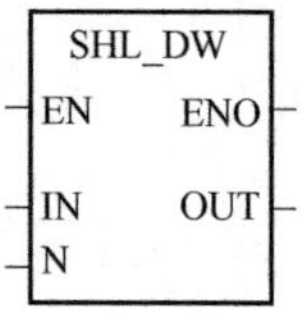 SHL_DW<br>EN ENO<br>IN OUT<br>N | SLD OUT, N | 5) 移位数据为无符号数据 |
| 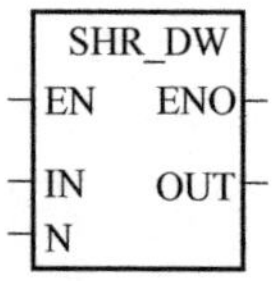 SHR_DW<br>EN ENO<br>IN OUT<br>N | SRD OUT, N | |

注意：移位指令在使能端（EN）有效时即执行移位操作，如果 EN 端一直有效，即指令前的梯级逻辑一直为真，则每个扫描周期都将执行移位操作。所以即使是双字类型移位指令，也会在很短的时间内使 OUT 清零。实际中常常要求在某个条件满足时仅执行一次移位操作，所以应在指令的梯级逻辑中加入微分指令。

例 7-11 左移、右移指令举例，如图 7-19 所示。

2. 循环移位指令

循环左移、右移指令是将输入数据向左或向右循环移动 N 位后，将结果送入 OUT 中。指令形式及其使用说明见表 7-30。

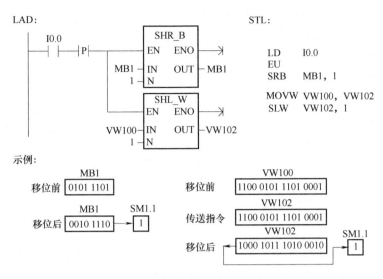

图 7-19　左移、右移指令举例

表 7-30　循环移位指令及其使用说明

| LAD | STL | 指令说明 |
|---|---|---|
| ROL_B<br>EN　ENO<br>IN　OUT<br>N | RLB　OUT, N | |
| ROR_B<br>EN　ENO<br>IN　OUT<br>N | RRB　OUT, N | 1）在 LAD 中，ROL 指令为循环左移指令，即把输入操作数 IN 向左循环移动 N 位，结果存于 OUT 中。指令的操作类型有 B（字节）、W（字）、DW（双字）。ROR 指令为循环右移指令，即把输入操作数 IN 向右循环移动 N 位，结果存于 OUT 中。指令的操作类型有 B（字节）、W（字）、DW（双字）<br>2）在 STL 中，只有操作数 OUT，相当于 LAD 中操作数 IN 和 OUT 指向同一单元 |
| ROL_W<br>EN　ENO<br>IN　OUT<br>N | RLW　OUT, N | 3）N 为字节类型数据。当 N=0 时，不进行移位操作；对于字节类型循环移位指令，当 N≥8 时，对 N 除以 8，以余数作为移位次数；对于字类型循环移位指令，当 N≥16 时，对 N 除以 16，以余数作为移位次数；对于双字类型循环移位指令，当 N≥32 时，对 N 除以 32，以余数作为移位次数 |
| ROR_W<br>EN　ENO<br>IN　OUT<br>N | RRW　OUT, N | |

177

（续）

| LAD | STL | 指令说明 |
|---|---|---|
| ROL_DW<br>EN ENO<br>IN OUT<br>N | RLD OUT, N | 4）移位运算的结果影响特殊标志位 SM1.0 和 SM1.1，其中<br>SM1.1 的值为循环移位操作最后被移出的位的值<br>5）移位数据为无符号数据 |
| ROR_DW<br>EN ENO<br>IN OUT<br>N | RRD OUT, N | |

循环移位指令也是在使能端（EN）有效时执行移位操作，所以如果要求在某个条件满足时仅执行一次循环移位操作，应在指令的梯级逻辑中加入微分指令。

**例 7-12**　循环移位指令举例，如图 7-20 所示。

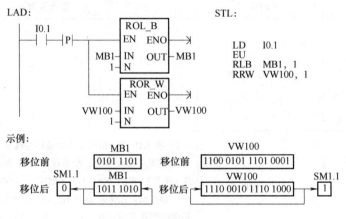

**图 7-20　循环移位指令举例**

**3. 自定义移位寄存器指令**

自定义移位寄存器指令的使用比较灵活，如允许用户自己定义移位寄存器的长度，既可实现左移又可实现右移，移入的位可根据程序需要设定为 1 或 0。自定义移位寄存器指令形式及其使用说明见表 7-31。

用户自定义的移位寄存器起始位为 S_BIT，即最低位 LSB 为 S_BIT，其最高位 MSB 的计算方法如下：

MSB 字节号=S_BIT 字节号+{[（N 的绝对值-1）+S_BIT 的位号]/8} 的商

MSB 位号={[（N 的绝对值-1）+S_BIT 的位号]/8} 的余数

如 S_BIT 为 V23.7，N 的值为-15，则 MSB 的字节号为 25，位号为 5，即 MSB 为 V25.5。构成的移位寄存器如图 7-21 所示。

178

表 7-31　自定义移位寄存器指令及其使用说明

| LAD | STL | 指令说明 |
|---|---|---|
| SHRB<br>EN　ENO<br>DATA<br>S_BIT<br>N | SHRB　DATA, S_BIT, N | 1) 可以通过 S_BIT 位和 N 来定义移位寄存器的大小。其中 S_BIT 是移位寄存器的起始位，N 为字节类型或常数，用于指定移位寄存器的长度和移位方向：当 N>0 时为左移（地址增大的方向）；当 N<0 时为右移（地址减小的方向）<br>2) 移入的内容为 DATA 位的当前值<br>3) 移位寄存器指令每次仅移动一位，每次移位操作移出的位用于设置 SM1.1<br>4) 移位寄存器的长度不超过 127 位 |

图 7-21　用户自定义的移位寄存器

例 7-13　自定义移位寄存器指令举例，如图 7-22 所示。

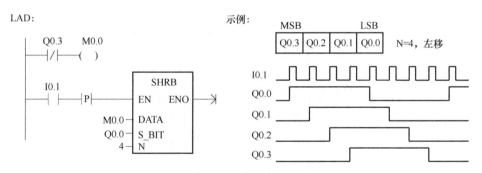

图 7-22　自定义移位寄存器指令举例

用户自定义的 4 位移位寄存器由 Q0.0~Q0.3 组成。设 I0.0 接外部按钮，Q0.0~Q0.3 各接一盏灯。初始时设 Q0.0~Q0.3 全为 0，则 M0.0 为 1。程序执行时，每按下一次按钮，执行一次移位寄存器指令，左移一位并补以 M0.0 的值。所以每按一次按钮亮一盏灯，直至灯全亮，然后每按一次按钮灭一盏灯，直至灯全灭，恢复至初始状态，之后循环往复。

## 思考题与习题

7-1　简述 S7-200 SMART 系列 PLC 和 S7-200 系列 PLC 步进控制指令的使用方法及特点。

7-2　用步进控制指令实现三台电动机的顺序起动及逆序停止控制过程。

7-3　多级传送带系统如图 7-23 所示。当工件位于 $SQ_1$ 位置时，按下起动按钮 SB 后，电动机 $M_1$ 起动运行，带动工件向右运行。当工件碰压限位开关 $SQ_2$ 时，电动机 $M_2$ 起动运

179

行，工件碰压限位开关 $SQ_3$ 时，$M_1$ 停止运行，由 $M_2$ 带动工件继续向右移动。同理，当工件碰压限位开关 $SQ_4$ 时，电动机 $M_3$ 起动运行，工件碰压限位开关 $SQ_5$ 时，$M_2$ 停止运行，由 $M_3$ 带动工件继续向右移动。工件碰压 $SQ_6$ 时，$M_3$ 停止。试设计 S7-200 系列 PLC 系统功能图，并用 S7-200 系列 PLC 步进控制指令设计梯形图程序。

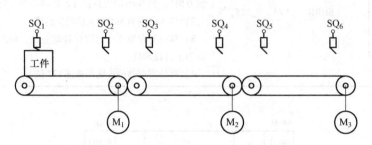

图 7-23　多级传送带系统示意图

7-4　图 7-24 所示为金属球体分拣装置示意图。机械臂的下端为电磁铁，其工作顺序如下：

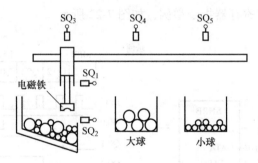

图 7-24　金属球体分拣装置示意图

1）机械臂处于初始位置时，上限位开关 $SQ_1$ 和左限位开关 $SQ_3$ 被压触而闭合，按下起动按钮 SB，机械臂向下运动。

2）碰压下限位开关 $SQ_2$ 时，电磁铁得电，以便吸引金属球体，1s 后机械臂向上移动。

3）如果电磁铁吸住的是大球，则受球体重力作用的限位开关 $SQ_6$（图中未画出）处于断开状态，若吸住的是小球，限位开关 $SQ_6$ 处于闭合状态。

4）机械臂带动金属球上升碰压上限位开关 $SQ_1$ 后，转为向右移动。

5）如果电磁铁吸引的是大球，则向右移动至中限位开关 $SQ_4$ 处时，电磁铁断电；否则移动至右限位开关 $SQ_5$ 处时，电磁铁断电。

6）电磁铁断电 1s 后，机械臂向左运动返回到初始位置，结束一次工作循环，试设计 S7-200 系列 PLC 系统的功能图及梯形图程序。

7-5　简述 S7-200 SMART 系列 PLC 和 S7-200 系列 PLC 比较指令的基本形式及其功能，并举一例说明。

7-6　简述 S7-200 SMART 系列 PLC 和 S7-200 系列 PLC 数据处理指令的基本形式及其功能，并举一例说明。

7-7　简述 S7-200 SMART 系列 PLC 和 S7-200 系列 PLC 数据运算类指令的基本形式及其功能。并举一例说明。

7-8　简述 S7-200 SMART 系列 PLC 和 S7-200 系列 PLC 逻辑运算类指令的基本形式及其功能，并举一例说明。

7-9　简述 S7-200 SMART 系列 PLC 和 S7-200 系列 PLC 移位指令的基本形式及其功能，并举一例说明。

# 第 8 章

# 西门子S7-300系列PLC及编程方法

S7-300 系列 PLC 是西门子公司针对电气自动化设备和自动化生产线的中小型控制系统推出的模块式 PLC，主要由机架、CPU 模块、信号模块、功能模块、接口模块、通信模块、电源模块和编程设备组成。与 S7-200 系列 PLC 不同的是其利用 STEP7 编程软件采取硬件组态的方式，极大地简化了系统的设计和操作。本章将以 SIMATIC S7-300 系列 PLC 为例，讲述该系列 PLC 的硬件结构、指令系统和程序设计方法。

## 8.1 S7-300 系列 PLC 的硬件组成

SIMATIC S7-300 系列 PLC 的模块式结构使其易于实现分布式配置，具有性价比高、电磁兼容强、抗振动性能好等特点。最多可以扩展 32 个模块，各模块间通过集成的背板总线进行通信。支持 MPI、PROFIBUS、工业以太网等多种通信方式。

### 8.1.1 S7-300 系列 PLC 系统的基本构成

S7-300 系列 PLC 的硬件系统配置灵活，既可用单独的 CPU 模块构成简单的开关量控制系统，也可通过 I/O 扩展或通信联网功能构成中等规模的控制系统。图 8-1 为 S7-300 系列 PLC 系统的基本构成。

1）电源模块（PS307）。将 120/230V 交流电压转换为 24V 直流电压，为其余模块、人机界面、传感器和执行器使用。输出电流有 2A、5A、10A 等三种规格。在硬件组态中应安装在 DIN 导轨上的插槽 1。

2）CPU 模块。它是 PLC 系统的核心，通常具备一个编程用的 RS485（MPI）接口，有的还具有 PROFIBUS-DP 接口或 PTP 串行通信接口，可建立一个 MPI 网络、DP 网络或 RS485 网络。在 CPU313 及以上型号中还需配备单独的存储器卡。目前功能最强大的 CPU 的 RAM 为 512KB，最大 8192 个存储器位，512 个定时器和 512 个计数器，数字量最大为 65536，模拟量通道最大为 4096，共有 350 多条指令。在硬件组态中应安装在 DIN 导轨上的插槽 2。

3）信号模块（SM）。用于 PLC 系统的 I/O 扩展，包括开关量、数字量 I/O 模块和模拟量 I/O 模块。

4）接口模块（IM）。用于 PLC 系统的机架扩展。在硬件组态中应安装在 DIN 导轨上的插槽 3（若无扩展，此槽位也应空余，其余模块不得占用）。

5）编程设备（PG/PC）。可使用手持式编程器，也可使用装有 SIMATIC S7 系列 PLC 编

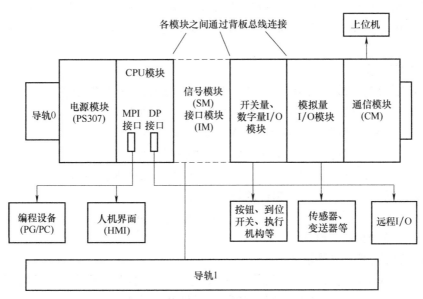

图 8-1 S7-300 系列 PLC 系统的基本构成

程软件的计算机。编程设备可实现用户程序的编制、编译、下载、上传和调试等。

6）人机界面（HMI）。常用的有触摸屏和文本显示器，也可通过装有工业组态软件的微机实现。通过人机界面可实现对工业控制过程的监控。

7）通信模块（CM）。可通过 CPU 模块自带的 RS485 接口与上位机或其他 PLC 通信，也可通过专用的通信模块与其他网络设备组成各种通信网络以实现数据交换，如以太网模块 CP343-1 或串行通信模块 CP340 等。

8）其他设备。各种特殊功能模块，具有独立的运算能力，能实现特定的功能，如位置控制模块、高速计数器模块、闭环控制模块、温度控制模块等。

## 8.1.2 S7-300 系列 PLC 系统的 CPU 模块

**1. CPU 模块的分类**

紧凑型：CPU312C、313C、313C-2PTP、313C-2DP、314C-2PTP、314C-2DP。各 CPU 均有计数、频率测量和脉冲宽度调制功能，有的具有定位功能，有的集成有 I/O 点。

标准型：CPU312、CPU314、CPU315-2DP、CPU315-2PN/DP、CPU317-2DP、CPU317-2PN/DP、CPU319-3PN/DP。

故障安全型：CPU315F-2DP、CPU315F-2PN/DP、CPU317F-2DP、CPU317F-2PN/DP、CPU319F-3PN/DP。

运动控制型：CPU315T-2DP、CPU317T-2DP。

**2. CPU 模块的模式选择开关和状态与故障指示灯**

模式选择开关：

1）RUN（运行）位置。CPU 执行、上传用户程序，若在此位置下载程序时，软件会要求先停止 CPU 运行。

2）STOP（停止）位置。不执行用户程序，可以上传和下载用户程序。

3）MRES（清除存储器）。不能保持。将拨码开关从 STOP 拨至 MRES 位置保持不动，

STOP 灯熄灭 1s，亮 1s，再熄灭 1s 后保持常亮，松开开关，使其回到 STOP 位置，再拨至 MRES，STOP 灯以 2Hz 的频率至少闪动 3s，表示正在执行复位，最后 STOP 灯将保持常亮。

状态与故障指示灯：

1) SF（系统出错/故障指示，红色）。CPU 硬件故障或软件错误时亮。

2) BATF（电池故障，红色）。电池电压低或没有电池时亮。

3) DC5V（+5V 电源指示，绿色）。5V 电源正常时亮。

4) FRCE（强制，黄色）。至少有一个 I/O 被强制时亮。

5) RUN（运行，绿色）。CPU 处于运行状态时亮；重新启动时以 2 Hz 的频率闪亮；HOLD（单步、断点）状态时以 0.5Hz 的频率闪亮。

6) STOP（停止，黄色）。CPU 处于停止状态时亮，HOLD 状态或重新启动时常亮。

7) BUSF（总线错误，红色）。

**3. CPU 模块选型的主要依据**

CPU 模块的选型是合理配置系统资源的关键，选择时必须根据控制系统对 CPU 的要求（系统集成功能、程序块数量限制、各种软元件数量限制、MPI 接口能力、PROFIBUS、DP 主从接口能力、PROFINET 接口能力、RAM 容量、温度范围等）而定。

S7-300 系列 PLC 各 CPU 模块的主要技术性能指标可参考西门子公司的模块手册等资料。

## 8.1.3　S7-300 系列 PLC 系统的信号模块

S7-300 系列 PLC 的输入/输出模块统称为信号模块（SM），可分为数字量（SM32X）和模拟量（SM33X），其中 X 为 1 代表输入模块，X 为 2 代表输出模块，X 为 3 代表输入/输出模块。

**1. 数字量输入模块**（DI）

数字量输入模块（DI）SM321 有直流输入方式和交流输入方式，其工作过程是先将现场输入元件的开关信号电平经过光隔离和滤波后，送至输入缓冲器等待 CPU 采样，待 CPU 下一周期输入采样阶段信号经背板总线进入到输入映像区。

西门子公司提供了 20 多种不同型号的 SM321 模块，用户可根据所需点数、输入电流方式、中断功能、应用环境等条件选取。直流 32 路数字量输入模块接线如图 8-2 所示。

**2. 数字量输出模块**（DO）

DO 模块 SM322 将 S7-300 系列 PLC 内部信号电平经译码、锁存、光电耦合、滤波及输出驱动等阶段后转换为控制系统所要求的外部信号电平，具备隔离和功率放大的作用，可直接用于驱动电磁阀、接触器、小型电动机、指示灯、报警器等低压电器。直流 32 路数字量输出模块接线如图 8-3 所示。

西门子公司提供了根据输出点数、不同负载电源（直流、交流）、不同开关器件（晶体管、晶闸管、继电器）等条件下多达 30 多种型号的 DO 模块供用户选择。

**3. 数字量输入/输出模块**（DI/DO）

DI/DO 模块 SM323 同时具有数字量输入点和输出点，有 8DI/8DO 和 16DI/16DO 两种类型。

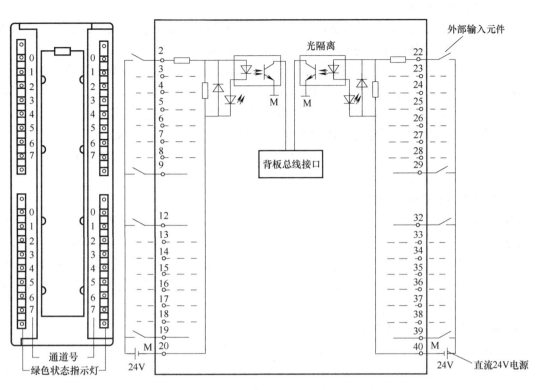

图 8-2　直流 32 路数字量输入模块接线图

185

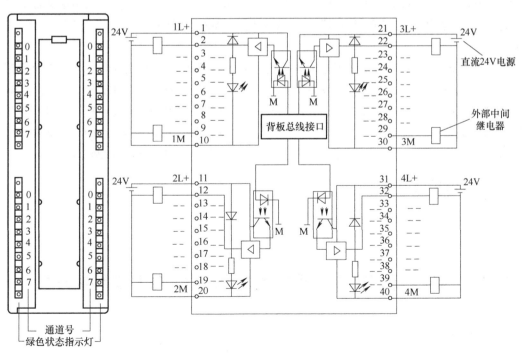

图 8-3　直流 32 路数字量输出模块接线图

#### 4. 模拟量输入模块（AI）

AI 模块 SM331 将控制系统中的模拟信号经由 A/D 转换器、转换开关、恒流源、补偿电路、光隔离、逻辑电路后转换为 PLC 内部处理用的数字信号。

SM331 的输入通道有 8 个，每个通道既可测量电压信号也可以测量电流信号，且可以选用不同的量程。可以用安装在模块侧面的量程卡来设置。每两个通道为一组，共用一个量程卡。模拟量输入模块有 8 个通道，故有 4 个量程卡。量程卡插入模拟量输入模块后，如果量程卡的 C 标记与模块的标记相对，则量程卡被设置在 C 的位置。模块在出厂时，量程卡预设在 B 的位置上。需要注意的是，在 STEP7 编程软件的硬件组态中，SM331 相应通道的测量范围应设置为与量程卡一致。

#### 5. 模拟量输出模块（AO）

AO 模块 SM322 用于将 CPU 送给它的数字信号转换为成比例的电流信号或电压信号，对执行机构进行调节或控制。AO 模块有 2 通道、4 通道和 8 通道三种。每种模块均有诊断中断功能，模块用红色 LED 指示故障，可以读取诊断信息。额定负载电压均为 DC 24V。模块与背板总线有光隔离，使用屏蔽电缆时最大距离为 200m。有短路保护，短路电流最大为 25mA，最大开路电压为 18V。

#### 6. 模拟量输入/输出模块（AI/AO）

AI/AO 模块有 SM334 和 SM335 两种，其中 SM335 为快速模拟量输入/输出模块。

模拟量 I/O 模块 SM334 有两种规格，一种是有 4 模拟量输入/2 模拟量输出的模拟量模块，其输入、输出精度为 8 位；另一种也是有 4 模拟量输入/2 模拟量输出的模拟量模块。其输入、输出精度为 12 位。SM334 模块输入测量范围为 0~10V 或 0~20mA，输出范围为 0~10V 或 0~20mA。AI/AO 模块的 I/O 测量范围的选择是通过恰当的接线而不是通过组态软件编程设定。与其他模拟量模块不同，SM334 没有负的测量范围，且精度比较低。

SM335 可以提供 4 个快速模拟量输入通道，基本转换时间最大为 1ms；4 个快速模拟量输出通道，每通道最大转换时间为 0.8ms；0V/25mA 的编码器电源；一个计数器输入（24V/500Hz）。SM335 具有两种特殊工作模式：测量模式（SM335 模块不断地测量模拟量输入值，而不更新模拟量输出，可以快速测量模拟量值）和比较器模式（SM335 模块对设定值与测量的模拟量输入值进行快速比较），且具有循环周期结束中断和诊断中断功能。

### 8.1.4 其他扩展模块

其他扩展模块还有串行通信模块 CP340，工业以太网通信模块 CP343，接口模块 IM153，远程 I/O 模块 ET200 等，相关技术信息可参照西门子 S7-300 系列 PLC 产品手册。

## 8.2 S7-300 系列 PLC 的数据类型和内部元件及其编址方式

### 8.2.1 数据类型

除了第 6 章中表 6-4 所示的基本数据类型以外，S7-300 系列 PLC 还有以下两种数据类型。

**1. 复合数据类型**

通过组合基本数据类型和复合数据类型可以生成下面的数据类型：

1）数组（ARRAY）。将一组同一类型的数据组合在一起，形成一个单元。

2）结构（STRUCT）。将一组不同类型的数据组合在一起，形成一个单元。

3）字符串（STRING）。最多有 254 字符（CHAR）的一维数组。

4）日期和时间（DATE_AND_TIME）。用于存储年、月、日、时、分、秒、毫秒和星期，占用 8B，用 BCD 格式保存。星期天的代码为 1，星期一~星期六的代码为 2~7。如 DT #2004-07-15-12：30：15.200 为 2004 年 7 月 15 日 12 时 30 分 15.2 秒。

5）用户定义的数据类型（user-defined data types，UDT）。在数据块 DB 和逻辑块的变量声明表中定义复合数据类型。

**2. 参数类型**

为在逻辑块之间传递参数的形式参数（formal parameter，简称形参）定义的数据类型，即：

1）定时器（TIMER）和计数器（COUNTER）。对应的实际参数（actual parameter，简称实参）应为定时器或计数器的编号，如 T3、C21。

2）块（BLOCK）。指定一个块用作输入和输出，实参应为同类型的块。

3）指针（POINTER）。指针用地址作为实参。如 P#M50.0。

4）ANY：用于实参的数据类型未知或实参可以使用任意数据类型的情况，占 10B。

## 8.2.2 内部元件及其编址方式

S7-300 系列 PLC 内部的数字量、模拟量输入/输出寄存器（I/Q）和辅助寄存器（M）同 S7-200 系列 PLC 中的元件名称、编址方式及使用方法完全一致，具体可参见第 6 章 6.2.2 节。

S7-300 系列 PLC 中并没有 S7-200 系列 PLC 中的变量寄存器（V）和特殊功能寄存器（SM），但它提供了大量的数据块（DB、DI）用于存储各种类型的数据，以及各种组织块（OB）来实现不同的特殊功能。此外定时器、计数器、累加器、状态寄存器、数据块寄存器的使用方法也有所不同，下面将一一进行介绍（其中定时器和计数器详见 8.4 节）。

**1. 累加器**（ACCUx）

32 位累加器用于处理字节、字或双字的寄存器。可以把操作数送入累加器，并在累加器中进行运算和处理，保存在 ACCU1 中的运算结果可以传送到存储区。S7-300 系列 PLC 有两个 32 位累加器（ACCU1 和 ACCU2）。8 位或 16 位数据放在累加器的低端（右对齐）。累加器在数学运算指令中的作用如下：

1）L IW20 //将 IW20 的内容装入累加器 1。

2）L MW2 //将累加器 1 中的内容装入累加器 2，将 MW2 中的内容装入累加器 1。

3）+I //累加器 1 和累加器 2 中低字的值相加，结果存储在累加器 1 中。

4）T DB1.DBW0 //累加器 1 中的运算结果传送到数据块 DB1 中的 DW0 中。

**2. 状态字寄存器**（16 位）

状态字用于表示 CPU 执行指令时所具有的状态。一些指令是否执行或以何方式执行可能取决于状态字中的某些位；执行指令时也可能改变状态字中的某些位；也能在位逻辑指令或字逻辑指令中访问并检测它们，其结构如图 8-4 所示。

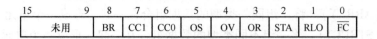

图 8-4  状态字寄存器结构

1) 首次检查位（$\overline{FC}$）。状态字的 0 位称作首次检查位，如果 $\overline{FC}$ 位的信号状态为 0，则表示伴随着下一条逻辑指令，程序中将开始一个新的逻辑串。在逻辑串指令执行过程中该位为 1，输出指令（=、R、S）或与 RLO（逻辑运算结果）有关的跳转指令将该位清零，表示一个逻辑串的结束。操作系统在执行程序时，判断首次检测位的值，其值为 0 时，就知道该指令是程序段的第一条指令或逻辑串的第一条指令。S7-200 系列 PLC 用 LD 和 LDN 指令来表示一个程序段或逻辑串的开始。S7-300/400 系列 PLC 因为没有类似的指令，所以用首次检测位来检测一个程序段或逻辑串的开始。

2) 逻辑运算结果（RLO）。状态字的第 1 位为 RLO 位，在二进制逻辑运算中用作暂时存储位，用来存储位逻辑指令或比较指令的结果。RLO 的状态为 1，表示有能流流到梯形图中运算点处；为 0 则表示无能流流到该点。可以用 RLO 触发跳转指令。

3) 状态位（STA）。状态字的第 2 位用以保存被寻址位的值。状态位总是向扫描指令（A、AN、O、…）或写指令（=、S、R）显示寻址位的状态（对于写指令，保存的寻址位状态是本条写指令执行后的该寻址位的状态）。

4) 或位（OR）。在先逻辑与后逻辑或的逻辑运算中，OR 位暂存逻辑与的操作结果，以便进行后面的逻辑或运算。其他指令将 OR 位复位。

5) 溢出位（OV）。若算术运算或浮点数比较指令执行时出现溢出、非法操作、不规范格式等错误，溢出位被置 1。如果后面的同类指令执行结果正常，则该位被清零。

6) 溢出状态保持位（OS）。OS 位是与 OV 位一起被置位的，而且在 OV 位被清零时 OS 仍保持，即保存了 OV 位，也就是说，它的状态不会由于下一个算术指令的结果而改变。? 这样，即使是在程序的后面部分，也还有机会判断数字区域是否溢出或者指令是否含有无效实数。OS 位只有通过 JOS（若 OS=1，则跳转）命令、块调用和块结束命令进行复位。

7) 条件码 1（CC1）和条件码 0（CC0）。这两位综合起来用于表示在累加器 1 中产生的算术运算或逻辑运算的结果与 0 的大小关系、比较指令的执行结果或移位指令的移出位状态，见表 8-1 和表 8-2。

表 8-1  算术运算后的 CC1 和 CC0

| CC1 | CC0 | 算术运算无溢出 | 整数算术运算有溢出 | 浮点数算术运算有溢出 |
|---|---|---|---|---|
| 0 | 0 | 结果=0 | 整数相加下溢出（负数绝对值过大） | 正数、负数绝对值过小 |
| 0 | 1 | 结果<0 | 乘法下溢出；加减法上溢出（正数过大） | 负数绝对值过大 |
| 1 | 0 | 结果>0 | 乘除法上溢出，加减法下溢出 | 正数上溢出 |
| 1 | 1 | — | 除法或 MOD 指令的除数为 0 | 非法的浮点数 |

188

表 8-2    指令执行后的 CC1 和 CC0

| CC1 | CC0 | 比较指令 | 移位和循环移位指令 | 字逻辑指令 |
|---|---|---|---|---|
| 0 | 0 | 累加器 2 = 累加器 1 | 移出位为 0 | 结果为 0 |
| 0 | 1 | 累加器 2 < 累加器 1 | — | — |
| 1 | 0 | 累加器 2 > 累加器 1 | — | 结果不为 0 |
| 1 | 1 | 非法的浮点数 | 移出位为 1 | — |

8）二进制结果位（BR）。二进制结果位将字处理程序与位处理联系起来，在一段既有位操作又有字操作的程序中，用于表示字逻辑是否正确。将 BR 位加入程序后，无论字操作结果如何，都不会造成二进制逻辑链中断。在梯形图的方块指令中，BR 位与 ENO 位有对应关系，用于表明方块指令是否被正确执行：如果执行出现了错误，BR 位为 0，ENO 位也为 0；如果功能被正确执行，BR 位为 1，ENO 位也为 1。在用户编写的 FB/FC 程序中，应该对 BR 位进行管理，功能块正确执行后，使 BR 位为 1，否则使其为 0。使用 SAVE 指令将 RLO 存入 BR 中，从而达到管理 BR 位的目的。

状态字的 9~15 位未使用。

**3. 数据块寄存器**

DB 和 DI 寄存器分别用来保存打开的共享数据块和背景数据块的编号。DB 为共享数据块（如 DB1. DBX2.3，DB1. DBB5，DB2. DBW10 和 DB3. DBD12 等），DI 为背景数据块。

## 8.2.3    硬件组态

在硬件组态方面，S7-300 系列 PLC 与 S7-200 系列 PLC 不同的是，S7-300 系列 PLC 在软件编程之前需先利用 STEP7 软件进行硬件组态。具体步骤如下：

新建工程—工程名称—插入 SIMATIC 300 站点—硬件—插入导轨（RACK）—1 号槽位插入电源模块（PS）—2 号槽位插入 CPU 模块—3 号槽位为接口模块（用于扩展机架，如无扩展机架此槽位空着）—4~11 号槽位插入实际应用的信号或功能模块—保存和编译—设置 PG/PC 接口—下载到站点。

需要注意的是，CPU 模块总是在机架的 2 号槽位上，1 号槽位安装电源模块（也可以不添加），3 号槽位安装接口模块。一个机架上最多只能再安装 8 个信号模块或功能模块，占据 4~11 号槽位。最多可以扩展为 4 个机架。数字量 I/O 模块每个槽划分为 4B（等于 32 个 I/O 点），模拟 I/O 模块每个槽划分为 16B（等于 8 个模拟量通道），每个模拟量输入或输出通道的地址总是一个字地址（W）。模块地址可以在硬件组态中修改。

利用 S7-300 系列 PLC 完成自动化项目的一般步骤如图 8-5 所示。

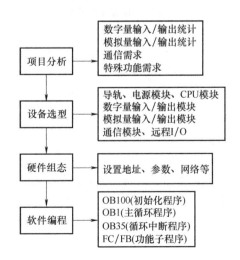

图 8-5    S7-300 系列 PLC 自动化
项目设计流程

## 8.3 S7-300 系列 PLC 的编程结构及基本逻辑指令

### 8.3.1 编程结构

S7-300 系列 PLC 的编程结构采用的是功能子程序模块结构方式，即用户程序和所需的各种数据均放置在各种模块中，可以使程序部件标准化，用户程序结构化，使程序易于修改、查错和调试，可显著增加用户程序的组织透明性、可理解性和易维护性。标准的 STEP7 编程软件配备了三种基本编程语言：梯形图（LAD）、语句表（STL）和功能块图（FBD）。此外 STEP7 还提供了适合于数据处理程序的结构化控制语言（SCL）、适合于顺序控制的图形化编程语言（S7 Graph）、适合于过程控制的连续功能图语言（CFC）等多种编程语言供用户选择。STEP7 编程结构中常用的功能子程序模块见表 8-3。

表 8-3　STEP7 编程结构中常用的功能子程序模块

| 功能子程序模块名称 | 简要描述 |
| --- | --- |
| 组织模块（OB） | 操作系统与用户应用程序的接口，决定用户程序的结构 |
| 系统功能模块（SFB） | 集成在 CPU 模块中，通过 SFB 调用一些重要的系统功能，有存储区 |
| 系统功能模块（SFC） | 集成在 CPU 模块中，通过 SFC 调用一些重要的系统功能，无存储区 |
| 功能模块（FB） | 用户编写包含经常使用功能的子程序，有存储区 |
| 功能模块（FC） | 用户编写包含经常使用功能的子程序，无存储区 |
| 背景数据模块（DI） | 调用 FB、SFB 时用于传递参数的数据块，在编译过程中自动生成数据 |
| 共享数据模块（DB） | 存储用户数据的数据区域，供所有的模块共享 |

**190**

表 8-3 中，OB 是系统操作程序与用户应用程序在各种条件下的接口界面，用于控制程序的运行。在 S7-300 系列 PLC 中提供了 100 多个不同组织模块用于控制扫描循环、中断程序的执行、PLC 的启动和各种错误处理等。具体应用如下：

1）OB1 用于循环处理，是用户程序中的主程序，在任何情况下，它都是需要的。

2）事件中断处理，需要时才被及时地处理。

3）中断的优先级，高优先级的 OB 可以中断低优先级的 OB。

功能模块（FB，FC）实际上是用户子程序，分为带记忆的功能模块 FB 和不带记忆的功能模块 FC。前者有一个数据结构与该功能模块的参数表完全相同的数据模块（DB）附属于该功能模块，并随着功能模块的调用而打开，随着功能模块的结束而关闭。该附属数据模块（DB）称为背景数据模块，存在背景数据模块中的数据在 FB 模块结束时继续保持，也即被记忆。功能模块 FC 没有背景数据模块，当 FC 完成操作后数据不能保持。数据模块（DB）是用户定义的用于存放数据的存储区。FB 与 FC 功能子程序模块的区别见表 8-4。

生成逻辑块（OB、FC、FB）时可以声明临时局域数据。这些数据是临时的局域（local）数据，只能在生成它们的逻辑块内使用。所有的逻辑块都可以使用共享数据模块 DB 中的共享数据。

表 8-4　FB 与 FC 功能子程序模块的区别

| 名称 | 功能 | 区别 | 背景数据块 |
|---|---|---|---|
| FB | 用户编写包含经常使用功能的子程序 | 有存储区，可以定义静态变量 | 需要 |
| FC | 用户编写包含经常使用功能的子程序 | 无存储区，不可以定义静态变量 | 不需要 |

S7-300 系列 PLC 的 CPU 还提供标准系统功能模块（SFB，SFC）。系统功能模块和系统功能是为用户提供的已经编好程序的模块，可以调用不能修改，属于操作系统的一部分，不占用户程序空间。SFB 有存储功能，其变量保存在指定给它的背景数据模块中。

## 8.3.2　基本逻辑指令

S7-300 系列 PLC 的基本逻辑指令同 S7-200 系列 PLC 大同小异，本节将以梯形图（LAD）为主，结合语句表形式仅对其不同之处加以说明。同 STEP7-Micro/WIN 软件编程时一样，在 STEP7 中也是以 Network 为单位的，即一个网络中只能容纳一个梯级。在语句表（STL）方式下，在每一条语句的右侧可以使用"//"符号开头进行注释。

**1. 位逻辑指令**

在 S7-300 系列 PLC 中，无须使用逻辑取指令（LD、LDN、LDI、LDNI）开始，可直接使用逻辑与（或）等指令（A、AN、O、ON）开始。此外，对于上升沿指令（FP）和下降沿指令（FN），还需指定一个单独的位存储地址用于存储目标地址上一扫描周期的值。在 STEP7 中有两种跳变沿检测指令：一种是对 RLO（逻辑运算结果）的跳变沿检测指令；另一种是对触点的跳变沿检测的功能框指令。注意：跳变沿指令的状态只维持一个扫描周期。

（1）跳变沿检测指令（FP、FN）

RLO 跳变沿检测指令可分为正跳沿检测和负跳沿检测，指令使用见表 8-5。注意：FP 和 FN 指令检测到的是 RLO 的状态变化，而不是触点的状态变化，尽管有时 RLO 与触点的变化状态相同。在一般情况下，RLO 可能是一个逻辑串的运算结果，并不单独与某个触点的状态直接相关。

表 8-5　RLO 跳变沿检测指令使用

| LAD 指令 | STL 指令 | 功能 | 操作数 | 数据类型 | 存储区 |
|---|---|---|---|---|---|
| <位地址><br>——( P )—— | FP<位地址> | 正跳沿检测 | <位地址> | BOOL | I、Q、M、D、L |
| <位地址><br>——( N )—— | FN<位地址> | 负跳沿检测 | <位地址> | BOOL | I、Q、M、D、L |

RLO 跳变沿检测梯形图如图 8-6 所示。当 I0.0 和 I0.1 组成的串联电路由断开变为接通时，即正跳沿检测元件（P）指令左侧的 RLO 由 0 变为 1（出现正跳沿），能流将在一个扫描周期流过（P）指令，从而使 Q0.0 接通一个扫描周期。当 I0.0 和 I0.1 组成的串联电路由断开变为接通时，即负跳沿检测元件（N）指令左侧的 RLO 由 1 变为 0（出现负跳沿），能流将在一个扫描周期流过（N）指令，从而使 Q0.1 接通一个扫描周期。检测元件的地址（图 8-6 中的 M0.0 和 M0.1）为边沿存储位，用来存储上一个周期此处的 RLO 值。

```
      I0.0           I0.1           M0.0           Q0.0
    ───┤├───────────┤├────────────( P )──────────( )───┤

      I0.0           I0.1           M0.1           Q0.1
    ───┤├───────────┤├────────────( N )──────────( )───┤
```

**图 8-6　RLO 跳变沿检测梯形图**

图 8-6 对应的语句表程序如下：

```
A    I 0.0
A    I0.1
FP   M0.0
=    Q0.0
A    I 0.0
A    I0.1
FN   M0.1
=    Q0.1
```

（2）触点跳变沿检测指令（BLD）

触点跳变沿检测指令（BLD）用来检测单个地址位的跳变，见表 8-6。<位地址 1>是要检测的触点，<位地址 2>存储被检测位上一个扫描周期触点的状态。当触点状态变化时，输出端 Q 接通一个扫描周期。

**表 8-6　触点跳变沿检测指令使用**

| 触点正跳沿检测 | 触点负跳沿检测 | 参数 | 数据类型 | 存储区 |
|---|---|---|---|---|
| <位地址1><br>┌─────┐<br>│ POS │<br>│    Q│<br>│M_BIT│<br><位地址2>└─────┘ | <位地址1><br>┌─────┐<br>│ NEG │<br>│    Q│<br>│M_BIT│<br><位地址2>└─────┘ | <位地址1>被检测的触点 | BOOL | I，Q，M，D，L |
| | | M_BIT 存储被检测位上一个扫描周期触点的状态 | BOOL | Q，M，D |
| | | Q 单稳输出 | BOOL | I，Q，M，D，L |

触点跳变沿检测指令应用如图 8-7 所示。

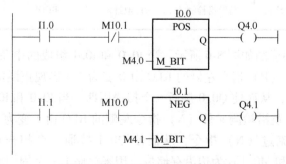

```
      I1.0        M10.1        I0.0
    ───┤├─────────┤/├───────┌─────┐      Q4.0
                           │ POS │     ( )
                           │    Q├──────
                    M4.0───┤M_BIT│
                           └─────┘

      I1.1        M10.0        I0.1
    ───┤├─────────┤├────────┌─────┐      Q4.1
                           │ NEG │     ( )
                           │    Q├──────
                    M4.1───┤M_BIT│
                           └─────┘
```

**图 8-7　触点跳变沿检测指令应用**

图 8-7 对应的语句表程序如下：

```
A      I 1.0
AN     M 10.1
A
(
A      I 0.0
BLD    100
FP     M 4.0
)
=      Q 4.0
A      I 1.1
A      M 10.0
A
(
A      I 0.1
BLD    100
FP     M 4.1
)
=      Q4.1
```

**2. 输出指令和逻辑块操作指令**

（1）输出指令

在 S7-300 系列 PLC 中，输出指令的梯形图（LAD）表示方式与 S7-200 系列 PLC 相同，具体见表 6-6。

**例 8-1**　例 6-1 用 STEP7 编程软件来实现时，梯形图与图 6-7 完全相同，而语句表（STL）形式如下：

```
A   I 0.0
A   I 0.1
AN  I 0.2
=   Q 0.0
A   I 0.4
O   I 0.5
ON  I 0.6
=   Q 0.1
```

（2）逻辑块操作指令

两个逻辑块或由 "O" 来实现，而两个逻辑块与由 "A （" 和 "A）" 配对使用实现。

**例 8-2**　例 6-2 用 STEP7 编程软件来实现时，梯形图指令与图 6-9 完全相同，而 STL 指令形式如下：

```
A
(
```

```
A    I 0.0
AN   I 0.1
O
A    I 0.2
A    I 0.3
)
A
(
A    I 0.4
A    I 0.5
O
AN   I 0.6
A    I 0.7
)
=    Q 0.1
```

### 3. 堆栈指令和 RS 触发器指令

（1）临时局部数据区（L 堆栈）

局部变量又称临时局部数据区（L 堆栈），位于 CPU 的工作存储区，用于存储程序块（OB、FB、FC）被调用时的临时数据，访问临时数据比访问数据块中的数据更快。

L 是局部变量，只能在局部使用，不能在全局使用。即只可以在这个程序块中使用，使用结束后就会自动复位，而不能被其他程序使用。临时变量的使用原则是先赋值、再使用。

S7-300 系列 PLC 中，每一个优先级的局部数据区的大小是固定的。一般在组织块中调用程序块（FB、FC 等），操作系统分配给每一个执行级（组织块 OB，一般在 OB 块执行并调用其他 FB、FC）的局部数据区的最大数量为 256B，组织块 OB 自己占去 20B 或 22B，还剩下最多 234B 可分配给 FB 或 FC。如果块中定义的局部数据的数量大于 256B，该块将不能下载到 CPU 中。

**例 8-3**  例 6-3 用 STEP7 编程软件来实现时，LAD 与图 6-11 完全相同，STL 指令形式如下：

```
ON   I 0.0
O    I 0.1
=    L 20.0
A    L 20.0
A    I 0.2
=    Q 0.0
A    L 20.0
A    I 0.3
=    L 20.1
A    L 20.1
AN   I 0.4
```

```
=    Q 0.1
A    L 20.1
A    I 0.5
=    Q 0.2
A    L 20.0
A    I 0.6
A    I 0.7
=    Q 0.3
```

其中 L20.0、L20.1 是局域变量。将梯形图转换为语句表时，局域变量是自动分配的。

（2）RS 触发器指令

与 S7-200 系列 PLC 指令完全相同，这里不再赘述。

**4. RLO 置位指令**（SET）、**复位指令**（CLR）

SET 与 CLR 指令可将 RLO 置位或复位，紧接在它们后面的赋值语句中的地址将变为 1 状态或 0 状态。具体如下：

1）SET   // 将 RLO 置位。

2）= M0.2　//M0.2 的线圈通电。

3）CLR    // 将 RLO 复位。

4）= Q4.7　//Q4.7 的线圈断电。

**5. 装入指令**（L）、**传送指令**（T）

装入（L）指令将源操作数装入累加器 1，而累加器 1 原有的数据移入累加器 2。装入指令可以对字节（8 位）、字节（16 位）、双字节（32 位）数据进行操作。

传送（T）指令将累加器 1 中的内容写入目的存储区中，累加器 1 的内容不变。

如要将 MD10 中的数据传动到 DB1.DB0 中，指令如下：

```
L    MD10        //将 32 位存储器数据装入累加器 1
T    DB1.DBD0    //将累加器 1 中的数据传送到数据块 1 中的数据双字节 DBD0
```

如要将设定值装入定时器或计数器，指令如下：

```
L    T5 //将定时器 T5 中的二进制时间值装入累加器 1 的低字节中
LC T5 //将定时器 T5 中的 BCD 码格式的时间值装入累加器 1 低字节中
L    C3 //将计数器 C3 中的二进制计数值装入累加器 1 的低字节中
LC C16 //将计数器 C16 中的 BCD 码格式的值装入累加器 1 的低字节中
```

# 8.4　S7-300 系列 PLC 的定时器指令与计数器指令

## 8.4.1　定时器指令

S7-300 系列 PLC 提供了 256 个内部定时器，延时时间及指令功能可按要求设定，使用非常方便。

在 CPU 内部，时间值以二进制格式存放，如图 8-8 所示，占定时器字的 0~9 位。可以按以下形式将时间预置值装入累加器的低位字：

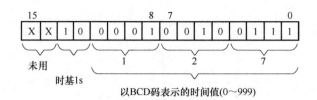

未用

时基1s

以BCD码表示的时间值(0~999)

**图 8-8　定时器字**

1）十六进制数 W#16#wxyz。其中 w 为时间基准，xyz 为 BCD 码形式的时间值。

2）S5T#aH_bM_cS_Dms。如 S5T#18S、S5T#1M18S。

时基代码为二进制数 00、01、10 和 11 时，对应的时基分别为 10ms、100ms、1s 和 10s。

共有 5 种形式的定时器，分别为脉冲定时器（SP）、扩展的脉冲定时器（SE）、接通延时定时器（SD）、保持型接通延时定时器（SS）和断开型延时定时器（SF）。与 S7-200 系列 PLC 不同的是，在 S7-300 系列 PLC 中定时器是以倒计时方式运行的。

**1. 脉冲定时器（SP）**

当脉冲定时器（SP）输入信号接通，定时器开始定时，输出为 1，定时器当前时间为定时设定值减去启动后的时间，定时时间到，定时器的时间值为 0，输出为 0。在定时期间，如果输入为 0，则当前时间值为 0，输出为 0。在定时期间，如果复位，则当前时间值为 0，输出为 0。

脉冲定时器（SP）指令应用如图 8-9 所示。

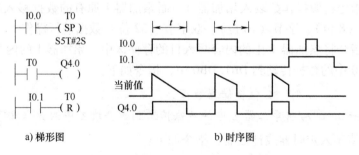

a) 梯形图　　　　　　　　　b) 时序图

**图 8-9　脉冲定时器（SP）指令应用**

图 8-9 对应的语句表指令如下：

```
A    I0.0
L    S5T#2S    //预置值 2s 送入累加器 1
SP   T0        //启动 T0
A    T0        //检查 T0 的信号状态
=    Q4.0      //T0 的定时器位为 1 时,Q4.0 的线圈通电
A    I0.1
R    T0        //复位 T0
```

**2. 扩展的脉冲定时器（SE）**

当扩展的脉冲定时器（SE）输入信号接通，定时器开始定时，输出为 1，定时器当前时间为定时设定值减去启动后的时间，定时时间到，定时器的时间值为 0，输出为 0。在定时

期间，如果输入为 0，则当前时间值为继续，输出为 1。在定时期间，如果输入又 0→1，则定时器重新启动。在定时期间，如果复位，则当前时间值为 0，输出为 0。

扩展的脉冲定时器（SE）的指令应用如图 8-10 所示。

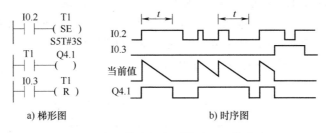

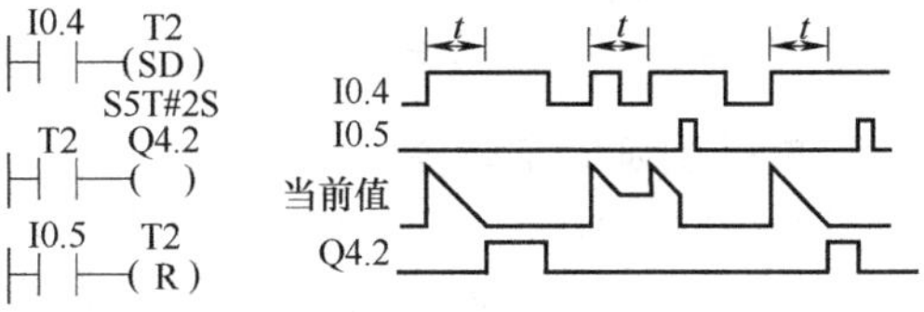

a) 梯形图　　　　　　　　　　b) 时序图

**图 8-10　扩展的脉冲定时器（SE）指令应用**

图 8-10 对应的语句表指令如下：

```
A    I 0.2
L    S5T#3S    //预置值 3s 送入累加器 1
SE   T1        //启动 T1
A    T1        //检查 T1 的信号状态
=    Q 4.1     //T1 的定时器位为 1 时,Q4.1 的线圈通电
A    I 0.3
R    T1        // 复位 T1
```

**3. 接通延时定时器（SD）**

当接通延时定时器（SD）输入信号接通，接通延时定时器开始定时，输出为 0，接通延时定时器当前时间为定时设定值减去启动后的时间，接通延时定时时间到，接通延时定时器的时间值为 0，输出为 1。当定时结束，输出为 1 后，输入 1→0，则输出为 0。在定时期间，如果输入为 1→0，则保持当前时间值。在定时期间，如果输入又 0→1，则定时器重新启动。在定时期间，如果复位，则当前时间值为 0，输出为 0。

**图 8-11　接通延时定时器（SD）指令应用**

接通延时定时器（SD）的指令应用如图 8-11 所示。

图 8-11 对应的语句表指令如下：

```
A    I 0.4
L    S5T#2S    //预置值 2s 送入累加器 1
SD   T2        //启动 T2
A    T2        //检查 T2 的信号状态
=    Q 4.2     //T2 的定时器位为 1 时,Q4.2 的线圈通电
A    I 0.5
R    T2        //复位 T2
```

197

### 4. 保持型接通延时定时器（SS）

当保持型接通延时定时器（SS）输入信号接通，保持型接通延时定时器开始定时，输出为 0，保持型接通延时定时器当前时间为定时设定值减去启动后的时间，定时时间到，保持型接通延时定时器的时间值为 0，输出为 1。当定时结束，输出为 1 后，输入 1→0，则输出为 1 保持。在定时期间，如果输入为 1→0，则继续。在定时期间，如果输入又 0→1，则定时器重新启动。在定时期间，如果复位，则当前时间值为 0，输出为 0。

保持型接通延时定时器（SS）指令应用如图 8-12 所示。

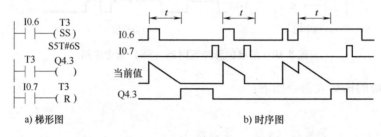

a) 梯形图　　　　　　　　　　　b) 时序图

**图 8-12　保持型接通延时定时器（SS）指令应用**

图 8-12 对应的语句表指令如下：

```
A    I 0.6
L    S5T#6S    //预置值 6s 送入累加器 1
SE   T3        //启动 T3
A    T3        //检查 T3 的信号状态
=    Q 4.3      //T3 的定时器位为 1 时,Q4.3 的线圈通电
A    I 0.7
R    T3        //复位 T3
```

### 5. 断开型延时定时器（SF）

当断开型延时定时器（SF）输入信号接通，输出为 1，当定时器输入断开时，定时器开始定时，定时器的时间到，输出为 0。在定时期间，如果输入为 0→1，则定时器时间不变，停止定时。在定时期间，如果输入又 1→0，则定时器重新启动。在定时期间，如果复位，则当前时间值为 0，输出为 0。

断开型延时定时器（SF）指令应用如图 8-13 所示。

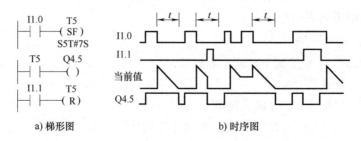

a) 梯形图　　　　　　　　　　　b) 时序图

**图 8-13　断开型延时定时器（SF）指令应用**

图 8-13 对应的语句表指令如下：

198

```
A    I 1.0
L    S5T#7S    //预置值 7s 送入累加器 1
SE   T5        //启动 T5
A    T5        //检查 T5 的信号状态
=    Q4.5      //T5 的定时器位为 1 时,Q4.5 的线圈通电
A    I 1.1
R    T5        //复位 T5
```

## 8.4.2　计数器指令

S7-300 系列 PLC 根据 CPU 的不同,最多允许使用 64~512 个计数器。有三种计数器可供选择:加计数器(CU)、减计数器(CD)和加/减计数器(CUD)。

### 1. 计数器的存储器区

每个计数器有一个 16 位的字用来存放它的当前计数值,同时也有一个二进制位代表计数器触点的状态。其中计数器字如图 8-14 所示,有两种表示形式(BCD 格式、二进制格式)。计数器指令的使用见表 8-7。

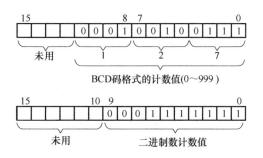

**图 8-14　计数器字**

表 8-7　计数器指令使用

| 功能 | LAD 指令 | 操作数 | 数据类型 | 存储区 | 说明 |
|---|---|---|---|---|---|
| 设定计数值 | C no<br>—( SC )<br>预置数 | 预置值 | WORD | I, Q,<br>M, D, L | 0~999,<br>BCD 码 |
| 加计数器线圈 | C no<br>—( CU )— | 计数器号 | Counter | C | 计数器总数<br>与 CPU 有关 |
| 减计数器线圈 | C no<br>— CD —— | | | | |

计数器字的 0~11 位是计数值的 BCD 码,计数值的范围为 0~999。二进制格式的计数值只占用计数器字的 0~9 位。

### 2. 计数器指令使用说明

与 S7-200 系列 PLC 不同的是,在 S7-300 系列 PLC 中只要计数器 C 的计数值不为 0,则计数器输出就为 1,若计数值等于 0,则输出也为 0。因此,为得到计数预置值指定的脉冲数,一般采用比较指令,或将计数值送入减计数器,当计数值减为 0 时,其触点动作。

加计数器指令的应用如图 8-15 所示。

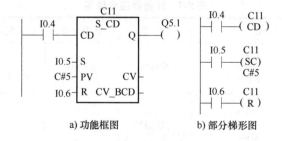

a) 功能框图　　　　　b) 部分梯形图

**图 8-15　加计数器指令应用**

图 8-15 对应的语句表指令如下:

```
A    I0.0     //在 I0.0 的上升沿
CU   C10      //加计数器 C10 的当前值加 1
BLD 101
A    I0.2     //在 I0.2 的上升沿
L    C#6      //计数器的预置值 6 被装入累加器的低字
S    C10      //将预置值装入计数器 C10
A    I0.3     //如果 I0.3 为 1
R    C10      //复位 C10
L    C10      //将 C10 的二进制计数当前值装入累加器 1
T    MW0      //将累加器 1 的内容传送到 MW0
LC   C10      //将 C10 的 BCD 计数当前值装入累加器 1
T    MW8      //将累加器 1 的内容传送到 MW8
A    C10      //如果 C10 的当前值非 0
=    Q 5.0    //Q 5.0 为 1 状态
```

减计数器的应用如图 8-16 所示。

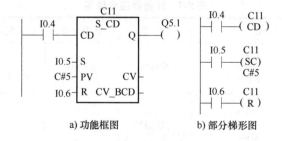

a) 功能框图　　　　　b) 部分梯形图

**图 8-16　减计数器指令应用**

# 8.5　S7-300 系列 PLC 的功能指令和步进顺序控制指令及编程方法

## 8.5.1　功能指令

S7-300 系列 PLC 的功能指令主要包括数据比较指令、数据转换指令、数学运算指令、逻辑控制指令和程序控制指令等几大类，使用方法同 S7-200 系列 PLC 基本类似，具体可参考相应编程手册，这里不再赘述。

## 8.5.2　步进顺序控制及编程方法

在 S7-300 系列 PLC 中，实现步进顺序控制有两种方法：一是另外安装专门应用于步进顺控的 S7 Graph 语言；二是利用起保停电路或置位、复位指令来设计步进顺序控制梯形图。本节主要介绍以第二种方法的置位、复位指令来实现步进顺序控制的方法。

对于步进顺序控制过程首先要用功能图将其描述出来，功能图的设计方法详见 7.1.2 小节。

在 S7-200 系列 PLC 中有专门的状态寄存器 Sn 来代表各步，当转换条件满足时自动置位 Sn+1、复位 Sn。而在 S7-300 系列 PLC 中没有专门的状态寄存器 S，可以用 M 来代替，但是当转换条件满足时系统不会自动置位和复位相应的状态步，这就需要利用置位、复位指令来实现。

图 8-17 为 S7-200 系列 PLC 中步进顺序控制的功能图、梯形图和语句表。当 I0.1 为 1 时，系统自动将 S0.1 置位为 1，当 I0.1 为 1 时，系统自动将 S0.2 置位为 1、将 S0.1 复位为 1，其余同理。若在 S7-300 系列 PLC 中实现，其功能图完全一样，梯形图如图 8-18 所示，即利用 M0.1、M0.2、M0.3 分别代替 S0.1、S0.2、S0.3，但是需要在转移条件满足时将相应的状态步置位和复位。

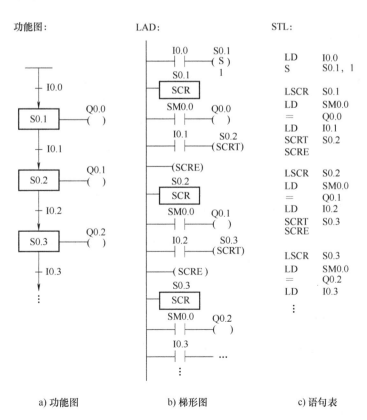

图 8-17　S7-200 系列 PLC 中步进顺序控制的功能图、梯形图和语句表

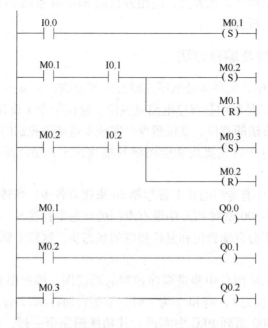

**图 8-18   S7-300 系列 PLC 中步进顺序控制的梯形图**

图 8-18 对应的语句表指令如下：

```
A    I 0.0              R    M 0.2
S    M 0.1              A    M 0.1
A    M 0.1              =    Q 0.0
A    I 0.1              A    M 0.2
S    M 0.2              =    Q 0.1
R    M 0.1              A    M 0.3
A    M 0.2              =    Q 0.2
A    I 0.2
S    M 0.3
```

图 8-19 为 S7-300 系列 PLC 中并行性分支的处理方法。

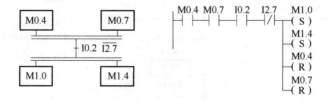

**图 8-19   S7-300 系列 PLC 中并行性分支的处理方法**

 **思考题与习题**

8-1   简述 S7-300 系列 PLC 的基本构成。

8-2　S7-300 系列 PLC 在系统扩展时应注意哪些问题?

8-3　简述 S7-300 系列 PLC 扩展模块的具体分类。

8-4　简述 S7-300 系列 PLC 的硬件组态步骤。

8-5　用 S7-300 系列 PLC 的梯形图程序实现一台电动机的定子串电阻减压起动过程。使用的低压电器及 PLC 的 I/O 地址自行设计,减压起动过程设定为 3s。

8-6　简述 S7-300 系列 PLC 定时器指令 SP、SE、SD、SS、SF 的工作特性。

8-7　按照习题 7-3 的要求,试设计 S7-300 系列 PLC 系统的梯形图程序。

8-8　按照习题 7-4 的要求,试设计 S7-300 系列 PLC 系统的梯形图程序。

# 第 9 章
# 西门子S7-1200系列PLC及编程方法

西门子 S7-1200 系列 PLC 是一款紧凑型、模块化的 PLC，可完成简单逻辑控制、高级逻辑控制、HMI 和网络通信等任务。对于需要网络通信功能和单屏或多屏 HMI 的自动化系统，使用 S7-1200 系列 PLC 易于设计和实施。S7-1200 系列 PLC 具有支持小型运动控制系统、过程控制系统的高级应用功能。本章将以 SIMATIC S7-1200 系列 PLC 为例，讲述该系列 PLC 的硬件结构、指令系统和程序设计方法。

## 9.1 S7-1200 系列 PLC 的功能定位和硬件组成

西门子 S7-1200 系列 PLC 具有用于进行计算和测量、闭环回路控制和运动控制的集成技术，是一个功能非常强大的系统，可以实现多种类型的自动化任务。S7-1200 系列 PLC 在西门子 PLC 系列产品中的功能定位如图 9-1 所示。

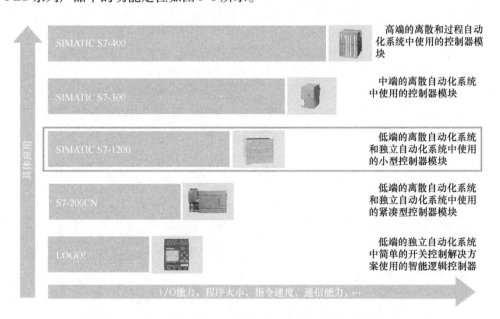

图 9-1　S7-1200 系列 PLC 在西门子 PLC 系列产品中的功能定位

SIMATIC S7-1200 系列 PLC 具有集成 PROFINET 接口、强大的集成工艺功能和灵活的可扩展性等特点，为各种工艺任务提供了简单的通信和有效的解决方案，尤其满足多种应用中完全不同的自动化需求。图 9-2 为 S7-1200 系列 PLC 的硬件组合图。

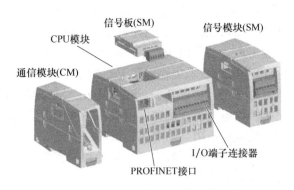

图 9-2 S7-1200 系列 PLC 的硬件组合图

## 9.1.1 S7-1200 系列 PLC 系统的基本构成

SIMATIC S7-1200 系列 PLC 是将微处理器、集成电源、输入和输出电路、内置 PROFI-NET、高速运动控制 I/O 以及板载模拟量输入组合到一个设计紧凑的外壳中来形成功能强大的控制器。S7-1200 系列 PLC 提供了各种模块和插入式板，用于通过附加 I/O 或其他通信协议来扩展 CPU 的功能。

1）电源模块（PM1207）。带输入电压范围自动选择功能。其设计和功能适用于 SIMATIC S7-1200 系列 PLC。PM1207 将 120/230V 交流电压转换为 24V 直流电压，输出电流为 2.5A，为其余模块、人机界面、传感器和执行器使用。在硬件组态中可以直接固定到 S7-1200 系列 PLC 安装导轨上，并可直接安装到 CPU 的左侧（无须留出安装空隙）。

2）CPU 模块。S7-1200 系列 PLC 的 CPU 模块将微处理器、电源、数字量输入/输出电路、模拟量输入/输出电路、PROFINET 以太网接口、高速运动控制功能组合到一个设计紧凑的外壳中。每块 CPU 内可以安装一块信号板，安装以后不会改变 CPU 的外形和体积。图 9-3 为 S7-1200 系列 PLC 的 CPU 模块。

微处理器相当于人的大脑和心脏，它不断地采集输入信号，执行用户程序，刷新系统的输出，存储器用来储存程序和数据。

S7-1200 系列 PLC 集成的 PROFINET 接口用于与编程计算机、HMI、其他 PLC 或其他设备通信。此外它还通过开放的以太网协议支持与第三方设备的通信。

3）信号模块（SM）。输入模块和输出模块简称为 I/O 模块，数字量（又称为

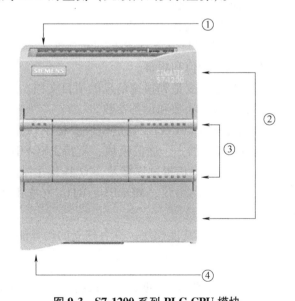

图 9-3 S7-1200 系列 PLC CPU 模块
①—电源接口 ②—可拆卸用户接线连接器（保护盖下面）
③—板载 I/O 的状态 LED ④—PROFINET
连接器（CPU 的底部）

开关量）输入模块和数字量输出模块简称为 DI 模块和 DO 模块，模拟量输入模块和模拟量

205

输出模块简称为 AI 模块和 AO 模块，它们统称为信号模块（SM）。

信号模块安装在 CPU 模块的右边，扩展能力最强的 CPU 可以扩展 8 个信号模块，以增加数字量和模拟量输入、输出点。信号模块是系统的眼、耳、手、脚，是联系外部现场设备和 CPU 的桥梁。输入模块用来接收和采集输入信号，数字量输入模块用来接收从按钮、选择开关、数字拨码开关、限位开关、接近开关、光电开关、压力继电器等传来的数字量输入信号。模拟量输入模块用来接收电位器、测速发电机和各种变送器提供的连续变化的模拟量电流、电压信号，或者直接接收热电阻、热电偶提供的仪表温度信号。数字量输出模块用来控制接触器、电磁阀、电磁铁、指示灯、数字显示装置和报警装置等输出设备，模拟量输出模块用来控制电动调节阀、变频器等执行器。

CPU 模块内部的工作电压一般为 DC 5V，而 PLC 的外部输入/输出信号电压一般较高，如 DC 24V 或 AC 220V。从外部引入的尖峰电压和干扰噪声可能损坏 CPU 中的元器件，或使 PLC 不能正常工作。在信号模块中，用光电耦合器、光电晶闸管、小型继电器等器件来隔离 PLC 的内部电路和外部的输入、输出电路。信号模块除了传递信号外，还有电平转换与隔离的作用。

4）接口模块（IM）。多达 8 个信号模块可连接到扩展能力最高的 CPU，以支持更多的数字量和模拟量输入/输出信号连接。

5）串口通信模块（CM 1241）。用于执行强大的点对点高速串行通信，执行协议包括 ASCII，USS 驱动协议，MODBUS RTU，可装载其他协议。

6）人机界面（HMI）。HMI 为操作员和生产过程提供接口，可以通过它对设备进行操作和监控。为操作和监控设备和工厂，自动化任务入口可以提供以下功能：

① 显示生产过程。

② 操作生产过程。

③ 输出报警。

④ 归档过程值和报警。

⑤ 生成过程变量和报警信息的项目文档。

⑥ 管理过程参数和设备参数。

7）通信模块（CM）。通信模块安装在 CPU 模块的左边，SIMATIC S7-1200 系列 PLC 的 CPU 最多可以添加 3 个通信模块，支持 PROFIBUS 主从站通信，RS485 和 RS232 通信模块为点对点的串行通信提供连接及 I/O 连接主站。对该通信的组态和编程采用了扩展指令或库功能、USS 驱动协议、MODBUS RTU 主站和从站协议，它们都包含在 SIMATIC STEP 7 Basic 工程组态系统中。

8）其他特殊功能模块。具有独立的运算能力，能实现特定的功能，如紧凑型交换机模块、位置控制模块、高速计数器模块、闭环控制模块、温度控制模块等。

## 9.1.2　S7-1200 系列 PLC 系统的 CPU 模块

### 1. CPU 模块的分类

S7-1200 系列 PLC 的 CPU 模块分为 CPU1211C、CPU1212C、CPU1214C、CPU1215C 和 CPU1217C，又根据电源信号、输入信号、输出信号的类型各有三种版本，分别为 DC/DC/DC，DC/DC/RLY 和 AC/DC/RLY，其中 DC 表示直流、AC 表示交流、RLY 表示继电器，见表 9-1。

表 9-1　S7-1200 系列 PLC 的 CPU 的三种版本

| 版本 | 电源电压/V | DI 输入电压/V | DO 输出电压/V | DO 输出电流 |
| --- | --- | --- | --- | --- |
| DC/DC/DC | DC 24 | DC 24 | DC 24 | 0.5A，MOSFET |
| DC/DC/RLY | DC 24 | DC 24 | DC 5~30<br>AC 5~250 | 2A，DC 30W/AC 200W |
| AC/DC/RLY | AC 85~264 | DC 24 | DC 5~30<br>AC 5~250 | 2A，DC 30W/AC 200W |

**2. CPU 操作模式**

S7-1200 系列 PLC 的 CPU 模块没有运行状态的控制开关，用户可以通过 TIA Portal 软件来控制 CPU 处于何种状态（是运行还是停止）。S7-1200 系列 PLC 的 CPU 模块共有三种操作模式：

1）停止模式（STOP）。CPU 不执行用户程序，不自动更新过程映像区，用户可以下载项目程序。

2）启动模式（STARTUP）。执行启动 OB（如果存在）程序一次。

3）运行模式（RUN）。CPU 循环执行用户程序，此程序可以被中断事件在任意点中断，用户可以下载项目程序。

当 S7-1200 系列 PLC 的 CPU 在上电时，其最终状态由用户在 S7-1200 系列 PLC 的 CPU 属性的 Startup 界面中指定。上电后 CPU 处于停止模式。在暖启动后进入运行模式。

在暖启动后进入断电前 CPU 所处的模式：如果断电前 CPU 处于 STOP 模式，则再上电后 CPU 处于 STOP 模式；如果断电前 CPU 处于 RUN 模式，则再上电后 CPU 处于 RUN 模式。

**3. CPU 面板**

S7-1200 系列 PLC 不同型号的 CPU 面板是类似的，在此以 CPU1214C 为例进行介绍。CPU 有三类运行状态指示灯，用于提供 CPU 模块的运行状态信息。

（1）STOP/RUN 指示灯

该指示灯的颜色为纯橙色时指示 STOP 模式，纯绿色时指示 RUN 模式，绿色和橙色交替闪烁指示 CPU 正在启动。

（2）ERROR 指示灯

该指示灯为红色闪烁状态时指示有错误，如 CPU 内部错误、存储卡错误或组态错误等，纯红色时指示硬件出现故障。

（3）MAINT 指示灯

该指示灯在每次插入存储卡时闪烁。

CPU 模块上的 I/O 状态指示灯用来指示各数字量输入或输出的信号状态。CPU 模块上提供了一个以太网通信接口用于实现以太网通信，还提供了两个可指示以太网通信状态的指示灯，其中"Link"（绿色）点亮表示连接成功，"Rx/Tx"（黄色）点亮指示传输活动。

**4. CPU 密码保护**

用户可以选择以下三种 CPU 密码保护状态：

1）没有保护（no protection），允许所有访问。

2）写保护（write protection），当修改 CPU 中内容及更改 CPU 运行模式时，需要输入密码；读操作、HMI访问、PLC与PLC之间的通信，不需要密码。

3）读/写保护（read/write protection）　当读取/修改CPU中内容及更改CPU运行模式时，需要输入密码；读操作、HMI访问、PLC与PLC之间的通信，不需要密码。

## 9.1.3　S7-1200系列PLC系统的信号模块及选择

### 1. 六类模块用来扩展CPU的能力

1）数字量输入模块。

2）数字量输出模块。

3）数字量输入/输出模块。

4）模拟量输入模块。

5）模拟量输出模块。

6）模拟量输入/输出模块。

### 2. 数字量模块

模块上各路数字量均有输入/输出I/O指示灯，另外还有模块状态诊断指示灯。指示灯为绿色时表示模块处于运行状态；红色时，表示有故障或处于非运行状态。有8、16、32点数字量输入/输出模块，满足不同需要。

### 3. 模拟量模块

1）4通道模拟量输入模块SM1231（4AI）。$4 \times 13$位，模拟量输入可选$\pm 10V$、$\pm 5V$、$\pm 2.5V$，或$0 \sim 20mA$电流。分辨率12位加上符号位，电压输入的输入电阻大于或等于$9M\Omega$，电流输入电阻为$250\Omega$，模块有中断和诊断功能。

2）2通道模拟量输出模块SM1232（2AO）。$2 \times 14$位，模块输出电压为$\pm 10V$时，分辨率为14位，最小负载阻抗为$10k\Omega$；输出电流为$0 \sim 20mA$，分辨率为13位，最大负载阻抗为$600\Omega$，有中断和诊断功能。

3）4通道模拟量输入模块/2通道模拟量输出模块SM1234（4AI/2AO）。功能是以上两种模块的组合。

### 4. 开关量输入模块的选择

开关量输入模块用来接收现场输入设备的开关信号。将信号转换成PLC内部能接收的低电压信号，并实现PLC内外信号的电气隔离。选择时主要考虑以下几个方面：

1）输入信号的类型及电压等级。开关量输入模块有直流输入、交流输入和交流/直流输入三种类型。选择时主要根据现场输入信号和周围环境因素等。开关量输入模块的输入信号的电压等级有DC 5V、12V、24V、48V、60V等；AC 110V、220V等。

2）现场输入设备与输入模块之间的距离。一般5V、12V、24V用于传输距离较近的场合，如5V输入模块最远不得超过10m。距离较远的则应该选用输入电压等级较高的模块。

3）输入接线方式。有汇点式和分组式两种接线方式。

### 5. 开关量输出模块的选择

开关量输出模块是将PLC内部的低电压转换成驱动外部输出设备的开关信号，实现PLC内外信号的电气隔离。选择时应考虑以下几方面：

（1）输出方式

输出方式有继电器输出、晶体管输出、晶闸管输出三种。

1）继电器输出的价格低廉，可以驱动交流负载和直流负载，而且适用的电压范围较宽，能承受瞬时过电压和过电流，属于有触点元件，动作速度较慢，寿命较短、可靠性较差，适用于不频繁通断的场合。

2）晶体管输出只能用于直流负载，适用于频繁通断的场合，属于无触点元件。

3）晶闸管输出只能用于交流负载，适用于频繁通断的场合，属于无触点元件。

（2）输出接线方式

1）分组式输出。几个输出点为一组，共用一个公共端，各组之间是分隔的，可分别用于驱动不同类型电源的外部设备。

2）分隔式输出。每一个输出点只有一个公共端，各输出点之间相互隔离。

选择输出接线方式时主要根据 PLC 输出设备的电源类型和电压等级而定。一般整体式 PLC 既有分组式输出也有分隔式输出。

## 9.2　S7-1200 系列 PLC 的数据类型和内部元件及其寻址方式

### 9.2.1　数据类型

除了第 6 章表 6-4 中的基本数据类型和第 8 章中 8.2.1 小节介绍的数据类型以外，S7-1200 系列 PLC 还有以下几种类型。

**1. Variant 指针数据类型**

Variant 指针数据类型可以指向不同数据类型的变量或参数。Variant 指针可以指向结构和单独的结构元素，并且不会占用存储器的任何空间。

**2. 访问一个变量数据类型的片段**

Variant 指针可以根据变量大小按位、字节或字级别访问 PLC 变量和数据块变量。访问此类数据片段的语法如下：

"<PLC 变量名称>". xn （按位访问）；

"<PLC 变量名称>". bn （按字节访问）；

"<PLC 变量名称>". wn （按字访问）；

"<数据块名称>". <变量名称>. xn （按位访问）；

"<数据块名称>". <变量名称>. bn （按字节访问）；

"<数据块名称>". <变量名称>. wn （按字访问）。

双字大小的变量可按位 0~31、字节 0~3 或字 0、1 访问；一个字大小的变量可按位 0~15，字节 0、1 或字 0 访问；字节大小的变量则可按位 0~7 或字节 0 访问。当预期操作数为位、字节或字时，则可使用位、字节和字片段访问方式。

**3. 访问带有一个 AT 覆盖的变量**

借助 AT 变量覆盖，可通过一个不同数据类型的覆盖声明访问标准访问块中已声明的变量。如可以通过"Array of Bool"寻址数据类型为字节、字或双字变量的各个位。

### 9.2.2　存储区及其寻址方式

**1. 存储器**

S7-1200 系列 PLC 的 CPU 提供了存储器来储存用户程序及组态信息，见表 9-2。

209

表 9-2　系统存储器划分

| 存储器类型 | 说明 |
| --- | --- |
| 装载存储器 | 动态装载存储器 RAM |
| | 可保持装载存储器 $E^2PRAM$ |
| 工作存储器 | 代码工作存储器 |
| | 数据工作存储器 |
| 保持存储器 | 工作存储器中的非易失性部分存储器 |
| 系统存储器 | 输入过程映像存储器、输出过程映像存储器 |
| | 位存储器 |
| | 临时数据存储器 |
| | 数据块存储器 |

（1）装载存储器（load memory）

装载储存器分为动态装载存储器 RAM 和可保持装载存储器 $E^2PRAM$ 两种类型。装载存储器是可读可写的存储器，是非易失性存储器，可以用来存储用户程序、数据及组态。当一个项目被下载到 CPU 时，它首先被存储在装载存储器当中。当电源丢失时，此存储器内容可以保持。S7-1200 系列 PLC 的 CPU 集成了装载存储器，用户也可以通过存储卡来扩展装载存储器容量。

（2）工作存储器（work memory）

工作存储器是集成在 CPU 内部的 RAM 存储器，容量根据型号确定，不能扩展。工作存储器可分为代码工作存储器和数据工作存储器，分别用来保存与程序运行有关的代码（OB/FC/FB）和数据块（DB）。当 CPU 上电时，用户程序将从装载存储器被复制到工作存储器运行。工作存储器的内容在 CPU 掉电时将丢失。

工作存储器类似个人计算机中的内存条，断电时数据会丢失，恢复供电时 CPU 会从装载存储器复制数据到工作存储器。

（3）保持存储器（retention memory）

保持存储器是工作存储器中的非易失性部分存储器，它可以在 CPU 掉电时保存用户指定地址区域的数据，当电源恢复时 CPU 会把保存的数据还原到原来的地址。

（4）系统存储器（system memory）

系统存储器包括输入过程映像存储器、输出过程映像存储器、位存储器、临时数据存储器、数据块存储器。PLC 的 CPU 在每个循环周期的开始都会扫描外设的物理地址，并把得到的数据存放到输入过程映像存储器区。该存储区允许用户程序以位、字节、字或者双字的形式进行访问。输入过程映像存储器区允许读写操作，但一般情况都是进行读操作。

**2. 诊断缓冲存储器区**

在电源正常的情况下，CPU 的诊断缓冲存储器区可以存储最多 50 条最近的诊断事件，其中 10 条掉电保持，每条记录将包括事件发生的时间、类别及描述。事件记录遵循最新记录依次替代旧记录的规则。

**3. 系统及时钟脉冲存储器区**

用户可以在 CPU 的属性中选择是否使用系统存储器区和时钟脉冲存储器区。

**4. 数据存储器区及内存存储器区的寻址**

为了存储数据，S7-1200 系列 PLC 的 CPU 提供了如下寻址选项：

1）输入/输出过程映像存储器区。输入（I）/输出（Q）过程映像存储器区，用户可以在程序中访问此区域来读取输入/输出。

2）物理输入/输出区域。相对于输入/输出过程映像存储器区，用户可以通过在输入/输出过程映像存储器区地址后增加"：P"的格式来直接访问物理输入/输出区域。

3）数据块（DB）。数据块可以分为两种：一种是全局数据块（global DB），用来存储所有块都需要访问的数据；另外一种是背景数据块（instance DB），用来存储某个 FB 的结构与参数。

4）临时存储器（temp memory）。CPU 在调用程序块时，都会为其分配临时存储区域，此区域用来存储临时数据。当次程序块执行完毕，此临时存储区域将被系统释放，并被重新分配以供其他程序块使用。

地址访问包括以下格式：

位寻址：I0. 0，M0. 0，DB1. DBX0. 0；

字节寻址：IB0，MB0，DB1. DBB0；

字寻址：IW0，MW0，DB1. DBW0；

双字节寻址：ID0，MD0，DB1. DBD0；

符号寻址："STOP"，"START"。

## 9.2.3　硬件组态

SIMATIC STEP 7 Basic 是西门子公司开发的高集成度工程组态系统，包括面向任务的 HMI 智能组态软件 SIMATIC WinCC Basic。上述两个软件集成在一起，也称为 TIA（totally integrated automation）Portal，它提供了直观易用的编辑器，用于对 S7-1200 系列 PLC 和精简系列面板进行高效组态。

除了支持编程以外，STEP 7 Basic 还为硬件和网络组态、诊断等提供通用的工程组态框架。STEP 7 Basic 提供了两种编程语言——LAD 和 FBD。

STEP 7 Basic 有两种视图：Portal（门户）视图，可以概览自动化项目的所有任务；项目视图，将整个项目（包括 PLC 和 HMI）按多层结构显示在项目树中。

当新建一个项目后，应当先进行硬件组态，S7-1200 系列 PLC 的 CPU 的硬件组态是项目程序编写的基础，遵循"所见即所得"的原则。

TIA Portal 可用来帮助用户创建自动化系统，关键的组态步骤如下：

1）创建项目。

2）配置硬件。

3）联网设备。

4）对 PLC 编程。

5）组态可视化。

6）加载组态数据。

7）使用在线和诊断功能。

**211**

## 9.3 S7-1200 系列 PLC 的编程结构及基本逻辑指令

### 9.3.1 编程结构

**1. 用户程序结构**

用户在设计一个 PLC 系统时有多种多样的设计方法，此处推荐如下操作步骤：

1）分解控制过程或机械设备至多个子部分。

2）生成每个子部分的功能描述。

3）设计安全回路。

4）基于每个子部分的功能描述设计，为每个子部分设计电气及机械部分，分配开关、显示/指示设备，绘制图样。

5）为每个子部分的电气设计分配模块，指定模块输入/输出地址。

6）生成程序/输入/输出中需要的地址符号名。

7）为每个子部分编写相应的程序，单独调试这些子程序。

8）设计程序结构，联合调试子程序。

9）项目程序差错/改进。

**2. 添加用户变量表**

在 S7-1200 系列 PLC 的 CPU 编程理念中，特别强调符号寻址的使用。在开始编写程序之前，用户应当为输入/输出/中间变量定义在程序中使用的标签（tag）。用户需要为变量定义标签名称及数据类型。标签名称原则以易于记忆，不易混淆为准。

**3. 使用块来构建程序**

创建用于自动化任务的用户程序时，需要将程序的指令插入代码块中：

1）组织块（OB）对应于 CPU 中的特定事件，并可中断用户程序的执行。用于循环执行用户程序的默认组织块（OB1）为用户程序提供基本结构。如果程序中包括其他 OB，这些 OB 会中断 OB1 的执行，其他 OB 可执行特定功能，如用于启动任务、用于处理中断和错误或者用于按特定的时间间隔执行特定的程序代码。

2）功能块（FB）是从另一个代码块（OB、FB 或 FC）进行调用时执行的子例程。调用块将参数传递到 FB，并标识可存储特定调用数据或该 FB 实例的特定数据块（DB）。更改背景 DB 可使通用 FB 控制一组设备的运行。如借助包含每个泵或阀门的特定运行参数的不同背景数据块，一个 FB 可控制多个泵或阀。

3）功能（FC）是从另一个代码块（OB、FB 或 FC）进行调用时执行的子例程。FC 不具有相关的背景 DB，调用块将参数传递给 FC，FC 中的输出值必须写入存储器地址或全局 DB 中。

### 9.3.2 基本逻辑指令

**1. 位逻辑指令**

S7-1200 系列 PLC 与 S7-300 系列 PLC 一样，无须使用逻辑取指令（LD、LDN、LDI、LDNI）开始，可直接使用 CALL 和逻辑与（或）等指令（A、AN、O、ON）开始。

常用的位逻辑指令见表 9-3。

表 9-3　常用的位逻辑指令

| 图形符号 | 功能 | 图形符号 | 功能 |
|---|---|---|---|
| ─┤ ├─ | 常开触点（地址） | ─( S )─ | 置位线圈 |
| ─┤/├─ | 常闭触点（地址） | ─( R )─ | 复位线圈 |
| ─( )─ | 输出线圈 | ─( SET_BF )─ | 置位域 |
| ─(/)─ | 反向输出线圈 | ─( RESET_BF )─ | 复位域 |
| ─┤NOT├─ | 取反 | ─┤P├─ | P 触点，上升沿检测 |
| RS 置位优先型 RS 触发器（RS R Q S1） | RS 置位优先型 RS 触发器 | ─┤N├─ | N 触点，下降沿检测 |
| | | ─( P )─ | P 线圈，上升沿 |
| | | ─( N )─ | N 线圈，下降沿 |
| SR 复位优先型 SR 触发器（SR S Q R1） | SR 复位优先型 SR 触发器 | P_TRIG（CLK Q） | P_Trig，上升沿 |
| | | N_TRIG（CLK Q） | N_Trig，下降沿 |

（1）置位、复位指令（SET、RESET）

图 9-4 为 S7-1200 系列 PLC 的置位、复位指令梯形图和时序图，最主要的特点是有记忆和保持功能。其中图 9-4a 为置位、复位指令梯形图，图 9-4b 为置位、复位指令时序图。

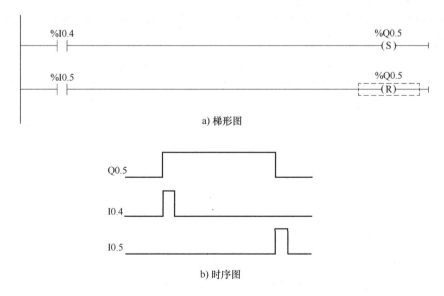

图 9-4　置位、复位指令梯形图和时序图

图 9-4a 中，当 I0.4 = 1 时，Q0.5 被置位，此时即使 I0.4 不再满足上述条件，Q0.5 仍然保持为 1，直到 Q0.5 对应的复位条件满足，即 I0.5 = 1 时，Q0.5 被复位为 0。

图 9-4 对应的语句表程序如下：

```
L  % I0.4
S  % Q0.5
L  % I0.5
R  % Q0.5
```

（2）多点置位、复位指令（SET_BF、RESET_BF）

多点置位指令将指定地址开始的连续若干个地址置位（变为 1 状态并保持）。

多点复位指令将指定地址开始的连续若干个地址复位（变为 0 状态并保持）。

如图 9-5 所示，当检测到 I0.6 位上升沿时，置位域指令 SET_BF 被激活，从地址 M0.0~M0.3 开始的"4"位分配数据值 1，SET_BF 不激活时，OUT 不变。当检测到 M4.4 位下降沿时，复位域指令 RESET_BF 被激活，从地址 M5.4~M5.6 开始的"3"位分配数值 0。

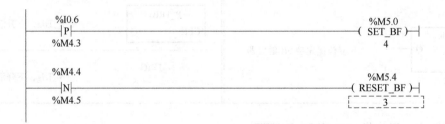

**图 9-5　多点置位、复位指令梯形图**

（3）复位优先、置位优先锁存器

表 9-4 所列为 S7-1200 系列 PLC 的复位优先锁存器、置位优先锁存器状态。图 9-6 为复位优先、置位优先锁存器梯形图。

**表 9-4　复位优先锁存器、置位优先锁存器状态**

| 复位优先锁存器 | | | 置位优先锁存器 | | |
|---|---|---|---|---|---|
| S | R1 | 输出位 | R | S1 | 输出位 |
| 0 | 0 | 保持前一状态 | 0 | 0 | 保持前一状态 |
| 0 | 1 | 0 | 1 | 0 | 0 |
| 1 | 0 | 1 | 0 | 1 | 1 |
| 1 | 1 | 0 | 0 | 0 | 1 |

图 9-6 中，当 M7.0=1，M7.1=0 时，操作数 M7.2=1，输出 Q 置位为 1，则 M7.3 被置位。当 M7.4=1，M7.5=0 时，操作数 M7.6 复位为 0，输出 Q 复位为 0。

（4）边缘检测线圈指令

图 9-7 为边缘检测线圈指令梯形图。

图 9-7 中，上升沿检测线圈仅在流进该线圈的能流的上升沿，输出位 M6.1 为 1 状态，M6.2 为边沿存储位。在 I0.7 的上升沿，M6.1 的常开触点闭合一个扫描周期，使 M6.6 置位，在 I0.7 的下降沿，M6.3 的常开触点闭合一个扫描周期，使 M6.6 复位。

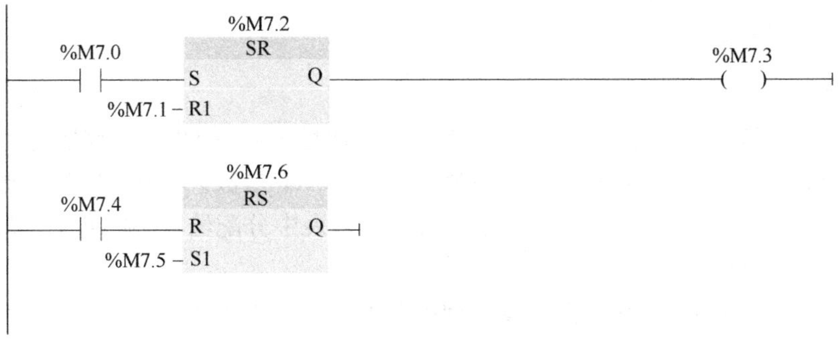

图 9-6　复位优先、置位优先锁存器梯形图

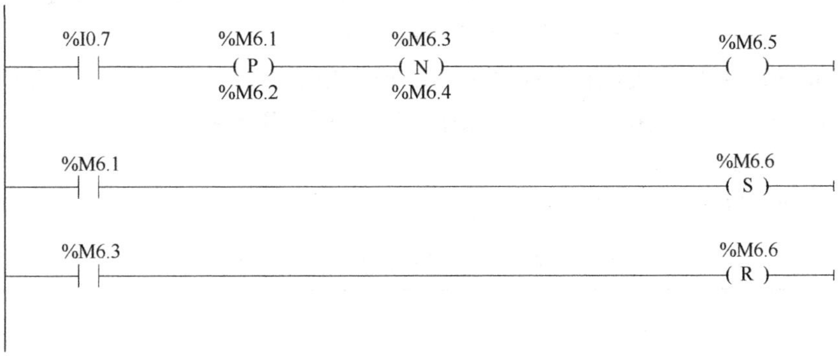

图 9-7　边缘检测线圈指令梯形图

（5）P_TRIG 与 N_TRIG 指令

图 9-8 为 P_TRIG 与 N_TRIG 指令梯形图

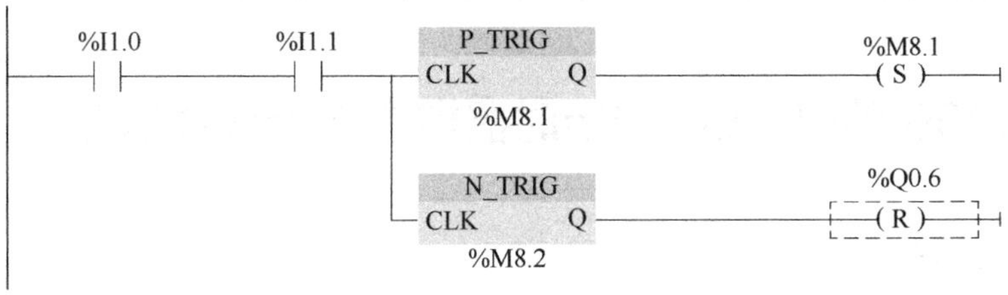

图 9-8　P_TRIG 与 N_TRIG 指令梯形图

图 9-8 中，在流进 P_TRIG 指令的 CLK 输入端的能流的上升沿，Q 端输出一个扫描周期的能流，使 M8.1 置位，方框下面的 M8.2 是脉冲存储器位。P_TRIG 指令与 N_TRIG 指令不能放在电路的开始处和结束处。

图 9-8 对应的语句表程序如下：

```
CALL  P_TRIG, % M8.1
CLK:=% I1.0 A % I1.1
Q  :=S % M8.1
CALL N_TRIG, % M8.2
```

```
CLK:=% I1.0 A % I1.1
Q  :=R % Q0.6
```

**2. 移动指令**

MOVE 指令将单个数据元素从 IN 参数指定的源地址复制到 OUT 参数指定的目标地址。

MOVE_BLK 和 UMOVE_BLK 指令具有附加的 COUNT 参数。COUNT 指定要复制的数据元素个数，每个被复制元素的字节数取决于 PLC 变量表中分配给 IN 和 OUT 参数变量名称的数据类型。

MOVE_BLK 和 UMOVE_BLK 指令在处理中断的方式上有所不同：

1) 在 MOVE_BLK 执行期间排队并处理中断事件。在中断 OB 子程序中未使用移动目标地址的数据时，或者虽然使用了该数据，但目标数据不必一致时，使用 MOVE_BLK 指令；如果 MOVE_BLK 操作被中断，则最后移动的一个数据元素在目标地址中是完整并且一致的。MOVE_BLK 操作会在中断 OB 执行完成后继续执行。

2) 在 UMOVE_BLK 完成执行前排队但不处理中断事件。如果在执行中断 OB 子程序前移动操作必须完成且目标数据必须一致，则使用 UMOVE_BLK 指令。

**3. 程序控制指令**

S7-1200 系列 PLC 的程序控制指令见表 9-5。

**表 9-5　S7-1200 系列 PLC 的程序控制指令**

| 指令 | 功能 |
| --- | --- |
| --(JMP)-- | 如果有能流通过该指令线圈，则程序将从指定标签后的第一条指令继续执行 |
| --(JMPN)-- | 如果没有能流通过该指令线圈，则程序将从指定标签后的第一条指令继续执行 |
| \<4\> | JMP 或 JMPN 跳转指令的目标标签为 4 |
| --(JMP)-- | 用于终止当前块的执行 |

# 9.4　S7-1200 系列 PLC 的定时器指令与计数器指令

## 9.4.1　定时器指令

**1. 定时器种类**

使用定时器指令可创建编程的时间延迟，S7-1200 系列 PLC 有四种定时器：

1) TP。脉冲定时器可生成具有预设宽度时间的脉冲。

2) TON。接通延时定时器输出 Q 在预设的延时过后设置为 ON。

3) TOF。关断延时定时器输出 Q 在预设的延时过后重置为 OFF。

4) TONR。保持型接通延时定时器输出在预设的延时过后设置为 ON。在使用 R 输入重置经过的时间之前，会跨越多个定时时段一直累加经过的时间。

5) RT。通过清除存储在指定定时器背景数据块中的时间数据来重置定时器。

每个定时器都使用一个存储在数据块中的结构来保存定时器数据。在编辑器中放置定时器指令时可分配该数据块。图 9-9 为以上四种定时器的输入输出时序图。

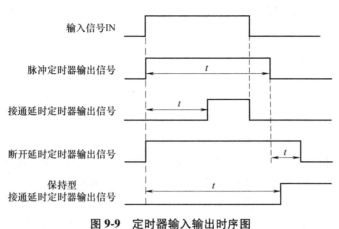

**图 9-9　定时器输入输出时序图**

## 2. 接通延时定时器

如图 9-10 所示为接通延时定时器梯形图及其时序图。其中图 9-10a 为接通延时定时器梯形图，图 9-10b 为接通延时定时器工作时对应的时序图。

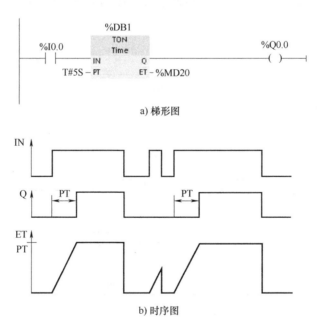

**图 9-10　接通延时定时器梯形图及其时序图**

图 9-10a 中，%DB1 表示定时器的背景数据块（此处只显示绝对地址，因此背景数据块地址显示为%DB1，也可设置显示符号地址），TON 表示接通延时定时器，其工作原理如下：

1）启动。当定时器的输入端 IN 由 0 变为 1 时，定时器启动进行由 0 开始的加定时，达到预设值后，定时器停止计时且保持为预设值。只要输入端为 IN = 1，定时器就一直其作用。

2）预设值。在输入端 PT 输入格式如 T#5S 的定时时间，表示定时时间为 5s。TIME 数据使用 T#标识符，可以采用简单时间单元 T#200ms 或符合时间单元 T#2S_200ms 的形式输入。

图 9-10 对应的语句表程序如下：

```
CALL  TON
time_type:=Time
IN:=% I0.0
PT:=T#5S
Q:=% Q0.0
ET:=% MD20
```

定时器的当前计时时间值可以在输出端 ET 输出。预设值时间 PT 和计时时间 ET 以表示毫秒时间的有符号双精度整数形式存储在储存器中。定时器的当前值不为负，若设置预设值为负，则定时器指令执行时将被设置为 0。

3）输出。当定时器定时时间到，没有错误且输入端 S=1 时，输出端 Q 置位变为 1。如果在定时时间到达前输入端 S 从 1 变为 0，则定时器停止工作，当前计时值为 0，此时输出端 Q=0，输入端 S 从 0 变为 1，则定时器重新由 0 开始加定时。

**3. 保持型接通延时定时器**

图 9-11 为保持型接通延时定时器及其时序图。其工作原理如下：

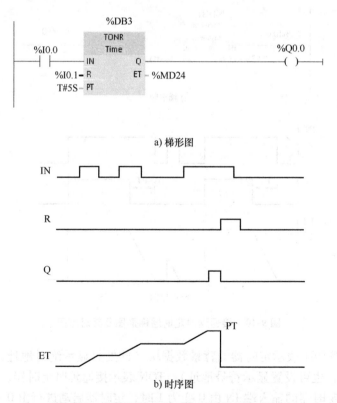

a) 梯形图

b) 时序图

**图 9-11　保持型接通延时定时器及其时序图**

1）启动。当定时器的输入端 IN 由 0 变为 1 时，定时器启动开始加定时，当定时器的输入端 IN 变为 0 时，定时器停止工作并保持当前计时值。当定时器的输入端 IN 由 0 变为 1 时，定时器继续计时，当前值继续增加。如此重复，直到定时器当前值达到预设值时，定时器停止计时。

2）复位。当复位输入端 R 为 1 时，无论 IN 端如何，都清除定时器中的当前定时值，定时器停止工作。

3）输出。当定时器定时时间到达预设值时，输出端 Q 置位变为 1。

图 9-11 对应的语句表程序如下：

```
CALL  TONR
time_type:=Time
IN:=% I0.1
PT:=T#5S
Q:=% Q0.0
ET:=% MD24
```

**4. 关断延时定时器**

图 9-12 为关断延时定时器及其时序图。其工作原理如下：

1）启动。当定时器的输入端 IN 由 0 变为 1 时，定时器尚未开始定时且当前定时值清零。当定时器的输入端 IN 由 1 变为 0 时，定时器启动开始加定时，当前时间达到预设值时，定时器停止计时保持当前值。

2）输出。当输入端 IN 从 0 变为 1 时，输出端 Q 置位变为 1，如果输入端又变为 0，则输出端 Q 继续保持 1，直到到达预设值时间。

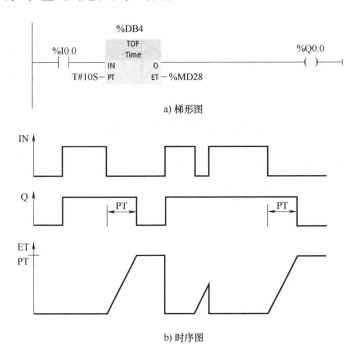

a) 梯形图

b) 时序图

图 9-12　关断延时定时器及其时序图

图 9-12 对应的语句表程序如下：

```
CALL  TOF
time_type:=Time
```

```
IN:=% I0.0
PT:=T#10S
Q:=% Q0.0
ET:=% MD28
```

### 5. 脉冲定时器

图 9-13 为脉冲定时器及其时序图。其工作原理如下：

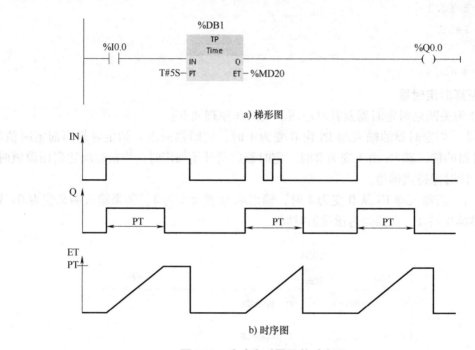

a) 梯形图

b) 时序图

**图 9-13  脉冲定时器及其时序图**

1）启动。当定时器的输入端 IN 由 0 变为 1 时，定时器启动，此时输出端 Q 也置为 1。在脉冲定时器定时过程中，即使输入端 IN 发生了变化，定时器也不受影响，直到到达预设值。到达预设值后，如果输入端 IN 为 1，则定时器停止定时且保持当前定时值。若输入端 IN 为 0，则定时器定时时间清零。

2）输出。在定时器定时时间过程中，输出端 Q 为 1，定时器停止定时，不论是保持当前值还是清零当前值其输出皆为 0。

图 9-13 对应的语句表程序如下：

```
CALL  TP
time_type:=Time
IN:=% I0.0
PT:=T#10S
Q:=% Q0.0
ET:=% MD20
```

### 6. 定时器举例

图 9-14 为用接通延时定时器设计周期和占空比可调的振荡电路实例。M2.7 只接通一个

扫描周期，振荡电路实际上是一个有正反馈的电路，两个定时器的输出 Q 分别控制对方的输入 IN，形成了正反馈。

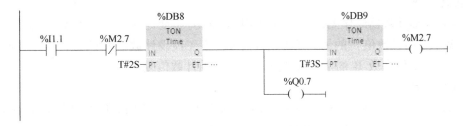

图 9-14　周期和占空比可调的振荡电路梯形图

振荡电路的高、低电平时间分别由两个定时器的 PT 值确定。时序图如图 9-15 所示。

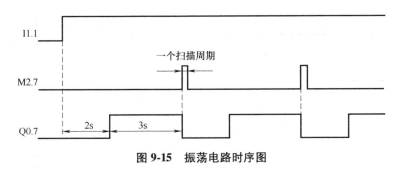

图 9-15　振荡电路时序图

## 9.4.2　计数器指令

### 1. 计数器的数据类型

S7-1200 系列 PLC 有三种计数器：加计数器（CTU）、减计数器（CTD）和加减计数器（CTUD）。它们属于软件计数器，最大计数速率受其所在的 OB 的执行速率的限制。计数器参数见表 9-6。

表 9-6　计数器参数

| 参数 | 数据类型 | 说明 |
| --- | --- | --- |
| CU、CD | BOOL | 加计数或减计数，按加或减 1 计数 |
| R（CTU、CTUD） | BOOL | 将计数值重置为 0 |
| LOAD（CTD、CTUD） | BOOL | 预设值的装载控制 |
| PV | SInt、Int、DInt、USInt、UInt、UDInt | 预设计数值 |
| Q、QU | BOOL | CV>=PV 时为真 |
| QD | BOOL | CV<=0 时为真 |
| CV | SInt、Int、DInt、USInt、UInt、UDInt | 当前计数值 |

如果需要速率更高的计数器，可以使用 CPU 内置的高速计数器。调用计数器指令时，需要生成保存计数器数据的背景数据块。CU 和 CD 分别是加计数输入和减计数输入，在 CU

221

或 CD 由 0 变为 1 时，实际计数值 CV 加 1 或减 1。复位输入 R 为 1 时，计数器被复位，CV 被清零，计数器的输入 Q 变为 0。

**2. 加计数器**

图 9-16 为加计数器时序图。图中参数 CU 的值从 0 变为 1 时，CTU 使计数值加 1。如果参数 CV（当前计数值）的值大于或等于参数 PV（预设计数值）的值，则计数器输出参数 Q=1。如果复位参数 R 的值从 0 变为 1，则当前计数值复位为 0。

**3. 减计数器**

图 9-17 为减计数器时序图。图中参数 CD 的值从 0 变为 1 时，CTD 使计数值减 1。如果参数 CV（当前计数值）的值等于或小于 0，则计数器输出参数 Q=1。如果参数 LOAD 的值从 0 变为 1，则参数 PV（预设值）的值将作为新的 CV（当前计数值）装载到计数器。

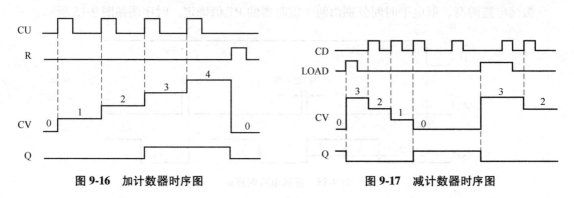

图 9-16　加计数器时序图　　　　图 9-17　减计数器时序图

**4. 加减计数器**

图 9-18 为加减计数器时序图。图中加计数（CU）或减计数（CD）输入的值从 0 跳变为 1 时，CTUD 会使计数值加 1 或减 1。

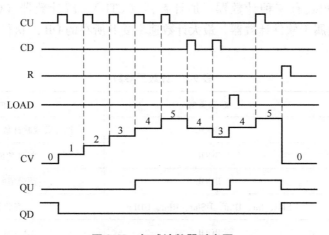

图 9-18　加减计数器时序图

如果参数 CV（当前计数值）的值大于或等于参数 PV（预设值）的值，则计数器输出参数 QU=1。如果参数 CV 的值小于或等于零，则计数器输出参数 QD=1。

如果参数 LOAD 的值从 0 变为 1，则参数 PV（预设值）的值将作为新的 CV（当前计数值）装载到计数器。

如果复位参数 R 的值从 0 变为 1，则当前计数值复位为 0。

**5. 计数器举例**

展厅人数控制系统，控制要求：现有一展厅，最多可容纳 50 人同时参观。展厅进口与出口各装一传感器，每有一人进出，传感器给出一个脉冲信号。试编程实现，当展厅内不足 50 人时，绿灯亮，表示可以进入；当展厅满 50 人时，红灯亮，表示不准进入。该展厅人数控制系统的 I/O 分配表见表 9-7，系统的控制梯形图如图 9-19 所示。

**表 9-7　展厅人数控制系统 I/O 分配表**

| 输入触点 | 功能说明 | 输出线圈 | 功能说明 |
| --- | --- | --- | --- |
| I0.0 | 系统启动按钮 | Q0.0 | 绿灯输出 |
| I0.1 | 进口传感器 | Q0.1 | 红灯输出 |
| I0.2 | 出口传感器 | | |

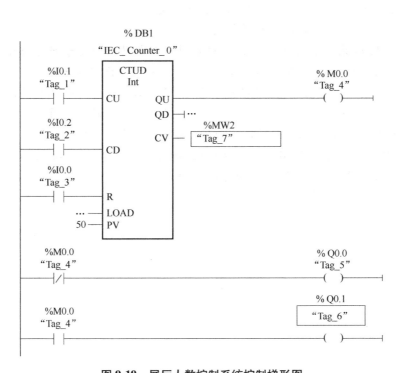

**图 9-19　展厅人数控制系统控制梯形图**

图 9-19 对应的语句表程序如下：

```
CALL  CTUD
value_type:=Int
CU:=% I0.1
CD:=% I0.2
R:=% I0.0
LD:=
PV:=50
```

```
QU:=% M0.0
QD:=
CV:=% MW2
A   % M0.0
  =% Q0.0
A   % M0.0
  =% Q0.1
```

 **思考题与习题**

9-1  简述 S7-1200 系列 PLC 的基本构成。

9-2  S7-1200 系列 PLC 在系统扩展时应注意哪些问题?

9-3  简述 S7-1200 系列 PLC 扩展模块的具体分类。

9-4  简述 S7-1200 系列 PLC 的硬件组态步骤。

9-5  用 S7-1200 系列 PLC 的梯形图程序实现一台电动机的定子串电阻减压起动过程。使用的低压电器及 PLC 的 I/O 地址自行设计,减压起动过程设定为 3s。

9-6  简述 S7-1200 系列 PLC 定时器指令 SP、SE、SD、SS、SF 的工作特性。

9-7  按照习题 7-3 的要求,试设计 S7-1200 系列 PLC 系统的梯形图程序。

9-8  按照习题 7-4 的要求,试设计 S7-1200 系列 PLC 系统的梯形图程序。

9-9  按下瞬时起动按钮 I0.0,5s 后电动机起动,按下瞬时停止按钮 I0.1,10s 后电动机停止。试设计 S7-1200 系列 PLC 系统的梯形图程序。

# 第 10 章

# PLC的联网与通信技术

为了适应现代工业控制系统的多台电气设备的自动化控制和群控及智能控制系统的要求，现代的 PLC 均可实现相互之间、上下之间、与系统上位控制计算机之间的联网与通信。如 FX 系列 PLC 除了可以和 A 系列产品以及 FX 系列产品之间进行通信外，还可以实现远程 I/O 控制及通信，以达到节省接线的优点。本章主要介绍三菱小型 PLC 和西门子小型 PLC 的联网与通信技术。

## 10.1 概述

目前 PLC 的联网与通信主要是通过控制与通信链路（Control & Communication Link，CC-Link）技术系统进行连接。CC-Link 是在工控系统中可以将控制和信息数据同时以 10Mbit/s 高速传输的现场网络。CC-Link 具有性能卓越、应用广泛、使用简单、节省成本等突出优点。作为开放式现场总线，CC-Link 是唯一起源于亚洲地区的总线系统，其技术特点尤其适合亚洲人的思维习惯。1998 年，汽车行业的马自达、五十铃、雅马哈、通用、铃木等也成了 CC-Link 的用户，同时 CC-Link 迅速进入中国市场。

CC-Link 的总线供应商是一种省配线、信息化的网络，是在 1996 年 11 月以三菱电机供应商为主导的多家公司成立的网络总线供应商，以"多厂家设备环境、高性能、省配线"理念开发、公布和开放。它不但具备高实时性、分散控制、与智能设备通信等功能，而且依靠与诸多现场设备制造厂商的紧密联系，提供开放式的环境。

CC-Link 的底层通信协议遵循 RS485 规定。CC-Link 提供循环传输和瞬时传输两种通信方式。一般情况下，CC-Link 主要采用广播-轮询（循环传输）的方式进行通信。具体的方式是：主站将刷新数据（RY/RWw）发送到所有从站，与此同时轮询从站 1；从站 1 对主站的轮询做出响应（RX/RWr），同时将该响应告知其他从站；然后主站轮询从站 2（此时并不发送刷新数据），从站 2 给出响应，并将该响应告知其他从站；依此类推，循环往复。

除了广播-轮询方式以外，CC-Link 也支持主站与本地站、智能设备站之间的瞬时通信。从主站向从站的瞬时通信量为 150B/数据包，由从站向主站的瞬时通信量为 34B/数据包。

所有主站和从站之间的通信进程以及协议都由通信用 LSI-MFP（Mitsubishi field network processor）控制，其硬件的设计结构决定了 CC-Link 高速稳定的通信。

CC-Link 系统只有 1 个主站，可以连接远程 I/O 站、远程设备站、本地站、备用主站、智能设备站等总计 64 个站。CC-Link 站的类型见表 10-1。

表 10-1　CC-Link 站的类型

| CC-Link 站的类型 | 内容 |
| --- | --- |
| 主站 | 控制 CC-Link 上全部站,并需设定参数的站。每个系统中必须有 1 个主站。如 A、QnA、Q 系列 PLC 等 |
| 本地站 | 具有 CPU 模块,可以与主站及其他本地站进行通信的站。如 A、QnA、Q 系列 PLC 等 |
| 备用主站 | 主站出现故障时,接替作为主站,并作为主站继续进行数据链接的站。如 A、QnA、Q 系列 PLC 等 |
| 远程 I/O 站 | 只能处理位信息的站,如远程 I/O 模块、电磁阀等 |
| 远程设备站 | 可处理位信息及字信息的站,如 A/D、D/A 转换模块、变频器等 |
| 智能设备站 | 可处理位信息及字信息,而且也可完成不定期数据传送的站,如 A、QnA、Q 系列 PLC、人机界面等 |

CC-Link 系统可配备多种中继器,可在不降低通信速度的情况下,延长通信距离,最长可达 13.2km。如可使用光中继器,在保持 10Mbit/s 通信速度的情况下,将总距离延长至 4300m。另外,T 形中继器可完成 T 形连接,更适合现场的连接要求。

# 10.2　三菱小型 PLC 的联网与通信技术

## 10.2.1　三菱小型 PLC 的联网通信方式

三菱小型 PLC 具有各种联网方式和控制方式。CC-Link 便是三菱公司其中一种现场总线联网通信系统控制方式。

三菱小型 PLC 的各种联网通信方式如下。

### 1. 以 A、QnA、Q 系列 PLC 为主站的 CC-Link 联网通信方式

以三菱 A、QnA、Q 系列 PLC 为主站的 CC-Link 联网通信方式如图 10-1 所示。其技术特点是可以将 FX 系列 PLC 作为远程设备来连接,控制层次分明,是一种主从 PLC 联网控制方式,使用的特殊模块为 FX-32CCL,适用于生产线的分散控制和集中管理,以及与上位控制计算机网络的信息通信等。其联网的最大规模为 64 台,传送距离最长为 1200m。

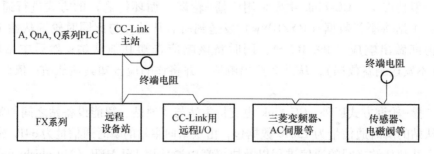

图 10-1　以三菱 A、QnA、Q 系列 PLC 为主站的 CC-Link 联网通信方式

### 2. 以 FX 系列 PLC 为主站的 CC-Link 联网通信方式

以三菱 FX 系列为主站的 CC-Link 联网通信方式如图 10-2 所示。其技术特点是使用特殊

模块 FX-16CCL、FX-32CCL，是以 FX 系列 PLC 为主站的 CC-Link 联网系统，只可以使用 FX 系列 PLC 来构成 CC-Link 系统，控制层次分明。适用于生产线的分散控制和集中管理，以及小规模的高速网构成等。最大规模为远程 I/O 站 7 台，远程设备站 8 台，传送距离最长为 1200m。

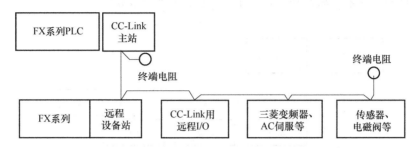

图 10-2　以三菱 FX 系列 PLC 为主站的 CC-Link 联网通信方式

### 3. 以 FX 系列 PLC 为主站的 CC-Link/LT 联网通信方式

以三菱 FX 系列 PLC 为主站的 CC-Link/LT 联网通信方式如图 10-3 所示。FX 系列 PLC 为主站的 CC-Link/LT 联网系统适用于省配线、少点数、I/O 分散的联网控制系统。其联网的最大规模为远程 I/O 站 64 站（台），传送距离最长为 560m，使用特殊模块 FX-64CL-M、FX-32CCL 进行组网。

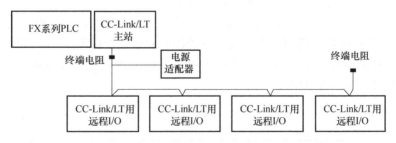

图 10-3　以三菱 FX 系列 PLC 为主站的 CC-Link/LT 联网通信方式

### 4. 以 FX 系列 PLC 为主站的 I/O 联网通信方式

以三菱 FX 系列 PLC 为主站的 I/O 联网通信系统方式如图 10-4 所示。通过在远程的输入/输出设备的附近配置 I/O 模块来实现省配线的联网系统。以 FX 系列 PLC 为主站的 I/O 联网通信系统方式适用于远程设备的联网主从控制，最大规模为 128 点，传送距离最长为 200m，使用特殊模块 FX-16LNK-M 进行组网。

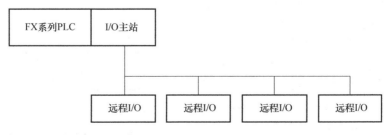

图 10-4　以三菱 FX 系列 PLC 为主站的 I/O 联网通信方式

**5. 以 FX 系列 PLC 为主站的 AS-I 联网通信方式**

以三菱 FX 系列 PLC 为主站的 AS-I 联网通信方式如图 10-5 所示。AS-I 网络是一种缩短配线时间的省配线联网系统网络。以 FX 系列 PLC 为主站的 AS-I 联网系统适用于远程设备的 ON/OFF 联网控制，最大规模 31 个从站，传送距离最长为 100m，每使用一个中继器可以延长 100m，最多用两个，使用特殊模块 FX-32ASI-M 进行组网。

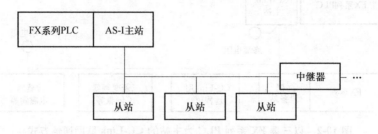

**图 10-5   以三菱 FX 系列 PLC 为主站的 AS-I 联网通信方式**

## 10.2.2   三菱小型 PLC 的联网通信技术

### 1. 三菱小型 PLC 的联网通信与数据链接

三菱小型 PLC 的联网通信与数据链接方式主要如下：

（1）FX 系列 PLC 的简易链接方式（n∶n 的通信）

如图 10-6 所示，FX 系列 PLC 的简易通信链接方式可以在 FX 系列 PLC 之间通过 RS485 接口进行简单的数据链接，适用于生产线的分散控制和集中管理等，最大规模为 8 台，传送距离最长为 50m 或 500m。通信设备：功能扩展板 FX1N-485-D、FX2N-485-D；特殊适配器 FX0N-485ADP、FX2NC-485ADP。

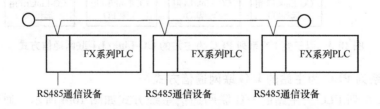

**图 10-6   FX 系列 PLC 的简易通信链接方式（n∶n 的通信）**

（2）FX 系列 PLC 的并联链接方式（1∶1 的通信）

如图 10-7 所示，FX 系列 PLC 的并联链接方式可以在 FX 系列 PLC 之间通过 RS485 接口进行并联数据链接，适用于生产线的分散控制和集中管理等，最大规模为 2 台。FX1S←→FX1S 间，FX1N、FX1NC ←→FX1N、FX1NC 间，FX2N、FX2NC←→FX2N、FX2NC 间的传送距离最长为 50m 或 500m。通信设备：功能扩展板 FX1N-485-BD、FX2N-485-BD；特殊适配器 FX0N-485ADP、FX2NC-485ADP。

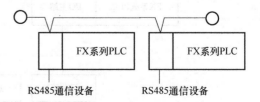

**图 10-7   FX 系列 PLC 的并联
链接方式（1∶1 的通信）**

（3）多台 FX 系列 PLC 与系统计算机的链接方式（1∶n 的通信）

如图 10-8 所示，FX 系列 PLC 可以与系统计算机进行链接，以系统计算机作为主站与 FX 系列 PLC 通过 RS485 接口进行链接和通信。系统计算机方的协议采用计算机链接协议格式 1 和格式 4，适用于生产线的分散控制和集中管理等。最大规模 1∶n（n=16），传送距离最长为 50m 或 500m。通信设备：功能扩展板 FX1N-485-BD、FX2N-485-BD；特殊适配器 FX0N-485ADP、FX2NC-485ADP。

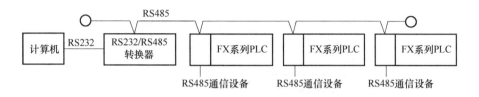

图 10-8　多台 FX 系列 PLC 与系统计算机的链接方式（1∶n 的通信）

（4）单台 FX 系列 PLC 与系统计算机的链接方式（1∶1 的通信）

如图 10-9 所示，可以将系统计算机作为主站与单台 FX 系列 PLC 通过 RS232 接口进行链接和通信。计算机方的协议采用计算机链接协议格式 1 和格式 4，适用于数据采集和集中管理等。最大规模 1∶n（n=1），传送距离最长为 15m。通信设备：功能扩展板 FX1N-232-BD、FX2N-232-BD；特殊适配器 FX0N-232ADP、FX2NC-232ADP。

图 10-9　单台 FX 系列 PLC 与系统计算机的链接方式（1∶1 的通信）

**2. FX 系列 PLC 的通用通信和外围设备通信**

FX 系列 PLC 的通用通信和外围设备通信方式主要如下：

（1）FX 系列 PLC 与 RS232 设备的通信（RS232 通信）

如图 10-10 所示，FX 系列 PLC 可以与安装了 RS232 接口的各类设备在无条件协议的情况下交换数据，适用于和计算机、条形码阅读器、打印机、各种测量器进行传送和接收数据。规模 1∶1，传送距离最长为 15m。通信设备：功能扩展板 FX1N-232-BD、FX2N-232-BD；特殊适配器 FX0N-232ADP、FX2NC-232ADP；特殊模块 FX-232IF。

（2）FX 系列 PLC 与 RS485 设备的通信（RS485 通信）

如图 10-11 所示，FX 系列 PLC 可以与安装了 RS485 接口的各类设备在无条件协议的情况下交换数据，适用于和计算机、条形码阅读器、打印机、各种测量器传送和接收数据。规模 1∶1（1∶n），传送距离最长为 50m 或 500m。通信设备：功能扩展板 FX1N-485-BD、FX2N-485-BD；特殊适配器 FX0N-485ADP、FX2NC-485ADP。

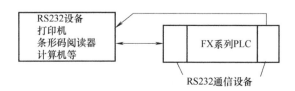 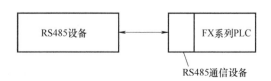

图 10-10　FX 系列 PLC 与 RS232 设备的通信　　图 10-11　FX 系列 PLC 与 RS485 设备的通信

**229**

（3）FX 系列 PLC 与外围扩展设备的通信连接

PLC 除安装标准的 RS422 接口以外，可以增加 RS232 接口，RS422 接口一个通道可以同时连接 2 台显示器等，规模 1∶1（1∶n）。

传送距离根据 RS422 连接的外围设备的规格，RS232C 传送距离最长为 15m。通信设备：功能扩展板 FX1N-232-BD、FX2N-232-BD、FX1N-422-BD、FX2N-422-BD；特殊适配器 FX0N-232ADP、FX2NC-232ADP。

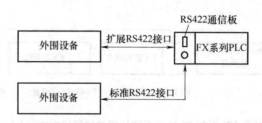

**图 10-12  FX 系列 PLC 与外围扩展设备的通信连接**

# 10.3  西门子小型 PLC 的联网与通信技术

## 10.3.1  西门子小型 PLC 的联网通信方式

西门子小型 PLC 具有很强的通信功能，支持多种通信协议，能够满足不同设备的联网需求。其通信网络结构如图 10-13 所示。

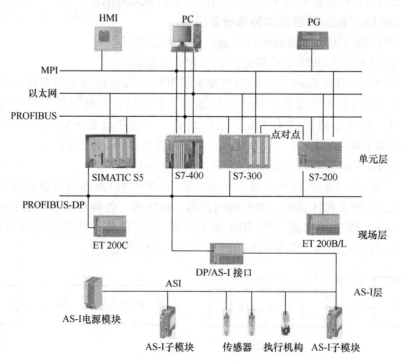

**图 10-13  西门子小型 PLC 的通信网络结构**

**1. 多点接口（MPI）协议**

MPI（multi point interface）的物理层是 RS485。PLC 通过 MPI 能同时连接运行 STEP7 的编程器（PG）、计算机（PC）、人机界面（HMI）及其他 SIMATIC S7、M7 和 C7，是一种经济而有效的解决方案。STEP7 的用户界面提供了通信组态功能，使得通信十分简单。联网的 CPU 可以通过 MPI 接口实现全局数据（GD）服务，周期性地相互交换数据。每个 CPU 可以使用的 MPI 连接总数与其型号有关，为 6~64 个。

**2. 工业现场总线（PROFIBUS）**

PROFIBUS 是符合 IEC 61158 标准、具有开放性的用于车间级监控和现场层的通信系统，符合标准的各厂商生产的设备都可以接入同一网络中。带 PROFIBUS-DP 主站接口的 CPU 能够方便地与带有从站接口的分布式 I/O 进行高速通信，与处理集中式 I/O 一样，系统的组态和编程方法完全一致。PROFIBUS 的物理层是 RS485，最大传输速率为 12Mbit/s，最多可以与 127 个网络上的节点进行数据交换，网络中最多可以串接 10 个中继器来延长通信距离，使用光纤作为通信介质，通信距离可达 90km。

**3. 工业以太网（industrial Ethernet）**

西门子的工业以太网符合 IEEE 802.3 国际标准，通过网关来连接远程网络。数据传输速率为 10M/100Mbit/s，最多 1024 个网络节点，网络的最大范围为 150km。采用交换式局域网，每个网段都能达到网络的整体性能和数据传输速率，电气交换模块与光纤交换模块将网络划分为若干个网段，在多个网段中可以同时传输多个报文。本地数据通信在本网段进行，只有指定的数据包可以超出本地网段的范围。全双工模式使一个站能同时发送和接收数据，不会发生冲突，传输速率达 20M/200Mbit/s。可以构建环形冗余工业以太网，最大的网络重构时间为 0.3s。自适应功能自动检测出信号传输速率（10Mbit/s 或 100Mbit/s）。自协商是高速以太网的配置协议，通过协商确定数据传输速率和工作方式。使用 SNMP-OPC 服务器对支持 SNMP 的网络设备进行远程管理。

**4. 点对点连接（point-to-point connections）**

点对点连接可以连接 S7 系列 PLC 和其他串口设备，使用 CP340，CP341、CP440、CP441 通信处理模块，或 CPU31XC-2PTP 集成的通信接口。接口有 20mA（TTY）、RS232C 和 RS422A/RS485。通信协议有 ASCII 驱动器、3964（R）和 RK 512（只适用于部分 CPU）。使用通信软件 PRODAVE 和编程用的 PC/MPI 适配器，通过 PLC 的 MPI 编程接口，可以实现计算机与 S7-300/400 的通信。

**5. 执行器-传感器接口（actuator-sensor-interface，AS-I）**

AS-I 位于最底层，每个网段只能有一个主站。AS-I 所有分支电路的最大总长度为 100m，可以用中继器延长。可以用屏蔽的或非屏蔽的两芯电缆，支持总线供电。DP/AS-I 网关用来连接 PROFIBUS-DP 和 AS-I 网络。CP 342-2 最多可以连接 62 个数字量或 31 个模拟量 AS-I 从站。最多可以访问 248 个 DI 和 186 个 DO。可以处理模拟量值。西门子的"LOGO!"微型控制器可以接入 AS-I 网络，西门子提供各种各样的 AS-I 产品。

## 10.3.2　西门子小型 PLC 的联网通信技术

利用各种扩展模块，S7-200 系列 PLC 可以通过相应的通信协议接入不同的网络。S7-200 系列 PLC 的通信主要有三种方式：点对点（PPI）通信，用于西门子 PLC 编程器或其他人机接口产品的通信，其通信协议是不公开的；DP 方式，这种方式使得 PLC 通过

PROFIBUS-DP 通信接口连接 PROFIBUS 现场总线网络，从而扩大外设输入/输出上的使用范围；自由端口（freeport）通信，由用户定义通信协议，实现 PLC 与外设的通信。

### 1. 西门子 PLC 之间的通信

西门子 PLC 之间的通信方式见表 10-2 和表 10-3，表中将 MODBUS RTU 简称为 RTU，将 PROFIBUS-DP 简称为 DP。无线通信速率为 1200～115200bit/s。

表 10-2　S7-200 系列 PLC 的 CPU 之间的通信

| 通信方式 | 介质 | 本地需用设备 | 通信协议 | 数据量 | 编程方法 | 特点 |
|---|---|---|---|---|---|---|
| PPI | RS485 | RS485 网络部件 | PPI | 较少 | 编程或编程向导 | 简单、可靠、经济 |
| MODEM | 音频模拟电话网 | EM 241 扩展模块，模拟音频电话线（RJ45 接口） | PPI | 大 | 编程向导 | 距离远 |
| Ethernet | 以太网 | CP243-1 扩展模块（RJ45 接口） | S7 | 大 | 编程向导 | 速度高 |
| 无线电 | 无线电波 | 无线电台 | 自由端口 | 中等 | 自由端口编程 | 多站时编程复杂 |

表 10-3　S7-200、S7-300、S7-400 系列 PLC 之间的通信

| 通信方式 | 介质 | 本地需用设备 | 通信协议 | 数据量 | 本地需做工作 | 远程需做工作 | 远程需用设备 | 特点 |
|---|---|---|---|---|---|---|---|---|
| DP | RS485 | EM277、RS485 接口 | DP | 中等 | 无 | 配置或编程 | DP 模块或带 DP 口的 CPU | 可靠，速度高，仅作为从站 |
| MPI | RS485 | RS485 硬件 | MPI | 较少 | 无 | 编程 | CPU 上的 MPI 口 | 少用，仅作为从站 |
| Ethernet | 以太网 | CP243-1（RJ45）接口 | S7 | 大 | 编程向导配置编程 | 配置和编程 | 以太网模块/带以太网接口的 CPU | 速度快 |
| RTU | RS485 | RS485 硬件 | RTU | 大 | 指令库 | 编程 | 串行通信模块和 MODBUS 选件 | 仅作为从站 |
| 无线电 | 无线电台 | 无线电台 | 自由端口 | 中等 | 自由端口编程 | 串行通信编程 | 串行通信模块 | |
| | | | RTU | 大 | 指令库 | 串行通信模块，无线电台，MODBUS 选件 | 串行通信模块，无线电台，MODBUS 选件 | 仅作为从站 |

### 2. S7-200 系列 PLC 与驱动装置之间的通信

S7-200 系列 PLC 与西门子 MicroMaster（如 MM440、MM430、MM3 系列，SL-NAMICS G110）之间可以使用指令库中的 USS 指令进行简单方便的通信。

### 3. S7-200 系列 PLC 与第三方 HMI/SCDA 软件间的通信

S7-200 系列 PLC 与第三方 HMI（操作面板）和上位机中的 SCADA（数据采集与监控）

软件间的通信主要有以下几种方式：

1）OPC 方式（使用 PC Acess V1.0）。

2）PROFIBUS-DP。

3）MODBUS RTU，可以直接连接到 CPU 通信接口上，或者连接到 EM241 模块上，后者需要 MODBUS RTU 拨号功能。

如果监控软件是 VB/VC 应用程序，可以采用以下几种方式：

1）计算机上安装西门子的 PC Access V1.0 软件，安装后在帮助文件的目录中的"示范项目"提供了连接 VB 的例子。

2）使用 MODBUS RTU 协议，可以直接连接到 CPU 通信接口上，或者连接到 EM241 模块上，后者需要 MODEM 拨号功能。

3）S7-200 系列 PLC 采用自由端口模式，使用自定义协议通信。

4）在 VB 或 VC 中调用通信软件 Prodave，读写 S7-200 系列 PLC 存储区的函数。

**4. S7-200 系列 PLC 与第三方 PLC 之间的通信**

S7-200 系列 PLC 与第三方 PLC 之间的通信主要有以下几种方式：

1）对方作为 PROFIBUS-DP 主站，采用 PROFIBUS-DP 通信，这种通信方式最为方便可靠。

2）对方作为 MODBUS RTU 主站，可使用 MODBUS RTU 从站通信。

3）自由端口模式，使用自定义协议通信。

**5. S7-200 系列 PLC 与第三方 HMI（操作面板）之间的通信**

第三方厂商的操作面板支持 PPI、PROFIBUS-DP、MPI、MODBUS RTU 等 S7-200 系列 PLC 支持的通信方式，可以和 S7-200 系列 PLC 通信。

**6. S7-200 系列 PLC 与第三方变频器之间的通信**

S7-200 系列 PLC 如果和第三方变频器通信，需要按照对方的通信协议，再通过本地自由端口编程进行通信。如果对方支持 MODBUS 协议，S7-200 则可以使用 MODBUS 主站协议进行通信。

**7. S7-200 系列 PLC 与其他串行通信设备之间的通信**

S7-200 系列 PLC 可以与其他支持串行设备（如串行打印机、仪表等）通信。如果对方是 RS485 接口，可以直接连接；如果对方是 RS232 接口，则需要用硬件转换。这类通信需要按照对方的通信协议，使用自由端口模式编程进行通信。

**8. 计算机与 S7-200 系列 PLC 控制单元之间的通信**

安装了 STEP7-Micro/WIN 的计算机可以通过下列方式与 S7-200 系列 PLC 的 CPU 进行通信：

1）通过 PC/PPI 电缆，与单个或者网络中的 CPU 通信接口（或 EM277 的通信接口）通信。

2）通过计算机上的通信处理器（CP 卡），与单个或者网络中的 CPU 通信接口（或 EM277 的通信接口）通信。

3）通过本地计算机上安装的 MODEM（调制解调器），经过公用或者内部电话网，与安装了 EM241 模块的 CPU 通信。

4）通过本地计算机上的以太网卡，经以太网与安装了 GSM MODEM（如 TC35T）的 CPU 通信。

5）通过 PC Adapter USB（S7-300/400 系列 PLC 的 USB 编程电缆），与 CPU 通信接口或 EM277 的通信接口通信。

6）通过本地计算机上安装的 GSM MODEM，与远程安装了 GSM MODEM（如 TC35T）的 CPU 通信，必须申请并开通相应 SIM 卡的数据传输服务。

## 10.4 西门子 S7-1200 系列 PLC 之间的 TCP 通信

S7-1200 系列 PLC 之间的 TCP 通信通常采用如下方法：

1）软件组态。新建两个 CPU，在组态界面的网络视图中手绘连接两个 PLC 的以太网口，如图 10-14 所示。

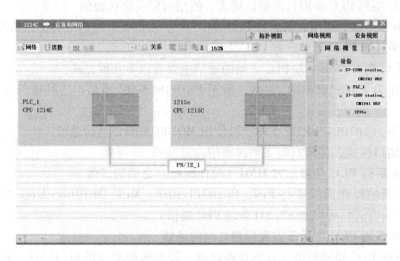

**图 10-14　添加以太网口**

2）在两个 CPU 以太网口的属性中设置 IP 地址，设置同一网段，方便调试。

3）在 PLC-1 程序块中添加两个背景数据块，新建接收数组跟发送数组，以便存放接收或发送的数据，如图 10-15 所示。

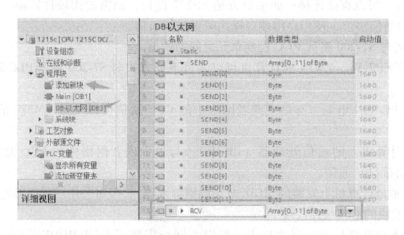

**图 10-15　添加背景数据块**

4）在 PLC-1 主程序中添加一个通过以太网发送数据的指令块（发送使能 REQ，以下案例是通过 SHZ 的频率触发），并单击"属性"编辑，将背景数据块填入 DATA 位置，LEN 是数据长度，如图 10-16 所示。

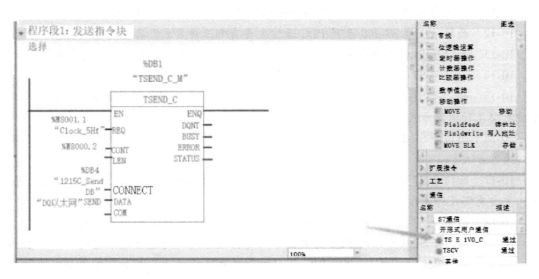

图 10-16　添加指令块

5）在 PLC_1 主程序中添加一个通过以太网接收数据的指令块，并单击"属性"编辑，块参数编辑同上。

6）接收指令的属性编辑同上发送指令的属性编辑。

7）以同样的编辑方式编辑 PLC-2。

8）在程序段中操作发送数组数据内容，使用接收数组数据内容，只要硬件连接正常，PLC-1 与 PLC-2 可通过对应的数组交换数据。

### 思考题与习题

10-1　目前 PLC 的联网与通信可通过哪种技术系统进行连接？

10-2　CC-Link 技术系统是如何定义的？它是一种什么样的技术系统？有什么技术特点？

10-3　CC-Link 站的类型主要有哪些？各有什么技术特点？

10-4　请画出以三菱 A、QnA、Q 系列 PLC 为主站的 CC-Link 联网通信方式的技术结构，说明其技术特点，以及如何进行通信？

10-5　请画出以 FX 系列 PLC 为主站的 CC-Link 联网通信方式的技术结构，说明其技术特点，以及如何进行通信？

10-6　请画出以 FX 系列 PLC 为主站的 CC-Link/LT 联网通信方式的技术结构，说明其技术特点，以及如何进行通信？

10-7　请画出以 FX 系列 PLC 为主站的 I/O 联网通信方式的技术结构，说明其技术特点，以及如何进行通信？

10-8　请画出以 FX 系列 PLC 为主站的 AS-I 联网通信方式的技术结构，说明其技术特点，以及如何进行通信？

10-9　三菱小型 PLC 的联网通信与数据链接方式主要有哪几种？说明各自的技术特点。

10-10　各种方式的三菱小型 PLC 的联网通信与数据链接是如何进行工作的？各适用于哪种管理系统？

10-11　请画出西门子小型 PLC 常用的通信网络结构，可支持哪几种通信协议？

10-12　西门子小型 S7-200 系列 PLC 通信主要有哪三种方式？各适用于哪种系统？

10-13　西门子 PLC 之间的通信是如何进行的？有哪些通信方式？各有何特点？

10-14　西门子 S7-200 系列 PLC 与驱动装置之间的通信是如何进行的？

10-15　西门子 S7-200 系列 PLC 与第三方 HMI/SCDA 软件间的通信是如何进行的？具体主要有哪几种通信方式？

10-16　西门子 S7-200 系列 PLC 与第三方 PLC 之间的通信是如何进行的？具体主要有哪几种通信方式？

10-17　西门子 S7-200 系列 PLC 与第三方 HMI（操作面板）之间的通信是如何进行的？具体主要有哪几种通信方式？

10-18　西门子 S7-200 系列 PLC 与第三方变频器之间的通信是如何进行的？

10-19　西门子 S7-200 系列 PLC 与其他串行通信设备之间的通信是如何进行的？

10-20　计算机与西门子 S7-200 系列 PLC 控制单元之间的通信是如何进行的？具体主要有哪几种通信方式？

10-21　西门子 S7-1200 系列 PLC 之间的通信是如何进行的？有哪些通信方式？各有何特点？

# 第 11 章

# 电气控制系统中的PLC自动控制及智能控制技术

自动化控制系统是 20 世纪科学与技术进步的象征，是工业现代化的标志。自动化控制系统起源于 20 世纪 30 年代，在控制方式上经历了从人工控制到自动控制两个发展时期，经历了从传统过程控制到先进过程控制两个发展阶段。智能控制思想出现于 20 世纪 60 年代。早期的智能控制系统采用比较初级的智能方法，如模式识别和学习方法等，而且发展速度十分缓慢。20 世纪 80 年代中期，随着人工神经网络研究的再度兴起，使智能控制技术得到了迅速发展。作为工业自动化系统中最核心的器件，PLC 已成为工业控制系统中最重要的一环。PLC 作为工业控制的设备基础，随着智能控制技术的不断革新，在工业控制中的地位日益增强，已经成为实现工业智能控制的重要工具。同时 PLC 控制技术对于智能制造、智能工厂、工业互联网而言，也面临着新的挑战。本章将介绍自动化过程控制与智能控制，以及PLC 智能控制技术的发展历程、PLC 智能控制技术和智能模块的发展现状与趋势；并主要介绍楼宇智能化和智能制造过程控制中的 PLC 智能控制技术、石油、化工等过程控制系统中的 PLC 智能控制技术。

## 11.1 概述

### 11.1.1 自动化过程控制技术

在石油、化工、冶金、电力等工业生产过程中，自动化过程控制技术是指连续的或按一定程序周期进行的生产过程的自动控制，或称为生产过程自动化控制技术。通常把采用模拟量或数字量控制方式对生产过程的某些物理量参数进行自动控制的过程称为过程控制（process control systems，PCS）。自动化过程控制系统可以分为常规仪表自动化过程控制系统和计算机自动化过程控制系统两大类。自动化过程控制系统经历了分散控制、集中控制、集散控制（DCS）、现场总线控制（FCS）四个阶段。

目前自动化过程控制技术正朝着高级阶段发展，正在向综合化、智能化方向发展。利用计算机控制技术，以智能控制理论为基础，以计算机及网络为主要手段，对企业的经营、计划、调度、管理和控制全面综合，实现从原料进库到产品出厂的高度自动化和智能化、整个生产系统信息管理的最优化。

近十几年来，自动化过程控制技术发展非常迅速，由于集散控制系统是这一领域的主导发展方向，各国厂商都在这一技术领域和市场不断推陈出新。美国和日本的技术产品代表了两个主要的发展方向：美国厂商重点推出开放型集散控制系统，快速研制现场总线产品，推广应用智能变送器；日本厂商则着重发展高功能集散系统，从软件开发入手，挖掘软件工作的潜力，强调控制功能和管理功能的结合。

自动化过程控制技术的未来发展趋势如下：

1）大力推广应用成熟的先进技术。普及应用具有智能 I/O 模块的、功能强、可靠性高的、具有智能化功能的 PLC；广泛使用智能化调节器，采用以位总线（Bitbus）、现场总线（Fieldbus）技术等先进网络通信技术为基础的新型 DCS 和 FCS 控制系统。

2）大力研究和发展人工智能控制系统。研究和发展分级阶梯的智能控制系统、模糊控制系统、专家控制系统、学习控制系统、人工神经网络控制系统和基于规则的仿人工智能控制系统等。

3）控制与管理相结合，向低成本自动化（low cost automation，LCA）方向发展。在 DCS 和 FCS 的基础上，采用先进的控制策略，将生产过程控制任务和企业管理任务共同兼顾，构成计算机集成控制系统（CIPS），可实现向低成本综合自动化系统的方向发展。

总之，随着计算机软件和硬件技术、智能化功能的 PLC 技术、人工智能化控制技术和通信技术的进一步发展，工业自动化过程控制技术将会不断向智能化控制技术方向发展。

## 11.1.2　智能控制技术

### 1. 智能控制技术的发展历史

智能控制的思想出现于 20 世纪 60 年代。1965 年美国普渡大学傅京孙（K. S. Fu）教授首先把 AI（artificial intelligence）的启发式推理规则用于学习控制系统。1966 年美国门德尔（J. M. Mendel）首先主张将 AI 用于飞船控制系统的设计。1967 年，美国莱昂德斯（C. T. Leondes）等人首次正式使用"智能控制"一词。1971 年，傅京孙论述了 AI 与自动控制的交叉关系。自此，自动控制与 AI 开始碰撞出火花，一个新兴的交叉领域——智能控制得到建立和发展。早期的智能控制系统采用比较初级的智能方法，如模式识别和学习方法等，而且发展速度十分缓慢。

1975 年，英国人马丹尼（E. H. Mamdani）成功地将模糊逻辑与模糊关系应用于工业控制系统，提出了能处理模糊不确定性、模拟人的操作经验规则的模糊控制方法。此后，在模糊控制的理论和应用两个方面，控制领域的专家们进行了大量研究，并取得了一批令人感兴趣的成果，被视为智能控制中十分活跃、发展也较为深刻的智能控制方法。

20 世纪 80 年代，基于 AI 的规则表示与推理技术、基于规则的专家控制系统得到迅速发展，如瑞典奥斯特隆姆（K. J. Astrom）的专家控制，美国萨里迪斯（G. M. Saridis）的机器人控制中的专家控制等。20 世纪 80 年代中期，随着人工神经网络研究的再度兴起，控制领域研究者们提出了充分利用人工神经网络良好的非线性逼近特性、自学习特性和容错特性的神经网络控制方法。

随着研究的展开和不断深入，形成智能控制新学科的条件逐渐成熟。1985 年 8 月，IEEE 在美国纽约召开了第一届智能控制学术讨论会，讨论了智能控制原理和系统结构。由此，智能控制作为一门新兴学科得到广泛认同，并取得迅速发展。

### 2. 智能控制技术的发展现状

近十几年来，随着智能控制方法和技术的发展，智能控制技术迅速走向各种专业应用领域，应用于各类复杂被控对象的控制问题，如工业过程的智能控制、机器人系统的智能控制、现代生产制造系统的智能制造、交通控制系统的智能控制等。2015 年以来，由德国提出的"工业 4.0"和我国提出的"中国制造 2025"都是基于这一思想。

目前智能控制技术在工业领域的应用主要有以下几方面：

（1）工业生产过程控制中的智能控制

工业生产过程控制中的智能控制主要包括局部级智能控制和全局级智能控制。局部级智能控制是指将智能引入工艺过程中的某一单元进行控制器设计，研究热点是智能 PID 控制器，因为其在参数的整定和在线自适应调整方面具有明显的优势，且可用于控制一些非线性的复杂对象。全局级智能控制主要针对整个生产过程的自动化，包括整个操作工艺的控制、过程的故障诊断、规划过程操作处理异常等。

（2）工业先进制造系统中的智能控制

智能控制被广泛地应用于机械制造行业。在现代先进制造系统中，需要依赖那些不够完备和不够精确的数据来解决难以或无法预测的情况，人工智能技术为解决这一难题提供了一些有效的解决方案。目前具体的解决方案如下：

1）利用模糊数学、神经网络的方法对制造过程进行动态环境建模，利用传感器融合技术进行信息的预处理和综合。

2）采用专家系统作为反馈机构，修改控制机构或者选择较好的控制模式和参数。

3）利用模糊集合决策选取机构来选择控制动作。

4）利用神经网络的学习功能和并行处理信息的能力，进行在线的模式识别，处理那些可能是残缺不全的信息。

（3）电力系统中的智能控制

电力系统中的发电机、变压器、电动机等电机电器设备的设计、生产、运行、控制是一个复杂的过程。国内外的电气工作者将人工智能技术引入到电气设备的优化设计、故障诊断及控制中，取得了良好的控制效果。目前主要体现在如下几方面：

1）用遗传算法对电器设备的设计进行优化，可以降低成本，缩短计算时间，提高产品设计的效率和质量。

2）应用于电气设备故障诊断的智能控制技术有模糊逻辑、专家系统和神经网络。

3）智能控制在电流控制 PWM 技术中的应用是具有代表性的技术应用方向之一，也是研究的新热点之一。

近年来，智能控制技术在国内外已有了较大的发展，已进入工程化、实用化的阶段。但作为一门新兴的理论技术，它还处在一个发展时期。随着人工智能技术、计算机技术的迅速发展，智能控制必将迎来它的发展新时期。

**3. 智能控制技术的层次特征和定义**

（1）智能控制技术的层次特征

智能控制与智能控制系统可以从智能层次的角度来进行描述，可以把智能控制大致分为初级、中级、高级三个层次。每一个层次的智能控制通常都应该包含智能系统的特征。一个智能系统应具备在不可预测的环境下适当工作的能力，在这个环境中一个适当的反应能够增加成功的可能性，从而达到系统最终的目的。

对于一个初级的人造智能化控制系统，为了能适应相应工作的要求，它应能模拟一般生物的初级功能和基本的人的智能。一个智能系统的智能化程度应能从智能的各个方面测得。

**239**

所以一个初级智能系统至少应具有感受环境、进而做出决定来进行控制的能力。

对于一个智能化程度比较高的智能控制系统，如中级层次的智能化控制系统，则应具有识别目标和事件、描述事件模型中的知识、具有一定的思考能力并计划未来的能力。

对于一个智能化程度更高级的智能控制系统而言，应具有能在复杂的环境下感知和理解、理智地做出选择、能在各种各样的复杂环境下成功地进行运行的能力，并且具有能在复杂的、不利的环境下生存和发展的能力。

目前通过计算能力的发展和在复杂多变的环境中感知、决定并做出响应的知识的积累，即人造智能化系统自学习过程的不断进步，可以观察到智能控制技术在不断更新与发展。

对于智能化程度更高级的智能控制系统而言，自适应与自学习能力对于在智能控制系统中适应变化多端的条件是必需的。尽管自适应不一定要具备自学习能力，但一个控制系统要适应不可预测的各种变化，则自学习是最必要的。一个智能控制系统必须对重要的、不可预料的变化具有很高的适应性，而且自学习也是必要的。在应对变化因素时，它必须呈现出高度自主性，必须能够处理非常复杂的问题，而且这将导致某些稀少的、例如层次这样的功能机构。因此自学习能力是一个高级智能系统的一种重要特性。

（2）智能控制技术的定义

具有智能控制的机器，实际上就是控制机器具有模拟人类智能的机器。智能控制技术是指智能机器自主地实现其目标的过程，即机器能自主地或与人交互地执行人类规定的任务的控制过程，是一类无须人的干预就能够自主地驱动智能机器实现其目标的自动控制，是用计算机模拟人类智能的一个重要领域。

人类对生产设备的控制技术经历了手动控制到机械控制，再到电气控制和自动控制的过程。现在提出的智能控制实际上是电气控制和自动控制技术的进一步进化和升级。智能控制技术是以控制理论、计算机科学、人工智能、运筹学等学科为基础，扩展了相关的理论和技术，其中应用较多的有模糊逻辑、神经网络、专家系统、遗传算法等理论，以及自适应控制、自组织控制和自学习控制等技术。

## 11.1.3 PLC 智能控制技术

### 1. PLC 智能控制技术的发展历程

从 1969 年第一台 PLC 诞生之日起，PLC 就与工业结下了"不解之缘"。经过近半个世纪的发展，PLC 已经成为工业自动化控制系统中最核心的器件，在工业控制层扮演着最"接地气"和最重要的角色。当人们谈论智能制造、智能工厂、工业互联网这些"高大上"概念的时候，始终要回到 PLC 控制执行的落地层面，面对 PLC 应用效益的最大化以及如何改进满足柔性生产线和智能工厂的需求等问题。随着 PLC 应用功能的不断完善，PLC 将成为智能控制技术的重要支柱技术之一。

"中国制造 2025"和德国的"工业 4.0"的提出，推进了制造过程智能化、数字化控制、状态信息实时监测和自适应控制。目前 PLC 的最终用户主要为冶金、采矿、水泥、石油、化工、电力、机械制造、汽车、装卸、造纸、纺织、环保、建筑电气设备控制等行业，主要用途有顺序控制、运动控制、过程控制、数据处理等几方面。

目前从小型 PLC 应用于自动化和智能化控制系统的情况看，主要品牌还是西门子、三菱和欧姆龙；从中型 PLC 应用于自动化和智能化控制系统的情况看，主要还是西门子为主；而在大型 PLC 应用于自动化和智能化控制系统的情况看，主要品牌是罗克韦尔、施耐德、西门子。

在 PLC 的技术发展历程中，为了适应工业现场应用和用户二次开发的需要，积极地发展了高可靠性、网络化和高性能的用户开发软件方面的技术性能。PLC 系统的模块化技术主要有处理器模块、信息协同处理器模块、高级语言协同处理器、网络适配器模块、特殊功能的 I/O 模块等。目前，PLC 的控制模块正在向智能化方向发展。

**2. PLC 智能控制技术的发展现状**

随着电子技术、通信技术及计算机技术的飞速发展，PLC 在硬件上正在向小型化、模块标准化方向发展；功能上则具备智能化、网络化、高性能的特点；软件上则采用国际标准 IEC 61131-3，不断提升 PLC 专用操作系统的水平；应用上则是从传统的离散制造业向连续的流程工业扩展。PLC 在各方面性能上都有大幅度提高，从而突破了传统概念，由只能执行简单逻辑控制发展到具有数万 I/O 规模、运算和控制功能以及通信、联网能力的综合控制系统，已成为工业自动控制的核心设备之一。目前，PLC 的控制模块正在向智能化和智能化控制系统方向发展。

在对 PLC 技术研究逐渐深入的背景下，越来越多的复杂自动控制系统都将 PLC 作为首选技术方案。同早期 PLC 设备比较而言，当前 PLC 厂商为了适应时代发展要求，都在开发诸多的配套功能模块，其智能化的处理能力也获得一定程度的提升。对于当前种种生产工艺流程而言，选用当前最为广泛的 PLC 自动控制系统智能模块，如智能化输入输出模块，可以实现采集外部模拟量以及对内部数字量的控制；而在一些品牌 PLC 的智能模块中，已经将 A/D 和 D/A 的功能嵌入到智能模块中，以满足市场智能化的需求。

目前，在控制模块上已具备智能化、网络化的 PLC，如西门子、罗克韦尔、三菱和欧姆龙等品牌的 PLC，已经大量运用于一些智能化的工业控制系统中。如工业生产过程中的智能控制、工业先进制造系统中的智能控制及电力系统中的智能控制等。

**3. PLC 智能控制技术的发展趋势**

PLC 智能控制技术的未来发展不仅取决于产品本身的发展，还取决于 PLC 与其他控制系统和工厂管理设备的集成情况。PLC 通过网络被集成到计算机集成制造（CIM）系统中，其功能和资源与数控技术、机器人技术、CAD/CAM 技术、个人计算机系统、管理信息系统以及分层软件系统相结合，将在工厂的未来发展中占据重要的地位。新的 PLC 的技术进展包括更好的操作员界面、图形用户界面（GUI）、人机界面，也包括与设备、硬件和软件的接口，并支持人工智能，如逻辑 I/O 系统等。软件进展将采用广泛使用的通信标准提供不同设备的连接，新的 PLC 指令将立足于增加 PLC 的智能性，基于知识的学习型指令也将逐步被引入，以增加系统的能力。可以肯定的是，未来的工厂自动化和智能化系统中，PLC 将占据重要的地位，控制策略将被智能地分布开来，而不是集中，超级 PLC 将在需要复杂运算、网络通信和对小型 PLC 和机器控制器的监控应用中获得使用。

PLC 从工业领域已经扩展到商业、农业、民用、智能建筑等领域。PLC 不仅可以用于代替传统的继电器控制的开关量逻辑控制，也可以用于模拟量闭环过程控制、数据处理、通信联网和运动控制等场合，在国民经济的快速发展过程中起着越来越重要的作用。随着微处理器、网络通信、人机界面技术的迅速发展，工业自动化技术日新月异，未来 PLC 将朝着集成化、网络化、智能化、开放化、易用性的方向发展。PLC 技术虽然面临着来自其他自动化控制系统的挑战，但同时也在吸收它们的优点，互相融合，不断创新，在今后的国民经济各领域将得到更广泛的应用。

总之，PLC 作为一种控制的标准设备已广泛应用于自动化控制领域。随着 PLC 在智能化控制系统中的各项智能控制技术的越来越全面和越来越成熟，应用功能也会不断完善，从而使得 PLC 在自动化和智能化控制系统中的作用越来越重要。

## 11.2 楼宇智能化和智能制造过程控制系统中的 PLC 智能控制技术

楼宇智能化控制和智能制造过程控制实际上也是一种自动化或智能化过程控制。目前 PLC 的智能控制技术在楼宇智能化和智能制造过程控制系统中已经得到了比较多的应用。本节将分别介绍楼宇智能照明系统中的 PLC 智能控制技术，以及智能制造过程控制系统中的 PLC 智能控制技术。

### 11.2.1 楼宇智能照明系统中的 PLC 智能控制技术

目前对于楼宇智能化系统而言，主要是对建筑电气设备的智能化控制、安全防范和消防系统设备的智能化控制、通信系统设备的智能化控制。在这三大系统设备的智能化控制系统中，有许多电气设备是通过 PLC 智能控制技术来实现智能控制的，如建筑电气设备智能化系统中的供电设备、照明设备、供水系统设备、空调系统设备等的智能控制大多数是采用 PLC 来实现智能控制。图 11-1 所示为某学校楼宇智能照明系统中的 PLC 智能控制系统结构。

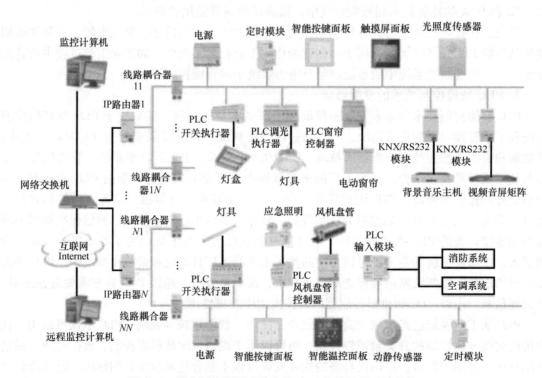

**图 11-1 楼宇智能照明系统中的 PLC 智能控制系统结构**

学校一般大功率动力和制冷设备比较少，照明设施和通风设施则相对比较多。随着经济的发展和科技的进步，学校对照明灯具的节能和科学管理也提出了智能化的控制要求。目前教室多为单侧采光，有时即使是白天，天然采光也不够，因此教室照明需辅以恒定调节。学校通常以白天教学为主，有效利用自然采光能够极大地节约照明能耗。教室深处与近窗口处对照明的要求是不同的，需对教室深处及靠近窗处的灯具分别控制。

学校中功能区域众多，如图书馆、多功能报告厅、行政办公室、食堂等，不同的功能区域对照明的要求也不尽相同。只有为各个功能区域量身定制照明解决方案，才能全面提高管理水平，实现最大化的节能效果。在传统的学校控制系统中，一般包括暖通、安防、消防、闭路电视监控等子系统。学校照明控制系统应该与其他控制系统形成联动机制。

图 11-1 中，楼宇智能化系统中的照明设备智能控制系统主要由灯具、灯盒等 PLC 智能控制系统组成。照明设备智能控制系统主要通过各监控点的光照度传感器和 PLC 及上位监控计算机来实现智能控制。上位监控计算机通过网络交换机和 IP 路由器及各线路耦合器与 PLC 相连接。PLC 控制器在该楼宇照明设备智能控制系统中的作用主要是实现下位机的智能控制。

图 11-1 中，教室的照明实现日程控制、场景控制和光照度控制的三重控制。教室照明可根据日程安排进行自动控制。教室开放时按设定的时间开灯，每天关灯前半小时可设置间隔亮灯，提醒自习的同学教室即将关灯。教室不开放时，不开灯。教室内的灯具以区域和隔灯划分回路，既可以根据教室的上课人数开部分区域的灯光，也可以实现整个教室 1/3、2/3、3/3 的光照度。教室窗边设置光照度传感器，自动控制窗边灯光和电动窗帘，充分利用室外自然光；前后门口和讲台上都安装智能面板，可设置讲课模式、投影仪模式、休息模式、自习模式等。如投影仪模式：事先设定一个情景模式，老师只需按一下智能面板上的指定按钮，投影仪自动打开，投影幕自动放下，电动窗帘自动关闭，同时讲台的灯光关闭，座位上方的大部分灯光关闭，保留一些必要的照明以方便学生做笔记。从而通过 PLC 智能控制系统有效实现了学校教室照明的智能控制。

图 11-1 楼宇智能照明系统中的 PLC 智能控制系统结构也可应用于行政办公中心的智能照明控制。行政中心一般有开放式办公区和独立办公室。开放式办公区可采用光照度控制和日程控制。窗户旁边的光照度传感器根据室外自然光照自动控制窗边灯光和电动窗帘。门口均安装智能开关面板，能够对室内照明进行分区开关。根据办公区的使用时间设置开关灯时间，每天关灯前半小时可设置间隔亮灯以提醒即将关灯；独立办公室一般为领导办公室，可采用恒照度控制、场景控制和调光控制。光照度传感器可根据室环境光照变化连续调光，始终保持室内光照度为设定值。墙装智能面板不仅能够开关灯、连续调光，而且可控制各种场景，如工作模式、休息模式、迎宾模式、清洁模式等。

图 11-1 同样也可应用于图书馆智能照明控制。图书馆一般有藏书区和阅览区。藏书区采用多功能传感器控制和定时控制。当藏书区开放时自动开启 1/3 隔灯照明，保证基本光照度。有人进入时多功能传感器自动开启该区域的灯光，方便取阅。取阅者离开后延时关闭该区域灯光以节约电能。藏书区停止使用时延时关灯。阅览室则采用光照度控制和定时控制。光照度传感器根据室外光照自动控制窗边灯光和电动窗帘，保证合适的阅读光照度，同时节约能源。阅览室停止使用时延时关灯。

图 11-1 同样也可应用于多功能报告厅的智能照明控制。对于多功能报告厅而言，根据活动进程预设进场模式、报告模式、演讲模式、休息模式等。如切换至报告模式时，投影仪自动开启，投影幕放下，同时灯光和窗帘关闭。各种模式的切换可由讲台上的触摸屏计算机一键完成。

图 11-1 同样也可应用于体育馆的智能照明控制。对于体育馆而言，体育馆的中央计算机控制、场景控制和系统联动，可根据比赛项目、比赛场地大小和灯位的情况来设定场景模式，如篮球赛模式、羽毛球赛模式等，各种模式的开启和切换均由一键完成。采用中央计算机实时监控整个体育场馆的照明，把空调、音响/视频系统纳入到照明控制系统中统一管理，协调工作。如当现场音乐响起时，灯光马上会出现一些变化效果作为配合。同时与消防形成联动，确保火警时应急照明启动，方便人员的疏散。

图 11-1 同样也可应用于公共区域的智能照明控制。对于公共区域而言，楼梯间、卫生间、走廊等公共区域可采用定时控制和人体感应控制相结合，在保证基本照明的前提下做到人来灯亮、人走灯灭，最大限度地节约能源。

图 11-1 同样也可应用于城市公园绿化区域的智能照明控制。对于城市公园绿化区域而言，可以采用天文钟时间控制和日程控制。按照当地的日出日落时间对其进行自动控制，每天日落时自动开启绿化照明，午夜时分关闭部分绿化照明，日出时全关。同时根据不同日程安排，如国庆、元旦等重大节假日或庆典等重要时刻，自动开启园林照明的不同模式，配合渲染节日气氛。

## 11.2.2 智能制造过程控制系统中的 PLC 智能控制技术

图 11-2 所示为 PLC 在某工厂智能化制造车间的应用情况。

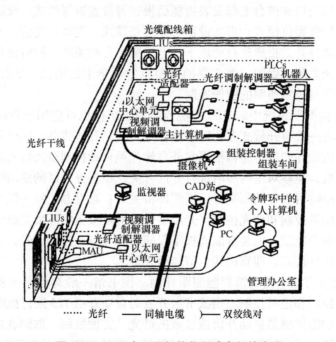

**图 11-2 PLC 在工厂智能化制造车间的应用**

图 11-2 中，工厂智能化制造车间的智能化过程控制系统主要由视频监控系统、工业以太网和光纤传输通信系统、智能制造车间管理中心、CAD 计算机系统、传感器控制系统、PLC 系统、PLC 控制器控制的工业机器人系统、与 PLC 相联网的智能制造车间主计算机、智能制造车间管理中心计算机系统等组成。

图 11-2 智能制造车间的 PLC 智能化控制系统可简化为图 11-3 所示的系统结构。

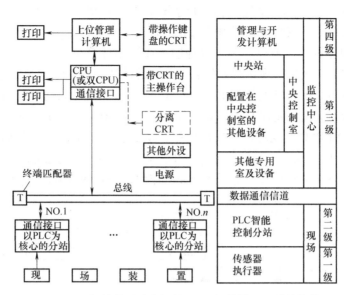

**图 11-3　工厂智能化制造车间的 PLC 智能控制系统结构简图**

　　如图 11-2 和图 11-3 所示，工厂智能化制造车间的 PLC 智能控制系统是以光纤线缆为主干线来连接区内各个子网络，通过计算机网络系统构成一个分级分布式结构。各子网络系统由 PLC 智能化控制系统构成。各子网络系统中的 PLC 智能控制系统依次与控制设备、传感控制器、管理工作站及其他通信设备连接，构成一个先进的智能通信网络。通过网络可以有效地管理和控制生产流程，自动地控制区内的电子设备和通信设备，定时地存取数据和即时访问共享数据，并以数据处理和通信服务的方式，把人和机器的生产过程连接在一起，来增强产品的设计、生产、销售等方面的能力，从而实现整个智能制造车间系统的智能化，大大减少了人的参与，有效提高了生产效率和制造精度，提高了整个车间制造过程的智能化。

## 11.3　石油、化工等过程控制系统中的 PLC 智能控制技术

　　过程控制和集散控制技术是目前石油、化工等自动化控制领域的重要控制技术，PLC 智能控制技术已经在石油、化工等自动化控制领域中得到了比较多的应用。本节将介绍石油油库过程控制系统中的 PLC 智能控制技术和工业化工过程集散控制系统（DCS）中的 PLC 智能控制技术。

### 11.3.1　石油油库过程控制系统中的 PLC 智能控制技术

**245**

　　工业石油在开采、运输、炼制、储存、转运、储备等环节中，成品油通过油库进行安全储存是一个非常重要的环节。作为石油工业的商业油库，主要生产业务流程包括火车卸油、油罐收油、油罐油品静置、油品分析、火车发油、调度管理、业务往来和结算等环节，其中一项重要的工作即油品计量。油品的计量罐通过混合式储罐计量系统获得储液的平均密度、精确体积、精确质量以及液位值，实现收油计量、发油计量、库存计量和油库存油动态监测。储存成品油的油罐通过监控级液位计、温度计获得储罐的液位、温度以及罐内储油体积，实现对储罐工况和库存的实时监测。

图 11-4 为某成品石油储存油库过程控制系统中的 PLC 智能控制系统。图 11-5 为该成品油库罐区和系统分布图。该系统主要由分布式的现场 I/O 接口、现场智能仪表、现场总线、中间 PLC 智能控制系统、工业以太网、管理层工业控制计算机等组成。整个系统通过现场总线和现场分布式 I/O 接口、现场智能仪表与现场的储油罐和油泵等设备进行连接，将现场的各种数据通过现场 I/O 接口上传到 PLC，再由 PLC 的工业以太网接口将现场检测数据通过工业以太网上传到上位工业控制计算机。图 11-4 中系统主要由上位工业控制计算机进行系统的总体控制，由 PLC 实现现场的底层控制，从而实现整个成品石油储存油库的智能控制。从图 11-4 可知 PLC 在整个智能控制系统中是现场底层的关键控制设备，是整个系统的中间层关键控制设备，主要起着上传下达的控制作用，是联网控制的关键控制设备。

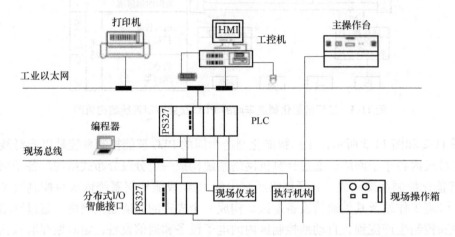

**图 11-4　某成品石油储存油库过程控制系统中的 PLC 智能控制系统**

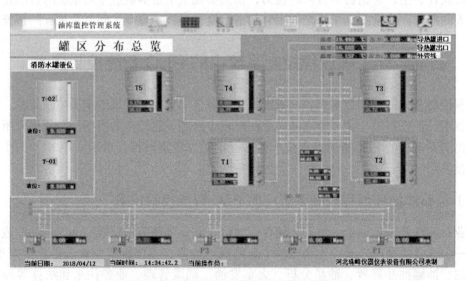

**图 11-5　某成品油库罐区和系统分布图**

图 11-6 为该成品油库监控管理系统图。图 11-7 为该成品油库油泵状态监控管理系统图。

图 11-6 中的成品油库监控管理系统主要由上位工业控制计算机负责监控。图 11-7 中的成品油库的油泵、储油罐等现场设备的状态主要由下位 PLC 智能控制系统负责监控。

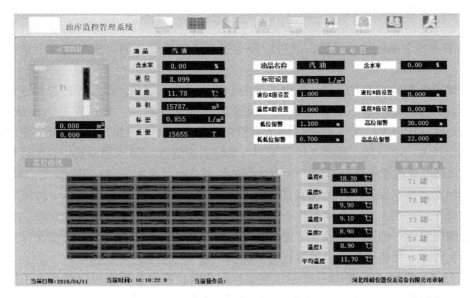

图 11-6　某成品油库监控管理系统图

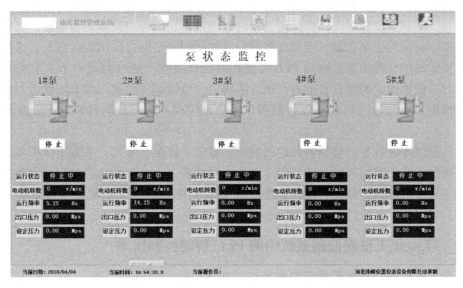

图 11-7　某成品石油储存油库油泵状态监控管理系统图

整个系统的安全监控主要通过静态检漏监测、储罐液位高低限报警、储罐温度高低限报警、可燃气体浓度检测报警、储罐表面热点探测预警等检测措施来保证，可以有效防止漏油、窜油、冒油、火灾及其他突发性事故的发生。油泵的安全监控主要是通过油泵的状态监视、油泵出入口压力检测、重要机泵安全自保联锁等功能来实现。

整个系统设置有智能岗位巡检系统，通过智能电子监督设备可以对操作人员的巡检工作情况进行记录统计，以保证油库的生产安全。同时把消防系统的监测和控制纳入了 PLC 智能控制系统的智能监控系统内，以提高消防的自动快速反应能力。通过现代先进的闭路电视监视系统对罐区、泵房、汽车装卸、火车装车的要害部位进行监视，并通过网络系统传送到相应管理部门监视纪录。

整个油库控制站对油品储备库生产运作进行全面监控、操作、记录，并把各种工况数据通过 PLC 智能控制系统进行采集、处理后传送到上级监控管理网，从而使整个系统实现智能控制。

尽管储运生产属于超慢进程，但也正是由于超慢进程，容易产生操作的忽视性疲劳并发生诸如"跑、冒、漏、窜"之类的事故。油罐区一旦发生事故，往往都是大事故。因此，为了确保油罐区的万无一失，油罐区的所有检测仪表和执行机构的信号（包括液位计、温度计、液位开关、电动阀、可燃气体报警器、储罐表面热点探测预警系统、智能岗位巡检系统、工业闭路电视监视信号）都集中由 PLC 智能控制系统（见图 11-4）进行采集和输出控制，也就是在油库操作室设置了性能优良的罐区 PLC 智能控制监控系统操作站。由该罐区 PLC 智能控制操作站实现人工安全生产作业和智能化安全生产作业、智能化安全保障、智能化操作管理、输油泵运行的安全保障、智能化消防应急、配电房的监控管理、智能岗位巡检、作业区智能化管理、智能化库区电视监视等功能。

如图 11-4、图 11-6 及图 11-7 所示，在生产作业时，在操作站中可以选择人工操作，也可以选择智能操作。选择人工操作时，可根据需要预先输入一些工艺流程，也可根据调度的要求选择其中的一个工艺流程，选择人工干预时则由操作站给出操作提示，由操作员根据提示打开相应的阀门，同时操作站与设定流程进行操作比对，出现问题时及时给出报警。可以设定输转量，当到达设定量时，操作站会及时给出报警，也可以自动切换油罐。操作站可以把每一次操作情况均记录在案，可以根据指定的时间间隔自动打印出收付报表。选择智能操作时，由操作站的智能控制系统和 PLC 智能控制操作系统，通过对上一个人工成功操作流程的自学习，根据设定的流程自动打开相应的阀门，监视相应的阀门和泵的状态。底层设备的智能化操作主要是通过 PLC 智能控制操作系统来实现，从而自动和智能地完成整个工作过程。

操作站记录库区数据，包括各储罐的液位、温度、密度、水尺，并算出体积和重量。操作站可以根据指定的时间间隔自动打印出岗位巡检报表，也可以在任意时刻打印当前的库区库存报表，从而通过操作站的智能控制系统和 PLC 智能控制操作系统安全可靠地完成整个工作过程。

## 11.3.2　工业化工过程控制系统中的 PLC 智能控制技术

工业化工过程控制系统是集散控制系统（DCS）的一种典型应用。图 11-8 为工业化工过程控制系统中的 PLC 智能控制系统。该控制系统主要由化工过程控制系统中的各种现场传感器和变送器、智能仪表、PLC 智能控制系统、操作员工作站、工程师站、通信系统等组成。

现场传感器和变送器主要有温度传感器、电磁流量计、差压变送器、压力传感器、阻旋物位计、物位传感器、湿度传感器、流量传感器、液位传感器、物位计、涡街流量计等。其中涡街流量计是根据卡门（Karman）涡街原理研究生产的测量气体、蒸汽或液体的体积流量、标况的体积流量或质量流量的体积流量计，主要用于工业管道介质流体的流量测量，如气体、液体、蒸汽等多种介质的检测。

通信系统主要有无线通信系统、光缆通信系统和局域网通信系统。无线通信系统的现场设备信号以无线发射方式（数传电台）传输到控制中心。光缆通信系统的现场信号直接采

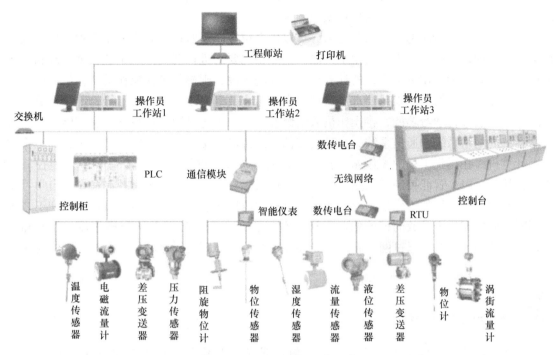

**图 11-8　工业化工过程控制系统中的 PLC 智能控制系统**

用光缆传输到控制中心。局域网通信系统的现场信号以企业内部局域网传输到控制中心。

操作员工作站由多台上位控制计算机组成，每一个操作员工作站由一台上位控制计算机组成，然后通过计算机局域网通信系统进行互联和通信。操作员工作站的计算机具有自学习功能。

工程师站实际上是整个系统中心工作站，实现整个系统的管理和控制，主要由 1~2 台中心控制计算机组成。其中一台为主要工作的控制计算机，一台可以作为与远程网络连接和交换的控制计算机。

PLC 智能控制系统主要与现场的传感器和现场工作设备相连接，同时与上位控制计算机相连接，主要实现对现场信号的采集，及时将现场采集的信号上传，同时实现对现场设备的直接控制。

图 11-8 中，操作员工作站和工程师站的计算机等控制设备主要设置在控制台上，网络交换机和 PLC 智能控制系统设备主要设置在控制柜中，控制台和控制柜之间的通信主要通过无线通信系统、光缆通信系统、计算机局域网通信系统进行连接和通信。

图 11-8 中，PLC 智能控制系统在整个控制系统中起着非常重要的控制作用。PLC 智能控制系统不仅及时将现场采集的信号上传，同时不断执行操作员工作站和工程师站上位机的控制命令，不断实现对现场设备的直接控制。PLC 智能控制系统与操作员工作站和工程师站之间主要是通过网络系统、光缆通信系统、计算机局域网通信系统进行连接和通信。

图 11-8 中，PLC 智能控制系统可根据化工生产过程现场中的温度、流量、压力等信号，并根据系统的设置参数要求和智能控制程序要求，直接控制和驱动化工生产现场的过程设备进行化工生产过程的工作，同时不断将化工生产过程现场的温度、流量、压力等信号及时上传到操作员工作站的计算机，并可不断接收操作员工作站计算机发布的命令进行及时调整化

工生产过程的工作参数，即可根据不同的化工产品的生产工艺过程参数要求进行及时调整和改变，以便实现化工产品生产的最佳质量要求。

对不同的化工产品的生产工艺要求，可以由上位控制及监控计算机的工程师工作站或操作员工作站的计算机，对不同的化工产品的生产工艺要求进行现场生产工艺数据修改和工艺流程操作。如果为操作员工作站的计算机进行现场修改，则操作员在操作员工作站的计算机上对不同化工产品的生产工艺要求进行现场生产工艺数据修改和工艺流程操作。操作员工作站的计算机通过自学习功能，将操作员人工修改数据和工艺过程进行自学习和存储，并通过控制系统的网络系统和通信系统，自动实现信息的传输和交流，将数据上传到工程师工作站监控计算机。在得到工程师工作站监控计算机的审核和批准同意后下传到 PLC 智能控制系统进行执行。PLC 智能控制系统则不断执行操作员工作站计算机的正常控制命令及自学习功能的控制命令和工程师工作站的上位监控计算机的监控命令，对化工生产过程的生产工艺进行不断地调控和生产参数的智能修改，从而实现了 PLC 智能控制系统与操作员工作站和工程师站的控制计算机，通过网络系统、光缆通信系统、计算机局域网通信系统一同构成化工过程的智能控制。

 **思考题与习题**

**11-1** 过程控制的含义是什么？请举例说明在工业控制系统中有哪些系统属于过程控制？

**11-2** 智能控制的含义是什么？请举例说明目前在工业控制系统中有哪些典型事例属于智能控制？

**11-3** PLC 智能控制技术的含义是什么？目前国内外 PLC 智能控制技术的发展现状和未来趋势是什么？

**11-4** 请简要分析楼宇智能化过程控制中的 PLC 智能控制技术的工作原理，并举例说明目前在楼宇智能化过程控制中还有哪些典型应用实例？

**11-5** 请简要分析目前工业智能制造过程控制中的 PLC 智能控制技术的工作原理，并举例说明目前在智能制造过程控制中还有哪些典型应用实例？

**11-6** 请简要分析目前石油油库过程控制系统中的 PLC 智能控制技术的工作原理，并举例说明目前在石油油库过程控制系统中还有哪些典型应用实例？

**11-7** 请简要分析目前工业化工过程控制系统中的 PLC 智能控制技术的工作原理，并举例说明目前在工业化工过程控制系统中还有哪些典型应用实例？

# 第 12 章

# PLC在电气控制系统中的应用与分析

PLC 在各种电气控制设备和控制系统中的应用已经非常普遍，主要应用于工业自动化流水线生产过程的自动化控制及智能控制、各种工业电气化设备的电气自动化控制系统及智能控制系统、电力和交通系统的电气自动化控制系统及智能控制系统、工业与民用建筑的供电与照明控制系统及智能控制系统、城市供用电系统、楼宇智能化系统等。本章主要介绍三菱FX 系列 PLC 在工业货物传送机、水泵、自动门电气控制系统中的应用及控制系统分析、西门子 S7-200 系列 PLC 在工业混料控制系统和空调电气控制系统中的应用及控制系统分析。

## 12.1 三菱 FX 系列 PLC 在电气控制系统中的应用与分析

### 12.1.1 三菱 FX 系列 PLC 在货物传送机电气控制系统中的应用与分析

一般的货物传送机主要由多台带式传送机组成，此处所举货物带式传送机事例由 5 台三相异步电动机 $M_1 \sim M_5$ 控制，具体如图 12-1 所示。

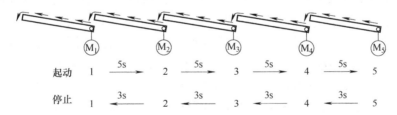

**图 12-1 5 条带式传送机构成的货物带传送机顺序控制系统**

控制系统的具体工作原理如图 12-2 所示。图 12-2a 为货物带式传送机 5 台三相异步电动机 $M_1 \sim M_5$ 的顺序起停控制梯形图，图 12-2b 为货物带式传送机 5 台三相异步电动机 $M_1 \sim M_5$ 的顺序起停控制接线图。起动时，按下图 12-2b 中的起动按钮 $SB_1$，则图 12-2a 起停控制梯形图的输入继电器 X0 闭合一下，起动信号控制继电器 Y0（输出继电器）闭合并自锁，时间继电器 T0 接通，图 12-2b 中起动信号灯 $HL_0$ 亮 5s 后，每隔 5s 执行图 12-2a 顺序起停控制梯形图中的位左移指令 SFTL 一次，依次从电动机 $M_1 \sim M_5$ 每隔 5s 起动一台电动机。电动机全部起动后，起动信号灯灭。停止时，按下图 12-2b 中的停止按钮 $SB_2$，则图 12-2a 起停控制梯形图的输入继电器 X1 闭合一下，输入继电器 X1 上升沿时执行图 12-2a 顺序起停控制梯形图中的位右移指令 SFTR 一次，电动机按从 M5 首先停止，同时停止信号控制继电器

Y6（输出继电器）闭合并自锁，时间继电器 T1 接通，图 12-2b 中停止信号灯 $HL_1$ 亮 3s，每隔 3s 执行图 12-2a 顺序起停控制梯形图中的位右移指令 SFTR 一次，电动机按从 M5～M1 每隔 3s 停止一台电动机，电动机全部停止后，停止信号灯 $HL_1$ 灭。当运行中按下图 12-2b 中的急停按钮 $SB_3$ 时，则图 12-2a 起停控制梯形图的输入继电器 X2 闭合，全部复位指令 ZRST 执行，电动机 M5～M1 全部停止运行。

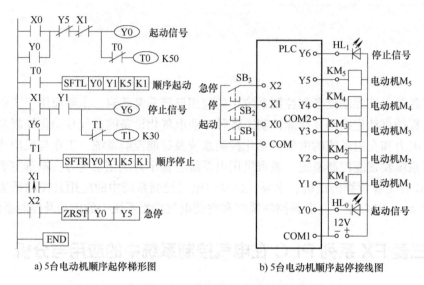

a) 5台电动机顺序起停梯形图　　　b) 5台电动机顺序起停接线图

**图 12-2　货物带式传送机顺序控制的梯形图和接线图**

## 12.1.2　三菱 FX 系列 PLC 在水泵电气控制系统中的应用与分析

某工业企业供水系统由 4 台水泵构成，由 4 台三相异步电动机 $M_1$～$M_4$ 驱动 4 台水泵。供水系统供水运行时要求 4 台水泵轮流控制运行，正常要求 2 台运行 2 台备用。为了防止备用水泵长时间不用造成锈蚀等问题，要求 4 台水泵中 2 台运行，并每隔 8h 切换一台，使 4 台水泵轮流运行。4 台供水泵轮流工作时的三菱 FX 系列 PLC 控制系统图如图 12-3 所示，图 12-3a 为 4 台供水泵轮流工作时的三菱 FX 系列 PLC 控制系统运行时序图，图 12-3b 为 4 台供水泵轮流工作时的三菱 FX 系列 PLC 控制系统接线图，图 12-3c 为 4 台供水泵轮流工作时的三菱 FX 系列 PLC 控制系统梯形图。

图 12-3a 中，每隔 8h 有一台水泵电动机停止运行，同时有一台水泵电动机起动运行，并且在每 8h 中都有 2 台水泵电动机在运行。图 12-3b 和图 12-3c 中，当开关 SA 接通运行位置时，输入继电器 X0 闭合，在输入继电器 X0 上升沿时，PLC 执行 SFTL（P）上升沿位左移指令，1 号水泵电动机 $M_1$ 和 2 号水泵电动机 $M_2$ 工作，3 号水泵电动机 $M_3$ 和 4 号水泵电动机 $M_4$ 不工作。同时特殊辅助继电器 M8014 产生 1min 定时计数脉冲，定时计数器 C0 开始计数。当计数达到 480min 时，刚好是 8h。此时定时计数器 C0 闭合，使 PLC 执行 SFTL（P）上升沿位左移指令一次，输出继电器 Y2 工作，3 号水泵电动机 M3 投入工作，此时输出继电器 Y0 停止工作，1 号水泵电动机 M1 停止工作。此时同时执行复位指令 RST，使定时计数器 C0 复位一次，定时计数器 C0 再次开始计数。当定时计数器 C0 再次计满 480min 时，即 8h，输出继电器 Y3 工作，4 号水泵电动机 $M_4$ 投入工作，此时输出继电器 Y1 停止工作，2

号水泵电动机 $M_2$ 停止工作，同时复位指令 RST 执行，使定时计数器 C0 复位一次。此后控制系统按照图 12-3a 时序图不断进行循环工作。需要停止所有水泵工作时，则将开关 SA 接通停止位置，使输入继电器 X1 闭合，PLC 执行全部复位指令 ZRST，所有水泵电动机停止工作。

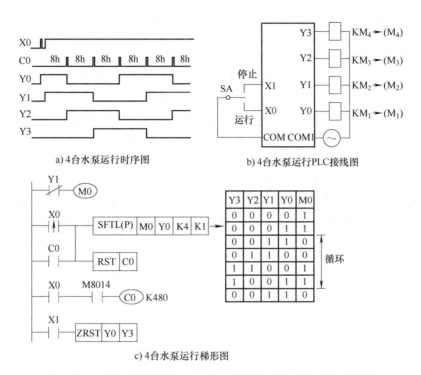

a) 4 台水泵运行时序图　　　　b) 4 台水泵运行 PLC 接线图

c) 4 台水泵运行梯形图

**图 12-3　4 台供水泵轮流工作时的三菱 FX 系列 PLC 控制系统图**

## 12.1.3　三菱 FX 系列 PLC 在自动门电气控制系统中的应用与分析

某工业企业自动化车间的自动门控制示意图如图 12-4 所示。它主要由微波人体检测开关 $SP_1$（进门检测 X0）、$SP_2$（出门检测 X1）和门限位开关 $SQ_3$（开门限位 X2）、$SQ_4$（关门限位 X3），以及门控电动机 M 和接触器 $KM_1$（开门 Y0）、$KM_2$（关门 Y1）组成。当人接近大门时，微波检测开关 $SP_1$、$SP_2$ 检测到人就开门，当人离开时，检测不到人，经 2s 后自动关门。

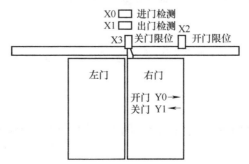

**图 12-4　某工业企业自动化车间的自动门控制示意图**

在自动化车间开门期间（上午 8 时到下午 18 时），检测开关 $SP_1$、$SP_2$ 只要检测到人就开门；下午 18 时到 19 时，工作人员只能出不能进，只有出门检测开关 $SP_2$ 检测到人才开门，而进门检测开关 $SP_1$ 不起作用。图 12-5 为自动化车间自动门三菱 FX 系列 PLC 控制接线图和梯形图。

工作原理分析：图 12-5b 中，在自动化车间开门期间（上午 8 时到下午 18 时），由三菱 FX 系列 PLC 内部的数据寄存器 D8015 控制上午的 8 时，同时由 D8015 控制下午的 18 时和 19 时。如图 12-5a、b 所示，当数据寄存器 D8015 定时计数到达上午 8 时，开门回路输出继电器 Y0 回路可以接通，此时微波人体检测开关 $SP_1$ 若检测到有人进入，则进门检测输入继电器 X0 接通，开门回路输出继电器 Y0 回路接通并自锁，输出继电器 Y0 驱动接触器 $KM_1$ 开门，开门到达门限位置时，门限位开关 $SQ_3$ 动作使输入继电器 X2 常闭断开，输出继电器 Y0 断开，开门停止。在上午 8 时到下午 18 时期间，只要有人进入，则进门检测开关 $SP_1$ 检测到有人进入，输入继电器 X0 就接通，输出继电器 Y0 回路就处于接通状态，Y0 驱动接触器 $KM_1$ 处于开门状态。当人离开时，检测不到人，则输入继电器 X0 和 X1、输出继电器 Y0 均复位，使时间继电器 T0 开始计时，经计时 2s 后将输出继电器 Y1 接通自动关门。当数据寄存器 D8015 定时计数到达下午 18 时，进门检测输入继电器 X0 回路关断，在 D8015 定时计数大于下午 18 时、小于下午 19 时时，进门检测输入继电器 X0 回路一直处于关断状态，只有出门检测开关 $SP_2$ 检测到人才开门，而进门检测开关 $SP_1$ 不起作用，工作人员只能出不能进。$SQ_4$ 为关门限位检测开关，当关门限位到位时 X3 断开，使关门输出继电器 Y1 回路关断，关门停止。

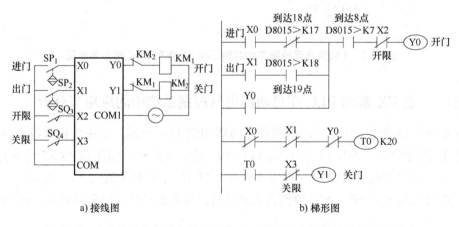

a) 接线图　　　　　　　　　b) 梯形图

**图 12-5　工业自动化车间自动门三菱 FX 系列 PLC 控制接线图和梯形图**

## 12.2　西门子 S7-200 SMART 系列 PLC 在电气控制系统中的应用与分析

254

### 12.2.1　西门子 S7-200 SMART 系列 PLC 在工业混料罐控制系统中的应用与分析

某工业企业混料罐系统的工作原理图如图 12-6 所示。

控制要求如下：系统开始工作时，液面应处于最低位，按下起动按钮，打开 A 阀门，

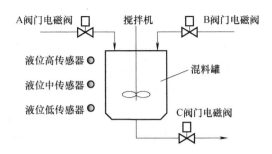

**图 12-6　工业企业混料罐系统的工作原理图**

液体 A 流入混料罐，当液面上升到中间位置时，关闭 A 阀门，打开 B 阀门，B 液体流入混料罐，当液面上升到最高位时，关闭 B 阀门，起动搅拌机，2min 后停止搅拌，打开 C 阀门，当液面降至最低位后，延时 5s 关闭 C 阀门，完成一次工作过程。

在工作过程中若没有按下停止按钮，则系统在 2s 后自行起动上述工作循环；否则，当一次循环过程结束后系统停止运行。按下复位按钮，系统恢复至初始状态。

首先进行系统的 I/O 地址分配，见表 12-1。

**表 12-1　工业企业混料罐 S7-200 SMART 系列 PLC 控制系统 I/O 分配表**

| 名称 | 类型 | 地址 | 名称 | 类型 | 地址 |
|---|---|---|---|---|---|
| 起动按钮 | 输入 | I0.0 | 液位低传感器 | 输入 | I0.5 |
| 停止按钮 | 输入 | I0.1 | A 阀门电磁阀 | 输出 | Q0.0 |
| 复位按钮 | 输入 | I0.2 | B 阀门电磁阀 | 输出 | Q0.1 |
| 液位高传感器 | 输入 | I0.3 | C 阀门电磁阀 | 输出 | Q0.2 |
| 液位中传感器 | 输入 | I0.4 | 搅拌机 | 输出 | Q0.3 |

设系统的初始状态为 S0.0，工作过程可划分为 6 个顺控段：A 阀门打开、B 阀门打开、搅拌机工作、C 阀门打开、延时 5s 和延时 2s，分别由 S0.1、S0.2、…、S0.6 表示。

系统功能图及控制程序如图 12-7 所示。程序中需要重点理解的是对停止过程的处理。当 I0.1 为 1 时，置位 M1.0，但此时并不停止整个系统的工作，也就是说用置位指令来记录停止按钮曾经被按下。只有当系统运行到 S0.6 表示的顺控段时，才对 M1.0 进行检测。如果此时 M1.0 为 1，则立即转移至 S0.0，返回至初始状态，用 S0.0 将 M1.0 复位；否则当 T39 延时时间到后，转移至 S0.1，重新开始一次工作循环。

系统复位是指系统恢复至初始状态。可以看出，复位过程实际上是打开 C 阀门使液面下降的过程。同时 C 阀门应在 S0.4 和 S0.5 表示的顺控段中打开，因此将 S0.4、S0.5 常开触点及复位按钮相或组成 Q0.2 的输出电路。

此处要注意的是，虽然 Q0.2 在 S0.4 和 S0.5 所表示的顺控段中为 1，但程序中不能在 S0.4 和 S0.5 的程序段中分别输出 Q0.2，只能使用置位、复位指令或图示或的方法。因为在 PLC 程序中，一个元件在多个梯级中多次输出时，仅有最后一个梯级的逻辑功能有效，其他均无效，这是由 PLC 扫描方式决定的。

**255**

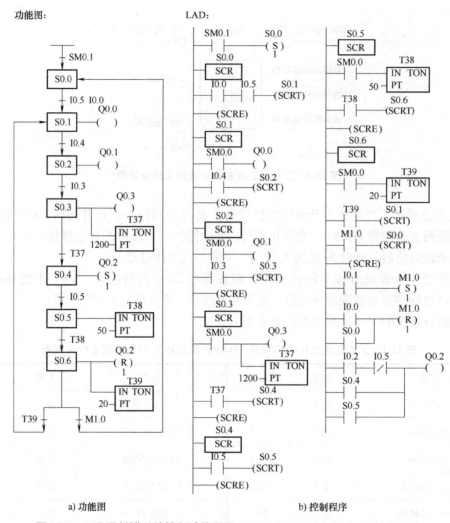

a) 功能图　　　　　　　　　　b) 控制程序

**图 12-7　工业混料罐系统控制功能图及 S7-200 SMART 系列 PLC 控制程序**

## 12.2.2　西门子 S7-200 SMART 系列 PLC 在中央空调电气控制系统中的应用与分析

在此以某单位中央空调监控系统为例,介绍西门子 S7-200 SMART 系列 PLC 在中央空调电气控制系统中的应用与分析。下位机采用 S7-200 SMART 系列 PLC,用梯形图编写控制程序。该系统中,上位机的监控界面采用力控组态软件实现。

### 1. 系统的监控点表

中央空调系统的监控点表见表 12-2。

**表 12-2　中央空调系统的监控点表**

| 系统 | 监控点名称 | 输入 | | 输出 | |
|------|-----------|------|------|------|------|
| | | DI | AI | DO | AO |
| 风系统 | 新风温湿度监测 | | 2 | | |
| | 送风温湿度监测 | | 2 | | |

（续）

| 系统 | 监控点名称 | 输入 | | 输出 | |
|---|---|---|---|---|---|
| | | DI | AI | DO | AO |
| 风系统 | 回风温湿度监测 | | 2 | | |
| | 防冻保护报警 | 1 | | | |
| | 过滤器阻塞报警 | 1 | | | |
| | 送风机压差报警 | 1 | | | |
| | 送风机手/自动状态 | 1 | | | |
| | 送风机运行状态 | 1 | | | |
| | 送风机故障报警 | 1 | | | |
| | 送风机起/停控制 | | | 1 | |
| | 回风机压差报警 | 1 | | | |
| | 回风机手/自动状态 | 1 | | | |
| | 回风机运行状态 | 1 | | | |
| | 回风机故障报警 | 1 | | | |
| | 回风机起/停控制 | | | 1 | |
| | 加湿阀控制 | | | 1 | |
| | 新风风门控制 | | 1 | | 1 |
| | 排风风门控制 | | 1 | | 1 |
| | 回风风门控制 | | 1 | | 1 |
| | 冷水电动二通阀监控 | | 1 | | 1 |
| | 热水电动二通阀监控 | | 1 | | 1 |
| 水系统 | 冷冻水供水温度 $T_1$ 监测 | | 1 | | |
| | 冷冻水回水温度 $T_2$ 监测 | | 1 | | |
| | 冷却水供水温度 $T_4$ 监测 | | 1 | | |
| | 冷却水回水温度 $T_3$ 监测 | | 1 | | |
| | 水流监测 FS | 2 | | | |
| | 冷冻水阀控制 | | | 1 | |
| | 冷冻水泵起停 | | | 1 | |
| | 冷冻水供回水压差 | | 1 | | |
| | 旁通阀监控 | | 1 | | 1 |
| | 冷却水阀控制 | | | 1 | |
| | 冷却水泵起停 | | | 1 | |
| | 制冷机组起停 | | | 1 | |
| | 冷冻水流量监测 $F_1$ | | 1 | | |
| | 冷却水流量监测 $F_2$ | | 1 | | |
| | 冷却塔风机控制 | | | | 1 |
| 合计 | | 12 | 15 | 8 | 7 |

## 2. PLC 硬件选型及系统配置

现场控制器采用 S7-200 SMART 系列 PLC。由表 12-2 系统监控点数，再考虑一定的裕量，可得出该系统的硬件选型及点数对照表，见表 12-3。

表 12-3　S7-200 SMART 系列 PLC 的硬件选型及点数对照表

| 模块名称 | 型号及订货号 | 数量 | 数字量 I/O 点数 | 模拟量 I/O 点数 |
|---|---|---|---|---|
| CPU 模块 | CPU224<br>6ES7 214-1AD23-0XB0 | 1 | 14/10 | |
| 模拟量输入/输出扩展模块 | EM235<br>6ES7 235-0KD22-0XA0 | 5 | | 4/1 |
| 模拟量输出扩展模块 | EM232<br>6ES7 232-0HB22-0XA0 | 1 | | 0/2 |

S7-200 SMART 系列 PLC 控制系统的硬件配置如图 12-8 所示。

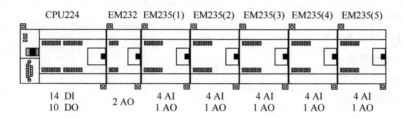

图 12-8　S7-200 SMART 系列 PLC 控制系统的硬件配置

各模块 I/O 编址范围见表 12-4。

表 12-4　S7-200 SMART 系列 PLC 控制系统各模块 I/O 编址范围

| 模块 | CPU224 | EM232 | EM235 （1） | EM235 （2） | EM235 （3） | EM235 （4） | EM235 （5） |
|---|---|---|---|---|---|---|---|
| 输入地址 | I0. 0 ~ I0. 7<br>I1. 0 ~ I1. 5 | | AIW0<br>AIW2<br>AIW4<br>AIW6 | AIW8<br>AIW10<br>AIW12<br>AIW14 | AIW16<br>AIW18<br>AIW20<br>AIW22 | AIW24<br>AIW26<br>AIW28<br>AIW30 | AIW32<br>AIW34<br>AIW36<br>AIW38 |
| 输出地址 | Q0. 0 ~ Q0. 7<br>Q1. 0 ~ Q1. 1 | AQW0<br>AQW2 | AQW4<br>（AQW6） | AQW8<br>（AQW10） | AQW12<br>（AQW14） | AQW16<br>（AQW18） | AQW20<br>（AQW22） |

注意：对于 S7-200 SMART 系列 PLC 的模拟量输入/输出扩展模块 EM235，系统会为每个模块预留一个模拟量输出地址，即 EM235 输出地址中加"括号"的地址，这些地址在实际中不能使用。

## 3. PLC 控制系统 I/O 地址分配

S7-200 SMART 系列 PLC 控制系统 I/O 地址分配见表 12-5。

## 4. 中央空调系统的起停控制程序

中央空调的起动过程一般是先起动风系统，然后是水系统。具体起动顺序：新风阀、回风阀、排风阀→送风风机→回风风机→冷却塔风机→冷却水阀→冷却水泵→冷冻水阀、冷冻水调节阀→冷冻水泵→冷水机组。

表 12-5　S7-200 SMART 系列 PLC 控制系统 I/O 分配表

| 名称 | I/O 地址 | 类型 | 名称 | I/O 地址 | 类型 |
|---|---|---|---|---|---|
| 防冻开关 | I0.0 | DI | 送风监测湿度传感器 | AIW6 | AI |
| 过滤器压差开关 | I0.1 | DI | 回风监测温度传感器 | AIW8 | AI |
| 送风机压差开关 | I0.2 | DI | 回风监测湿度传感器 | AIW10 | AI |
| 送风机手/自动状态 | I0.3 | DI | 新风风门开度反馈 | AIW12 | AI |
| 送风机运行状态 | I0.4 | DI | 回风风门开度反馈 | AIW14 | AI |
| 送风机故障报警 | I0.5 | DI | 排风风门开度反馈 | AIW16 | AI |
| 回风机压差报警 | I0.6 | DI | 冷水电动二通阀开度控制 | AIW18 | AI |
| 回风机手/自动状态 | I0.7 | DI | 热水电动二通阀开度反馈 | AIW20 | AI |
| 回风机运行状态 | I1.0 | DI | 冷冻水供水温度 $T_1$ | AIW22 | AI |
| 回风机故障报警 | I1.1 | DI | 冷冻水回水温度 $T_2$ | AIW24 | AI |
| 水流开关 $FS_1$ | I1.2 | DI | 冷却水回水温度 $T_3$ | AIW26 | AI |
| 水流开关 $FS_2$ | I1.3 | DI | 冷却水回水温度 $T_4$ | AIW28 | AI |
| 送风机起/停控制 | Q0.0 | DO | 冷冻水供回水压差 | AIW30 | AI |
| 回风机起/停控制 | Q0.1 | DO | 旁通阀开度反馈 | AIW32 | AI |
| 加湿阀开/闭控制 | Q0.2 | DO | 冷冻水流量监测 $F_1$ | AIW34 | AI |
| 冷却水阀控制 | Q0.3 | DO | 冷冻水流量监测 $F_2$ | AIW36 | AI |
| 冷却水泵起停控制 | Q0.4 | DO | 新风风门控制 | AQW0 | AO |
| 冷冻水阀控制 | Q0.5 | DO | 排风风门控制 | AQW2 | AO |
| 冷冻水泵起停控制 | Q0.6 | DO | 回风风门控制 | AQW4 | AO |
| 制冷机组起停控制 | Q0.7 | DO | 冷水电动二通阀开度 | AQW8 | AO |
| 新风监测温度传感器 | AIW0 | AI | 热水电动二通阀开度 | AQW12 | AO |
| 新风监测湿度传感器 | AIW2 | AI | 旁通阀监控 | AQW16 | AO |
| 送风监测温度传感器 | AIW4 | AI | 冷却塔风机控制 | AQW20 | AO |

中央空调的停止过程与起动过程相反。具体停止过程：冷水机组→冷冻水泵→冷冻水阀、冷冻水调节阀→冷却水泵→冷却水阀→冷却塔风机→回风风机→送风风机→新风阀、回风阀、排风阀。

中央空调系统控制主程序如图 12-9 所示。SBR_0 为起停控制子程序，SBR_4 为送风温度控制子程序，SBR_5 为送风湿度控制子程序。

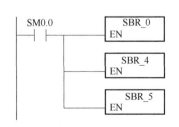

图 12-9　中央空调系统控制主程序

中央空调系统起停控制的各子程序如图 12-10 和图 12-11 所示。图 12-10 为起停控制子程序 1，图 12-11 为起停控制子程序 2。图 12-10 程序中，各设备按照新风阀、回风阀、排风阀→送风风机→回风风机→冷却塔风机→冷却水阀→冷却水泵→冷冻水阀、冷冻水调节阀→冷冻水泵→冷水机组的顺序来顺序起动、逆序停止，时间间隔为5s。

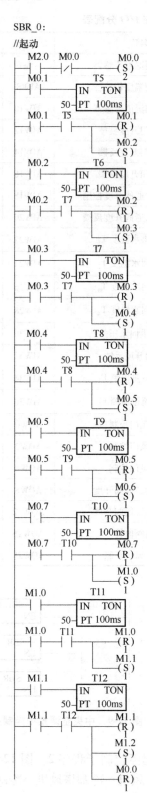

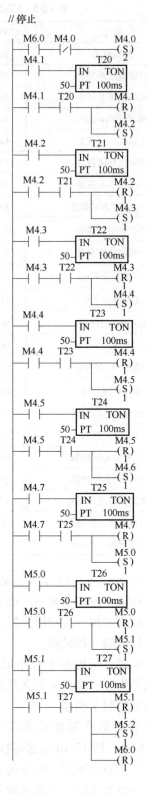

图 12-10　中央空调系统起停控制子程序 1

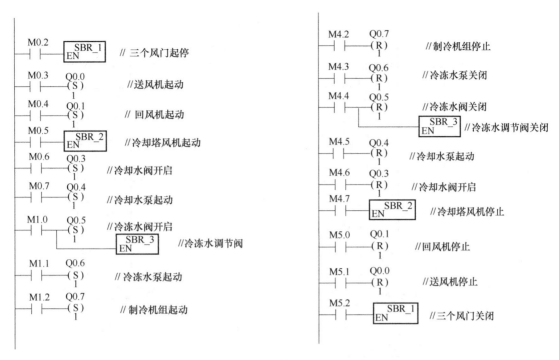

**图 12-10　中央空调系统起停控制子程序 1**（续）

M2.0、M6.0 为中间变量，当上位机"起动"命令发出后，M2.0 为 1，各设备顺序起动；当上位机"停止"命令发出后，M6.0 为 1，各设备顺序停止。此程序中还包含了 3 个子程序 SBR_1、SBR_2、SBR_3。起动时，SBR_1 将新风风门、排风风门和回风风门的开度初始化为 50%，SBR_2 将冷却塔风机的频率设定为 35Hz，SBR_3 将冷水调节阀开度初始化为 50%。停止时，SBR_1 将新风风门、排风风门和回风风门的开度设定为 0%，SBR_2 将冷却塔风机的频率设定为 20Hz，SBR_3 将冷水调节阀开度设定为 0%。

**5. 温度控制与湿度控制**

中央空调起动后，开始实施温度控制和湿度控制。送风温度控制过程：送风温度传感器检测送风温度并送至 PLC 中，与其设定值比较后经 PI 运算计算出阀门开度，送至冷水调节阀执行器。温度控制子程序如图 12-12 所示。

此控制程序中，控制参数 $K_c = 0.25$、$T_s = 0.1$、$T_I = 15$。PID 指令控制回路表首地址为 VB100。采用定时中断 0（中断事件 10）调用 PID 控制程序，定时时间设定为 200ms，相应的中断服务程序为 INT_0。M1.2 为中间变量，实施联锁控制，即系统起动后方可进行温度调节。VD200 中存放经优化算法后计算出的最佳送风温度设定值。此例中省略了最佳送风温度设定的优化算法。

在中断服务程序中，CPU 读取输入变量 AIW4 送风温度当前值，并经标准化后存入控制回路表的 VD100 中。执行 PID 指令后，指令输出值被换算后送至 AQW8 经 D/A 转换后输出。

中央空调送风湿度控制过程：通过送风湿度传感器检测送风湿度，并送入 PLC 与设定值比较，当相对湿度在 55%~65% 之间时，关闭加湿阀。当湿度低于 55% 时开启加湿阀加湿。湿度控制子程序如图 12-13 所示。

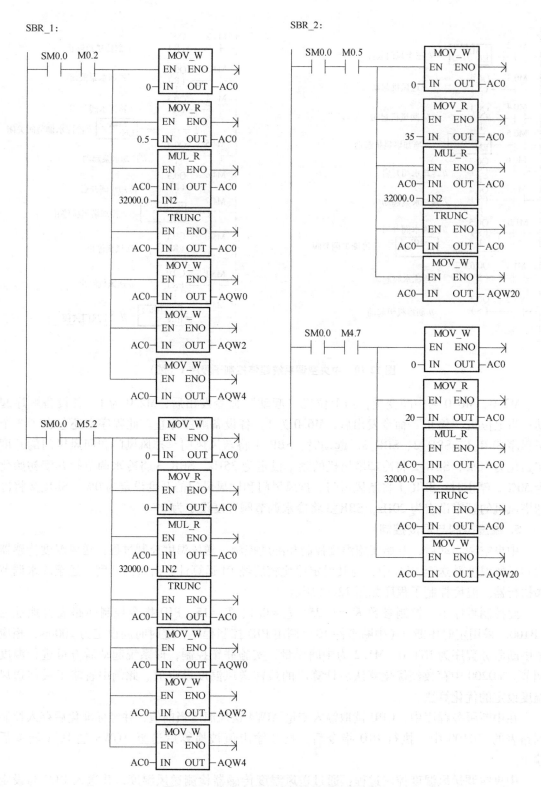

**图 12-11  中央空调系统起停控制子程序 2**

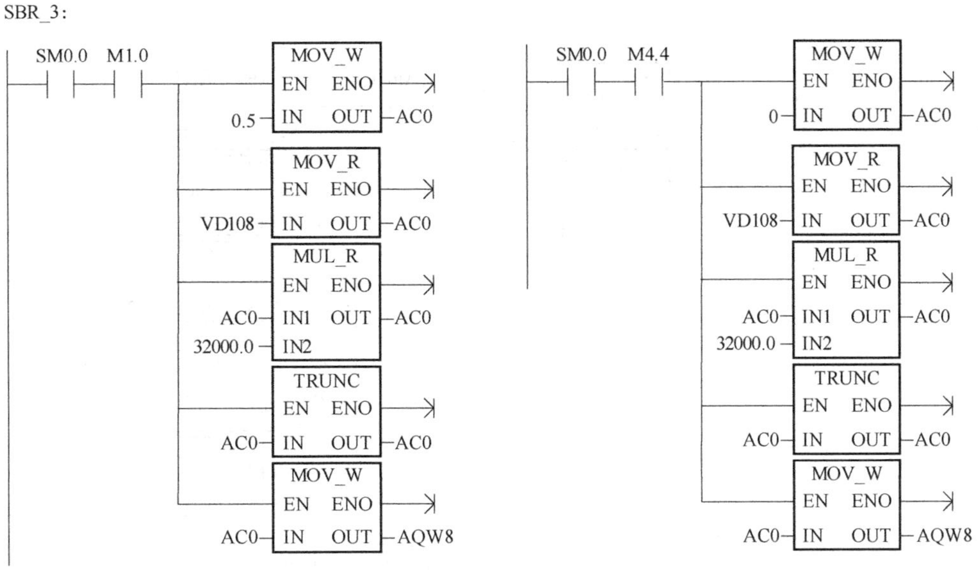

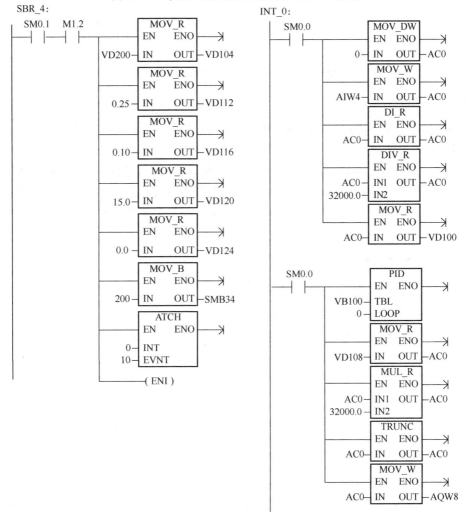

图 12-11　中央空调系统起停控制子程序 2（续）

图 12-12　中央空调系统送风温度控制子程序

263

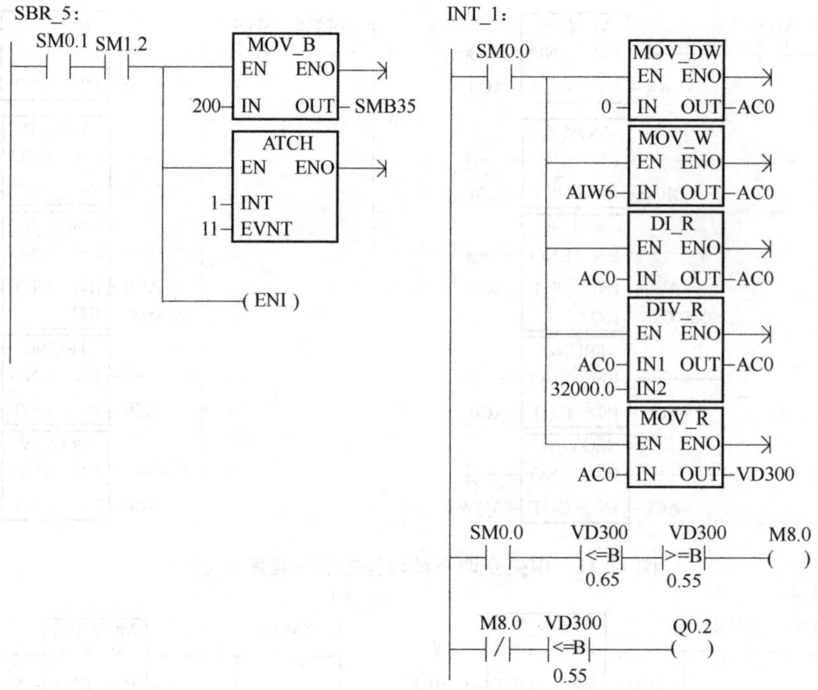

**图 12-13  中央空调系统送风湿度控制子程序**

此控制程序中，采用定时中断 1（中断事件 11）调用湿度控制程序，定时时间设定为 200ms，相应的中断服务程序为 INT_1。M1.2 为中间变量，实施联锁控制，即系统起动后方可进行湿度调节。

中断执行时，CPU 读取模拟量 AIW6 送风温度当前值，并经标准化后存入 VD300 中。并与相对湿度设定值上限 65%、下限 55% 比较。当前相对湿度值若在 55%~65% 之间或当前相对湿度值大于 65% 时，关闭加湿阀。当前相对湿度值若小于 55% 时，开启加湿阀。

## 思考题与习题

12-1  三菱 FX 系列 PLC 在电气控制设备中有哪些应用？如何在电气控制设备的控制系统中有效应用三菱 FX 系列 PLC 进行控制和设计？

12-2  西门子 S7-200 SMART 系列 PLC 在电气控制设备中有哪些应用？如何在电气控制设备的控制系统中有效应用西门子 S7-200 SMART 系列 PLC 进行控制和设计？

12-3  三菱 FX 系列 PLC 和西门子 S7-200 SMART 系列 PLC 在电气控制设备应用中有哪些相同点和不同点？

12-4  请简要分析三菱 FX 系列 PLC 在货物传送电气控制系统的工作原理，并对照继电接触控制系统说明其控制特点。

12-5  请简要分析三菱 FX 系列 PLC 控制的水泵电气控制系统的工作原理，并对照继电接触控制系统说明其控制特点。

12-6  请简要分析三菱 FX 系列 PLC 控制的自动门电气控制系统的工作原理，并对照继电接触控制系统说明其控制特点。

12-7　请简要分析西门子 S7-200 SMART 系列 PLC 控制的工业混料控制系统的工作原理，并对照继电接触控制系统说明其控制特点。

12-8　请简要分析西门子 S7-200 SMART 系列 PLC 控制的中央空调控制系统的工作原理，并对照继电接触控制系统说明其控制特点。

# 第 13 章

# 电气控制与PLC及智能控制系统设计

电气控制系统设计目前主要有继电接触控制系统设计、PLC 控制系统设计、PLC 智能控制系统设计、DDC 控制系统设计、单片微型计算机和 DSP 控制系统设计、嵌入式控制系统设计、系统计算机和 DCS 控制系统设计、控制系统装置设计等。工业电气自动化设备和自动化生产线的电气控制系统设计一般包括拖动方案设计、拖动电动机的容量选择、电气控制系统设计、电气控制系统和控制元器件的正确选用等内容。本章主要介绍工业电气自动化设备和自动化生产线常用的继电接触电气控制系统设计思路和设计方法、PLC 常用电气控制系统设计思路和设计方法、PLC 智能控制系统设计思路和设计方法。

## 13.1 概述

### 1. 电气控制系统设计的基本内容

一台工业电气自动化设备或自动化生产线一般主要由机械部分和电气部分两部分组成。电气部分的设计通常是和机械部分的设计同时进行的。电气设计是电气自动化设备和自动化生产线设计工作的重要组成部分。电气部分设计的好坏直接影响到电气自动化设备和自动化生产线的使用效能及其先进性。

对于现代工业电气自动化设备和自动化生产线的电气控制系统设计而言，则主要是根据机械等相关专业提出的电气控制要求，设计满足实际需要的电气控制系统的控制线路和选择出所需要的控制系统元器件。电气自动化设备的电气控制系统设计一般应包括确定电气设备的拖动方案、选择拖动电动机的容量、设计控制电路、正确选用电气控制系统和控制的元器件，主要内容是设计电气控制系统的主电路和控制电路的电气原理图、元器件布置图、安装接线图等三大图。此处主要介绍电气控制系统的电气原理图设计。

### 2. 电气控制系统设计的基本步骤

（1）拟定技术条件（技术任务书）

电气自动化设备和自动化生产线的电气控制系统的技术条件，通常是以设计技术任务书的形式表示的。它作为整个系统设计的主要依据，除了要简要说明所设计的电气设备和自动化生产线的名称、型号、用途、工艺过程、技术性能、传动参数以及现场的工作条件外，还必须包含以下内容：

1）用户供电电网的种类、电压、频率及容量。

2）有关电力拖动的基本特性，如运动部件的数量和用途、负载特性、调速范围和平滑性，电动机的起动、反向、制动要求等。

3）有关电气控制系统原理线路的基本特性，如电气控制的基本方式、自动工作循环的组成、自动控制的动作顺序，电气保护及联锁条件等。

4）有关电气自动化设备和自动化生产线操作方面的要求，如电气自动化设备和自动化生产线操作台的样式及布置、操作按钮的设置和作用，测量仪表的种类以及显示、报警和照明要求等。

5）电气自动化设备和自动化生产线主要的电气元件（如电动机、执行电器和行程开关等）的布置草图。

（2）选择传动形式与控制方案

选择电气自动化设备和自动化生产线的电气传动形式，是以后各部分设计内容的基础。电气自动化设备和自动化生产线的不同电气传动形式对于电气自动化设备和自动化生产线的整体结构和性能有着重大的影响。

主要内容如下：

1）电力拖动方式的确定。

2）调速方式的确定。

3）负载特性选择。

4）起动、制动和反向要求。

（3）选择电动机

选择电动机时首先要选择合适的功率。功率过大，设备投资大，同时电动机欠载运行，使效率和功率因数降低，造成浪费；相反，功率过小，电动机过载运行，过热使电动机的寿命降低，或者不能充分发挥设备的效能。另外，电动机的转速、电压、结构类型等的选择也要综合考虑。

主要内容如下：

1）电动机类型的选择。

2）电动机额定功率的选择。

3）电动机额定转速的选择。

4）电动机结构形式的选择。

（4）设计电气控制系统原理图

设计电气控制系统原理图的一般要求如下：

1）应最大限度地满足电气自动化设备和自动化生产线对电气控制系统原理图电路的要求，按照工艺要求能准确可靠地工作。

2）在满足设备工作要求的前提下，力求使控制电路简单经济，布局合理，电气元件选择正确并能得到充分的利用。

3）保证控制电路的安全、可靠，具有必要的保护装置和联锁环节，在误操作时不会发生重大事故。

4）尽量便于操作和维修。

（5）选择控制方法和控制元件、设计电气元器件布置图、制定电气元器件明细表

根据电气自动化设备和自动化生产线对控制电路工作过程的要求和成本要求，可采用继电接触控制方法、PLC 方法、DDC 控制器方法、系统计算机控制方法、PLC 加继电接触控制方法、系统计算机与 PLC 和继电接触综合控制方法等。

根据不同的控制方法确定电气控制元件，制定电气元器件明细表，设计电气元器件布

置图。

（6）设计电气柜、操作台、配电板等

根据不同的控制方法，设计相应的电气柜、操作台、配电板等。

（7）绘制电气自动化设备和自动化生产线的电气安装图和接线图

根据所设计的电气元器件布置图、电气柜、操作台、配电板等，绘制电气自动化设备和自动化生产线的电气元器件安装接线图和总装接线图。

（8）编写设计计算说明书和使用说明书

根据所设计的电气自动化设备和自动化生产线控制系统原理图、电气元器件安装接线图和总装接线图、电气柜、操作台、配电板等，编写设计计算说明书和使用说明书。

# 13.2　继电接触电气控制系统设计

继电接触电气控制系统设计一般应包括确定拖动方案、选择拖动电动机的容量、设计继电接触控制电路、正确选用电气控制系统的元器件。继电接触控制系统的一般设计方法通常有两种：经验设计法和逻辑设计法。

1）经验设计法。根据生产机械的工艺要求与过程或者根据受控设备的控制需要，利用各种典型的继电接触控制电路环节为基础进行修改补充，综合成需要的继电接触控制电路。

2）逻辑设计法。根据各种电气设备的工艺控制要求，利用特征逻辑函数表征控制设备的动作状态，并用逻辑代数式分析设计继电接触控制电路。

## 13.2.1　继电接触电气控制系统原理图的经验设计法

### 1. 经验设计法的一般步骤

1）了解控制对象和控制要求。

2）根据经验，按继电接触电气控制要求设计主电路。

3）根据设计经验和控制系统主电路的工作要求设计继电接触电气控制电路的基本环节。

4）根据经验和控制系统主电路的工作要求设计继电接触电气控制电路的特殊环节。

5）根据经验分析运行过程中可能出现的故障，设计必要的保护环节。

6）根据经验综合审查继电接触控制系统的整体电路，检查电路是否能达到控制目的，完善继电接触控制系统电路，必要时可做实验进一步进行验证。

### 2. 满足控制要求的继电接触控制电路的简单、经济措施

1）尽量选用典型的、常用的或经实际验证过的电路和环节。

2）尽量选用相同型号的电器，以减少备品量。

3）尽量缩短连接导线的长度。

4）尽量减少触点数，以简化线路，减少可能的故障点。

### 3. 保证控制线路工作可靠性的措施

1）正确连接电器的触点。

2）正确连接电器的线圈。

3）减少多个电气元器件依次动作后才接通某一电器的控制方式。

4）提高电器触点的接通和分断能力。

5）采取电气互锁与机械互锁。

6）避免电器触点的"竞争"问题。

7）选择好电动机的起动方式。

8）控制线路力求简单、经济。

9）尽量选用可靠的电气元器件。

10）避免寄生回路。

11）两电感量相差悬殊的直流线圈不能直接并联使用。

**4. 保证控制电路安全性的措施**

可采取如下必要的安全保护措施：

1）短路保护。

2）过电流保护。

3）过载保护。

4）失电压保护。

5）弱磁保护。

6）极限保护。

7）超速保护。

## 13.2.2　继电接触电气控制系统原理图的逻辑设计法

根据电气自动化设备的工艺要求，利用逻辑代数的方法来分析、化简和设计电路。这种设计方法能够确定实现一个开关量自动控制电路的逻辑功能所必需的、最少的中间继电器的数目，然后有选择地进行添置。

**1. 逻辑设计法的基本方法与步骤**

（1）继电接触控制电路的组成

继电接触控制电路一般由输入电路、中间逻辑控制电路、输出执行电路三大部分组成。

1）输入电路。主要由主令元件（如手动按钮、开关及主令控制器等）和检测元件（如行程开关和各种信号继电器等）组成，其主要功能是发出开机、停机和调试等信号，以及检测压力、温度、行程、电压、电流、水位、速度等信号。

2）中间逻辑控制电路。主要由中间记忆元件（如中间继电器、过电流或欠电流继电器、过电压或欠电压继电器、速度继电器等）和逻辑控制电路（如中间继电器、时间继电器等控制电器）组成，其主要功能是记忆输入信号的变化和控制输出执行电路。

3）输出执行电路。主要由继电器、接触器、电磁阀等执行电器组成，其主要功能是驱动运动部件（如驱动各种机械设备的电动机、电动阀门等）。

（2）继电接触式控制电路逻辑设计法的一般步骤

1）在充分研究工艺流程的基础上，画出工作过程示意图。

2）确定执行元器件和检测元器件，按工作过程示意图画出执行元器件动作节拍表及检测元器件状态表。

3）根据检测元器件状态表写出各输出控制线圈（输出控制元器件）控制程序的特征逻辑函数，确定输出控制线圈（输出控制元器件）分组，设置中间记忆元器件，使各输出控制线圈（输出控制元器件）分组的所有程序区分开。

4）确定中间记忆元件开关逻辑函数表达式及执行元件动作逻辑函数表达式。

5）根据逻辑函数表达式绘制控制电路图。

6）进一步完善电路，增加必要的保护环节和联锁，检查电路是否符合控制要求。

（3）电气控制电路的逻辑设计方法

1）列出接触器等输出电气元件通电状态真值表。由继电器-接触器所组成的控制电路，属于开关电路。电路中的电气元器件只有两种状态：即线圈的通电或断电，触点的闭合或断开。而这两种相互"对立"的状态，可以用逻辑值来表示，即用逻辑代数（或布尔代数）来描述这些电气元件在电路中所处的状态和连接方法。

在逻辑代数中，用 1 和 0 表示两种对立的状态，即对于继电器、接触器、电磁铁、电磁阀等元件的线圈，通常规定通电为 1 状态，失电为 0 状态；对于按钮、行程开关元器件，规定压下时为 1 状态，复位时为 0 状态；对于元器件的触点，规定触点闭合状态为 1 状态，触点断开状态为 0 状态。

分析继电接触控制电路时，元器件状态常以线圈的通、断电来判定。某一元器件的线圈通电时，其常开触点闭合，常闭触点断开。因此，为了清楚地反映元器件的状态，元器件的线圈及其常开触点的状态用同一字符来表示，如 K；而其常闭触点的状态则用该字符的非来表示，如 $\overline{K}$。若该元器件为 1 状态，则表示其线圈通电，其常开触点闭合，常闭触点断开。

这样规定后，就可以利用逻辑代数的一些运算规律、公式和定律，将继电器-接触器控制系统设计得更为合理，设计出的电路能充分发挥元器件的作用，且所用元器件的数量最少。下面举例说明如何使用逻辑设计方法设计电气控制电路。

例如：某电动机只有在继电器 KA1、KA2 和 KA3 中任何一个或两个动作时，接触器 KM 才能动作，电动机才能运转，而在其他任何情况下都不运转，试设计其控制电路。

根据题目要求，其输出电气元器件通电状态真值表见表 13-1。

**表 13-1　输出电气元器件通电状态真值表**

| KA1 | KA2 | KA3 | KM |
| --- | --- | --- | --- |
| 0 | 0 | 0 | 0 |
| 0 | 0 | 1 | 1 |
| 0 | 1 | 0 | 1 |
| 1 | 0 | 0 | 1 |
| 0 | 1 | 1 | 1 |
| 1 | 0 | 1 | 1 |
| 1 | 1 | 0 | 1 |
| 1 | 1 | 1 | 0 |

2）根据真值表写出逻辑代数表达式。根据表 13-1 真值表，继电器 KA1、KA2 和 KA3 中任何一个动作时，接触器 KM 动作条件 1 的逻辑代数表达式可写为

$$\text{KM1} = \overline{\text{KA1}}\ \overline{\text{KA2}}\text{KA3} + \overline{\text{KA1}}\text{KA2}\ \overline{\text{KA3}} + \text{KA1}\ \overline{\text{KA2}}\ \overline{\text{KA3}} \qquad (13\text{-}1)$$

继电器 KA1、KA2 和 KA3 中任何两个动作时，接触器 KM 动作条件 2 的逻辑代数表达式可写为

$$\text{KM2} = \overline{\text{KA1}}\text{KA2}\text{KA3} + \text{KA1}\ \overline{\text{KA2}}\text{KA3} + \text{KA1}\text{KA2}\ \overline{\text{KA3}} \qquad (13\text{-}2)$$

则接触器动作条件，即电动机运转条件的逻辑代数表达式为

$$\text{KM} = \text{KM1} + \text{KM2} \qquad (13\text{-}3)$$

即

$$\text{KM} = \overline{\text{KA1}}\ \overline{\text{KA2}}\text{KA3} + \overline{\text{KA1}}\text{KA2}\ \overline{\text{KA3}} + \text{KA1}\ \overline{\text{KA2}}\ \overline{\text{KA3}} + \overline{\text{KA1}}\text{KA2}\text{KA3} + \text{KA1}\ \overline{\text{KA2}}\text{KA3} + \text{KA1}\text{KA2}\ \overline{\text{KA3}}$$

3）用逻辑代数的基本公式化简逻辑代数表达式。对上述逻辑代数表达式式（13-3）用逻辑代数的基本公式进行化简，化简过程如下：

$$\text{KM} = \overline{\text{KA1}}\ (\overline{\text{KA2}}\text{KA3} + \text{KA2}\ \overline{\text{KA3}} + \text{KA2}\text{KA3}) + \text{KA1}\ (\overline{\text{KA2}}\ \overline{\text{KA3}} + \overline{\text{KA2}}\text{KA3} + \text{KA2}\ \overline{\text{KA3}})$$

$$= \overline{\text{KA1}}\ (\text{KA3} + \text{KA2}\ \overline{\text{KA3}}) + \text{KA1}\ (\overline{\text{KA2}}\text{KA3} + \overline{\text{KA3}})$$

$$\because \text{KA3} + \text{KA2}\ \overline{\text{KA3}} = \text{KA3} + \text{KA2};\quad \overline{\text{KA2}}\text{KA3} + \overline{\text{KA3}} = \overline{\text{KA2}} + \overline{\text{KA3}}$$

$$\therefore \text{KM} = \overline{\text{KA1}}\ (\text{KA3} + \text{KA2}) + \text{KA1}\ (\overline{\text{KA2}} + \overline{\text{KA3}}) \qquad (13\text{-}4)$$

4）根据化简逻辑代数表达式绘制控制电路。由上述化简逻辑代数表达式式（13-4）可绘制出满足上述要求的电动机运转控制电路如图 13-1 所示。

5）校验设计出的控制电路。对于设计出的控制电路，应校验继电器 KA1、KA2 和 KA3 在任一给定的条件下电动机都运转，即接触器 KM 的线圈都通电。而在其他条件下，如 3 个继电器都动作或都不动作时，接触器 KM 不应动作。

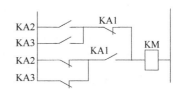

图 13-1　电动机运转控制电路

使用逻辑设计方法设计的控制电路比较合理，不但能节省元器件数量，获得一种逻辑功能的最简线路，而且方法也不算复杂。

**2. 具有记忆功能的逻辑时序线路的逻辑设计方法**

上面介绍的控制电路是一种没有反馈回路、对任何信息都没有记忆的逻辑组合电路。如果想用逻辑设计方法设计具有反馈的回路，即具有记忆功能的逻辑时序电路，设计过程则比较复杂。一般可按照以下步骤进行：

1）根据工艺过程画出工作循环图。

2）根据工作循环图画出执行元器件和检测元器件状态表。

3）由状态表增设必要的中间记忆元器件（中间继电器）。

4）列出中间记忆元器件逻辑函数关系式和执行元器件逻辑函数关系式。

5）根据逻辑函数关系式绘制相应的电气控制电路。

6）检查并完善所设计的控制电路。

由上可见，这种逻辑设计方法的设计过程比较复杂，难度较大。因此，一般只作为经验设计方法的辅助和补充，尤其是用于简化某一部分电路，或实现某种简单逻辑功能时，是比较方便易行的；对于一般不太复杂，而又带有反馈和交叉互馈环节的电气控制电路，一般采用经验设计方法较为简单；但对于某些复杂而又重要的控制电路，

特别是对于自动化要求高的控制电路设计，逻辑设计方法可以获得准确而又简单的控制电路。

## 13.3 PLC 常用电气控制系统设计

PLC 控制系统是电气自动化设备和自动控制系统的核心部件，PLC 的控制性能关系到整个控制系统是否能正常、安全、可靠、高效的关键所在。本节主要介绍常用 PLC 电气控制系统的设计思路和设计方法。

### 13.3.1 PLC 常用电气控制系统设计的基本原则和一般方法

**1. PLC 电气控制系统设计的基本原则**

1）最大限度地满足电气设备和自动化生产线的控制要求。

2）力求 PLC 电气控制系统简单、经济、实用、维修方便。

3）保证电气设备和自动化生产线的 PLC 电气控制系统的安全、可靠性。

4）保证电气设备和自动化生产线的操作简单、方便，并考虑有防止误操作的安全措施。

5）满足所选用 PLC 的各项技术指标、安装接线要求及环境要求。

**2. PLC 电气控制系统设计的一般方法**

1）详细了解电气设备和自动化生产线对 PLC 控制系统的要求。

2）进行 PLC 电气控制系统总体设计和 PLC 选型。

3）选择输入/输出设备，分配 I/O 端口。

4）硬件电路设计。

5）根据控制要求设计 PLC 控制梯形图。

6）编写 PLC 程序清单。

7）完善设计内容。

8）安装调试。

9）编制技术文件。

### 13.3.2 PLC 常用电气控制系统的设计方法

**1. 继电器电路的转化设计法**

将电气自动化设备或自动化生产线的继电器电气控制系统的控制电路直接转化成梯形图。对于成熟的电气自动化设备或自动化生产线的继电器电气控制系统而言，可用该方法改画成 PLC 梯形图。图 13-2 为某电气自动化设备的三相感应电动机正反转控制电路，现以三菱 FX 系列小型 PLC 的要求为例来说明继电器电路的转化设计法。

1）分析控制要求。

正转：按下 $SB_2$，$KM_1$ 通电吸合，电动机 M 正转。

反转：按下 $SB_3$，$KM_2$ 通电吸合，电动机 M 反转。

停止：按下 $SB_1$，$KM_1$（$KM_2$）断电释放，电动机 M 停止工作。

2）编制现场信号与 PLC 地址对照表，见表 13-2。

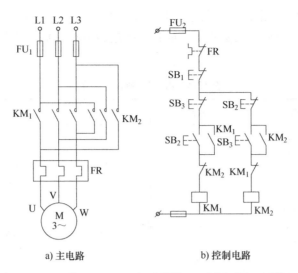

a) 主电路 b) 控制电路

**图 13-2 电气自动化设备三相感应电动机正反转控制电路**

**表 13-2 现场信号与 PLC 地址对照表**

| 类别 | 名称 | 现场信号 | PLC 地址 |
|---|---|---|---|
| 输入信号 | 停止按钮 | SB$_1$ | X000 |
| | 正转按钮 | SB$_2$ | X001 |
| | 反转按钮 | SB$_3$ | X002 |
| | 热继电器 | FR | X003 |
| 输出信号 | 正转接触器 | KM$_1$ | Y000 |
| | 反转接触器 | KM$_2$ | Y001 |

3）绘制梯形图。按梯形图要求适当改动原控制电路，并根据表 13-2 标出各触点、线圈的文字符号，如图 13-3b 所示。改用 PLC 软继电器后，触点的使用次数不受限制，故作为停止按钮和热继电器的输入继电器触点各用了两次。

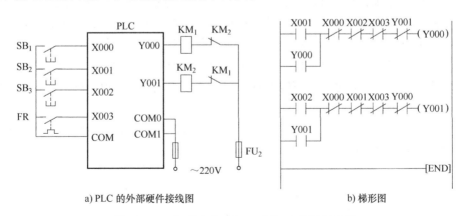

a) PLC 的外部硬件接线图 b) 梯形图

**图 13-3 三相感应电动机正反转 PLC 控制电路**

由于梯形图中的触点代表软继电器的状态，其中 X000 的常闭触点只有在输入继电器 X000 未得电的条件下才保持闭合，所以当电动机运行时，停止按钮应该断开输入继电器

X000，即停止按钮 $SB_1$ 应当接常开触点，其 PLC 的外部硬件接线图如图 13-3a 所示。

4）列写程序清单。根据梯形图自上而下、从左到右按它们的逻辑关系列写程序清单，见表 13-3。

表 13-3　PLC 控制程序清单

| 步序号 | 指令 | 数据 | 步序号 | 指令 | 数据 |
| --- | --- | --- | --- | --- | --- |
| 0 | LD | X001 | | | |
| 1 | OR | Y000 | 8 | OR | Y001 |
| 2 | ANI | X000 | 9 | ANI | X000 |
| 3 | ANI | X002 | 10 | ANI | X001 |
| 4 | ANI | X003 | 11 | ANI | X003 |
| 5 | ANI | Y001 | 12 | ANI | Y000 |
| 6 | OUT | Y000 | 13 | OUT | Y001 |
| 7 | LD | X002 | 14 | END | |

### 2. 经验设计法

根据被控电气设备或自动化生产线对控制的要求，由经验初步设计出继电器控制电路，或直接设计出 PLC 的梯形图，再进行必要的化简和校验，在调试过程中进行必要的修改。这种设计方法灵活性大，其结果一般不是唯一的。

如上述三相感应电动机正反转 PLC 控制电路图 13-3a 所示的 PLC 外部硬件接线图中，$SB_1$ 为停止按钮，$SB_2$ 为正转起动按钮，$SB_3$ 为反转起动按钮，$KM_1$ 为正转接触器，$KM_2$ 为反转接触器。应该注意的是：虽然图 13-3b 梯形图中已经有了内部软继电器的互锁触点（X001 与 X002、Y000 与 Y001），但在外部硬件输出电路中还必须使用 $KM_1$、$KM_2$ 的常闭触头进行互锁。一方面是因为 PLC 内部软继电器互锁只相差一个扫描周期，而外部硬件接触器触头的断开时间往往大于扫描周期，来不及响应；另一方面也是为了避免接触器 $KM_1$ 或 $KM_2$ 的主触头经过长时间使用，有可能熔焊引起电动机主电路短路。

### 3. 状态表法

状态表法从传统继电器逻辑设计方法继承而来，经过适当改进，成为适合于 PLC 梯形图设计的一种方法。它的基本思路是：被控过程由若干个状态所组成；每个状态都是由于接收了某个切换主令信号而建立；辅助继电器用于区分状态且构成执行元件的输入变量；而辅助继电器的状态由切换主令信号来控制。正确写出辅助继电器与切换主令信号之间的逻辑方程及执行元件与辅助继电器之间的逻辑方程，也就基本完成了程序设计任务。为此，应首先列出状态表，用以表示被控对象的工作过程。

状态表列在矩形表格中，从左到右列包括状态序号、该序号状态的切换主令信号、该状态对应的动作名称、每个执行元件的状态、输入元件状态、将要设计的辅助继电器状态及约束条件等。

状态表列出后，用 1 或 0 数码来记载每一个输入信号触点的状态。若将该状态序号的每一个输入信号的数码从左到右排成一行就成为该状态序号的特征数，所以特征数是由该状态输入触点数码组成。

分析各个状态的特征逻辑函数，看哪些是可区分状态，哪些是不可区分状态。对于不可区分状态可通过引入辅助继电器，构成尾缀数码，把它们尾缀在特征逻辑函数之后，使之获得新的特征逻辑函数。这样，由于辅助继电器的介入，使所有状态的特征数都获得完全区分。利用特征逻辑函数中的数码就能构成每个状态的输出逻辑方程。此后，再将逻辑方程转化为梯形图或程序命令。

状态表法可参阅有关资料，在此不详述。

除上述三种方法外，PLC 常用电气控制系统的设计方法还有程序设计的顺序功能图法和用移位寄存器实现的顺序控制法。

## 13.3.3　PLC 常用电气控制系统的输入/输出接线图设计

### 1. 输入接线图设计

**例 13-1**　将图 13-4 所示的两个地点控制一台电动机的控制电路改为 PLC 控制。

应用前面所述的改画梯形图法和经验设计法，可得到如图 13-5 所示的两个地点控制一台电动机的 PLC 控制电路 1。图 13-5a 为 PLC 接线图，图 13-5b 为 PLC 控制梯形图。图 13-5 是将图 13-4 中所有的现场输入信号器件均接入 PLC 的输入端。需要注意的是在图 13-5 中 PLC 的输入端，将图 13-4 中现场控制的常闭按钮 $SB_3$、$SB_4$、常闭过载保护器 FR 均换成了常开触头形式。

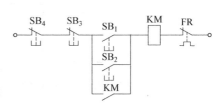

图 13-4　两个地点控制一台电动机的控制电路

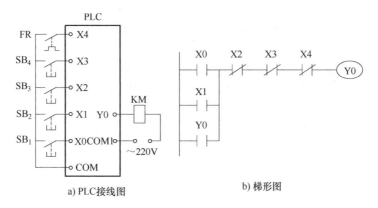

a) PLC 接线图　　　　b) 梯形图

图 13-5　两个地点控制一台电动机的 PLC 控制电路 1

采用节省输入点的方法，可得到如图 13-6a、c 所示两种两个地点控制一台电动机的 PLC 控制电路。对比图 13-6 与图 13-5，可以看出输出接线图没有变化，但是输入接线图变化较大。因此，PLC 控制梯形图的设计不是唯一的。

### 2. 输出接线图设计

PLC 输出电路中常用的输出元器件有各种继电器、接触器、电磁阀、信号灯、报警器、发光二极管等。

PLC 输出电路采用直流电源时，对于感性负载，设计时应加反向并联二极管，否则触头的寿命会显著下降，二极管的反向耐压应大于负载电压的 5～10 倍，正向电流大于负载电流。

PLC 输出电路采用交流电源时，对于感性负载，设计时应并联阻容吸收器（可由一个 0.1μF 电容器和一个 100～120Ω 电阻串联而成）以保护触头的寿命。

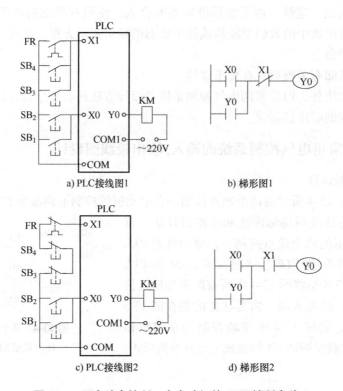

图 13-6 两个地点控制一台电动机的 PLC 控制电路 2

PLC 输出电路无内置熔断器，当发生负载短路等故障时将损坏输出元件，为了防止输出元器件损坏，设计时在输出电源中应串接一个 5~10A 的熔断器，如图 13-7 所示。

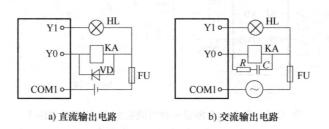

图 13-7 PLC 输出电路的保护措施

## 13.4 PLC 智能控制系统设计

对于具有模拟量和数字量控制要求的控制系统，需要用到具有 A/D、D/A 模块的数据控制功能的 PLC，或应用 DDC 控制器、系统计算机控制。对于大型的电气自动化设备和自动化生产线控制系统，有时还需要应用 PLC 组网控制、PLC 智能化控制、DDC 控制器组网控制、系统计算机与 PLC 组网控制或系统计算机与 DDC 控制器组网控制或系统计算机与 DDC 控制器、PLC 组网控制。对于具有智能控制要求的控制系统，需要用到 PLC 智能化控制技术。

## 13.4.1　概述

由前述可知，控制系统越大，就越需要 PLC 来实现控制。随着 PLC 的功能越来越强大，如 PLC 联网控制功能、PLC 智能模块功能等技术的不断发展和进步，使得 PLC 智能控制技术的实现逐步变成了可能。

**1. PLC 智能控制系统设计的基本功能要求**

对于一个智能控制系统而言，应具备在不可预测的环境下适当工作的能力。在这个环境中一个适当的反应能够增加成功的可能性，从而达到系统最终的目的。对于 PLC 智能控制系统而言，也应该具备这样的能力。

为了能让人造 PLC 智能控制系统适当地工作，PLC 智能控制系统应能模拟生物的某些功能和基本的人的智能。智能程度能从智能的各个方面测得。PLC 智能控制系统至少要具有感受环境、进而做出决定来进行控制的能力。

综上所述，对于一般的 PLC 智能控制系统而言，应该具有联网接口和控制功能；可通过网络进行图像识别和监控功能；可以对具体的控制系统进行自我检测和故障诊断功能。

对于智能化程度比较高的 PLC 智能控制系统而言，应该具有识别目标和事件、描述模型中的知识、思考并计划未来的能力，以及不断的自我仿真的能力。在智能化程度更高级的形式中，PLC 智能控制系统应该具有感知和理解、理智地做出选择、在各种各样的环境下成功地运行以便能在复杂的、不利的环境下生存和发展的能力。

**2. PLC 智能控制系统的工作特性要求**

对于一个具体的 PLC 智能控制系统而言，PLC 智能控制系统的以上一般性的特征是非常普遍的。根据上述基本功能要求，很多系统都可以被认为是智能的。事实上，根据这种定义，恒温器尽管只是低水平的智能，但也可以被认为是智能系统。然而，习惯上当一个系统具有高水平的智能时，才称之为智能系统。

对于一个具体的 PLC 智能控制系统而言，通常应该具有分析、组织转换数据成知识的特性，从而达到提高控制精度的目的；能通过控制系统形成数据库生成一系列的知识，通过分析形式进行过程建模的特性。

对于一个具体的 PLC 智能控制系统而言，应该具有自动分配任务和在内部自主地控制执行机构的特性，以及一定的自适应或自学习能力特性。

对于一个具体的 PLC 智能控制系统而言，可以通过一种控制法则来满足具体控制系统明确的控制目标特性，通过这种行为特性代表系统试图组织或排列自己动态行为的知识来满足控制目标，通过这些知识的组织来组成 PLC 智能控制系统的一个重要特征。

## 13.4.2　PLC 智能控制系统的设计方法

PLC 智能控制系统的设计将会随着自动化技术和智能化技术的不断发展而发展，就目前的技术水平而言，在前述 PLC 自动化控制技术基础上增加智能控制技术来进行设计是比较可行的方法。就目前工业自动化和智能化的控制要求而言，考虑 PLC 智能控制技术的发展情况和产品情况，主要有两种类型。类型一是计算机过程控制系统下位执行机的 PLC 智能控制系统设计；类型二是以 PLC 组网的 PLC 智能控制系统设计。对于类型一，首先应该从整个计算机智能控制系统进行考虑，然后可以从单独的 PLC 智能控制系统进行考虑。对于类型二，则应该主要考虑以 PLC 组网的 PLC 智能控制系统设计和 PLC 智能控制系统本身的设计问题。对于 PLC 智能控制系统本身的设计可以从以下几方面进行考虑。

### 1. PLC 智能控制系统的设计思想与设计思路

对于 PLC 智能控制系统设计而言，主要是针对工业控制领域的应用，应该考虑工业控制领域的当前需要和未来发展要求。从工业自动化和智能化控制领域的发展要求来看，工业控制将会从"工业 3.0"时代向"工业 4.0"时代过渡和发展，工业控制将会从工业自动化逐步向工业控制的网络化和智能化方向发展，也就是工业互联网和智能联网化方向发展。因此，对 PLC 智能控制系统的设计必须考虑联网控制和远程控制、智能化联网控制的要求。

从当前工业控制领域需要来考虑 PLC 智能控制系统的设计，则应该首先考虑工业控制领域的当前需要和目前 PLC 的技术发展情况及产品发展情况，主要是针对某一具体的工业智能控制设备或某一智能控制系统的具体使用要求，具体工业智能控制设备或某一智能控制系统局部的 PLC 智能控制系统设计要求，以及局部的联网智能控制系统设计问题和底层的执行系统的 PLC 智能控制系统设计要求，对电气控制系统中的 PLC 智能控制系统进行具体设计并在此基础上进一步从硬件和软件进行 PLC 智能控制系统设计。

从工业控制领域未来发展要求来考虑 PLC 智能控制系统的设计，则应该更多考虑联网控制和远程控制、智能化联网控制的要求，应该从整个计算机智能控制系统的联网控制要求进行考虑，并将 PLC 智能控制系统纳入整个计算机智能控制系统联网控制进行考虑，在此基础上进一步从硬件和软件进行 PLC 智能控制系统设计。

### 2. 计算机过程控制系统中的 PLC 智能控制系统设计

图 13-8 为 PLC 智能控制系统设计示意图。整个控制系统主要由上位机控制系统和下位机执行系统组成。上位机控制系统主要由工业控制计算机、监控系统、投影系统、打印机、工业以太网和通信设备（网络通信接口交换机）、主控制操作台等构成。下位机执行系统则由智能化 PLC 控制器、分布式 I/O 智能接口、智能编程器、现场总线、现场智能仪表、现场执行机构、现场操作箱等组成。上位机控制系统与下位机执行系统之间通过工业以太网相连接。下位机执行系统可以由多个 PLC 智能控制系统相互独立组成，每个 PLC 智能控制系统可以作为上位机控制系统的独立执行系统，也可以相互之间进行协调工作。

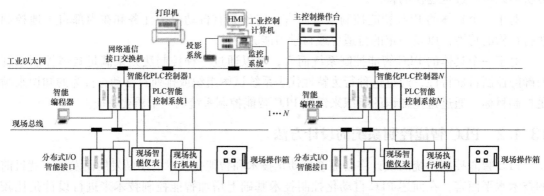

**图 13-8 PLC 智能控制系统设计示意图**

作为下位机执行系统的 PLC 智能控制系统的设计，首先应该从整个计算机智能控制系统的设计要求进行考虑；从 PLC 智能控制系统作为下位机执行系统的执行功能定位，与整个计算机智能控制系统的功能协调和具体分工角度出发，进行 PLC 智能控制系统的硬件和软件设计。

（1）PLC 智能控制系统的架构设计

可以利用自动控制系统的组态软件和 Modbus 通信协议进行整个系统的硬件和软件架构设计。组态软件是用于数据采集与过程控制的专用软件，是工业自动控制系统监控层一级的软件平台和开发环境。它使用灵活的组态方式，可为用户提供快速构建工业自动控制系统的软件工具。Modbus 是一种串行通信协议，是 Modicon 公司（现施耐德电气 Schneider Electric）于 1979 年为使用 PLC 通信而发表。Modbus 已经成为工业自动化领域通信协议的业界标准，并且是目前工业电子设备之间常用的连接方式。

从整个控制系统的硬件架构设计来看，可以设计为上位机控制系统和下位机控制系统两层架构。对于上位机控制系统设计而言，可以从整个控制系统的功能需求出发，考虑 PLC 智能控制系统中的智能化 PLC 控制器与上层计算机控制系统之间的关系，从下位机和上位机的协调关系出发，进行系统的硬件和软件架构设计。可以利用组态王软件对上位机控制系统和显示界面进行组态设计。利用 Modbus 通信协议通过 PLC 的串行通信接口进行整个系统的主从架构设计。目前的 PLC 通信串行接口一般都支持 Modbus RTU 通信协议，可以利用 Modbus RTU 协议的通信过程，采取主从问答的设计方式，将上位机控制系统中的控制计算机设计为 Modbus 主站，下位机控制系统中的智能化 PLC 控制器设计为 Modbus 从站，通过工业以太网进行通信连接构成主从控制模式，也可以通过工业专用的无线通信网络进行通信连接构成主从控制模式，实现无线远程智能监控和数据采集。

对于下位机 PLC 智能控制系统的设计而言，可以利用先进 PLC 的各种智能控制模块进行系统设计。目前先进的 PLC 控制器已经开发出多种多样的智能控制模块和智能通信接口模块，利用这些智能控制模块与 PLC 控制主机可以构成智能化的 PLC 控制器。利用各种智能模块作为 PLC 智能控制系统最底层的智能探测设备，构成智能探测系统。各种智能模块的选用要具有通用性和适应性；要求能使用软件编程来对功能各异的逻辑功能进行定义；要满足数据处理功能需求，可以有效实现数据信息联网共享，有效实现数据的通信传输以及对数据进行控制；要求能将数据信息在上位监控界面系统中进行功能显示；要能体现智能模块的兼容性强以及抑制容易的特征。

（2）PLC 智能控制系统中智能模块的抗干扰设计

对于计算机过程控制系统中的下位机 PLC 智能控制系统设计而言，应该考虑 PLC 智能控制系统中智能模块的抗干扰设计。

（3）PLC 智能控制系统中的智能编程模块设计

在 PLC 智能控制系统设计中，要求可以设计与整个计算机智能控制系统相协调的智能编程模块。智能编程模块是为自定义逻辑编程而专门开发出来的一种集成电路，使用与之相配套的输入软件。要求开发软件以及仿真软件可以实现对内部逻辑进行电路设计、仿真及优化。在设计过程中，主要是通过对智能输入和智能输出接口模块的人机交互界面进行设计。对主程序、功能菜单程序、显示模块程序的通信及控制设计，要以简单、便捷的操控设计为原则，同时满足通信及控制对功能的要求。

（4）PLC 智能控制系统中的智能模块软件设计

PLC 智能控制系统中的智能模块程序编写指的是对总线地址译码、读写时序、数码管扫描等操作。一般使用 AHDL 模块实现既定目标，其工作流程为：对总线地址译码，得到模块的读写时序；以直接数字以及单双缓冲并存的输入方式，送 PLC 内部进行 PID 运算；通过信号扫描模式显示数据；依据扫描结果判断是否中断，并输出到总线上。

（5）PLC 智能控制系统中的智能模块通信设计

PLC 控制器与智能模块的串行通信指的是数字信号以及模拟量信号的传输通信。通信数据主要以每帧 10 个字符作为单位进行传输，同时使用 STX 作为起始标志、SEX 作为结束主要标志，中间则以命令码以及校验码为标准。通信模式一般使用 9600bit/s 串口波特率以及与之相同的传输数位。在这个过程中，数据的读写工作全都是由智能模块中的单片机实现，也就是说把智能模块中的单片机作为编制通信程序的主机，从而实现 PLC 与智能模块数据通信以及 PLC 与计算机控制主机的数据通信要求。

（6）控制系统的冗余设计

上位机控制系统的冗余设计可以采用两台工业控制计算机一主一备的工作模式，如要求不高也可以只采用一台工业控制计算机工作模式。下位机控制系统的冗余设计，可以将 PLC 智能控制系统中的智能化 PLC 控制器以及重要的智能控制模块，采用两套处理器和热备模式同时工作的方式来解决冗余问题。两套处理器的工作方式不同，一套处理器可以作为主要处理器，处于正常的直接运转工作状态，正常负责系统的输入与输出；另一套处理器可以作为备用处理器，处于备用通电工作状态，也接收输入信号，参与数据的处理和运算，但与主处理器不同的是它不输出信号。两套处理器之间采用硬件互连方式进行处理器故障切换，从而有效解决了 PLC 智能控制系统的冗余设计问题。

**3. PLC 组网的 PLC 智能控制系统设计**

图 13-9 为 PLC 组网的 PLC 智能控制系统设计示意图。整个智能控制系统由上位机 PLC 智能控制系统和下位机 PLC 智能控制系统组成。上位机 PLC 智能控制系统作为整个智能控制系统的控制核心，下位机 PLC 智能控制系统作为整个智能控制系统的执行系统。上位机 PLC 智能控制系统由智能化 PLC 控制器、打印机、图形显示器、4G（或 5G）网络通信交换机、Internet 网络交换机等组成。下位机 PLC 智能控制系统由多个相互独立的 PLC 智能控制系统组成。每个下位机 PLC 智能控制系统由各自的智能化 PLC 控制器、现场总线单元、数据采集交换机、现场数据采集器等组成。如图 13-9 所示，上位机 PLC 智能控制系统和下位机 PLC 智能控制系统之间通过工业以太网进行连接和通信。各下位机 PLC 智能控制系统之间也是通过工业以太网进行连接和通信。各下位机 PLC 智能控制系统可以相互独立地执行上位机 PLC 智能控制系统的控制命令，也可以相互之间进行协调工作。

对于全部以 PLC 组网的 PLC 智能控制系统设计而言，首先应该从智能化控制系统的整体上来考虑各个 PLC 智能控制系统的设计，从整体上来考虑各个 PLC 智能控制系统的功能和具体分工，然后从硬件和软件上进行各系统的具体设计。

（1）PLC 智能控制系统的架构设计

对于以 PLC 组网的 PLC 智能控制系统的架构设计，也可以分成两层架构进行系统设计。其上层架构设计应该考虑上位机 PLC 智能控制系统中的智能化 PLC 控制器与下位机 PLC 智能控制系统中的智能化 PLC 控制器之间的主从关系，从上位机和下位机的主从关系出发，进行硬件和软件的架构设计。同样可以利用自动控制系统的组态软件和 Modbus 通信协议进行整个系统的硬件和软件架构设计。利用组态王软件对上层 PLC 智能控制系统和显示界面进行组态设计。利用 Modbus 通信协议通过 PLC 的通信串行接口进行整个系统主从架构设计，将上位机 PLC 智能控制系统中的智能化 PLC 控制器设计为 Modbus 主站，将下位机 PLC 智能控制系统中的智能化 PLC 控制器设计为 Modbus 从站，通过工业以太网连接构成主从控

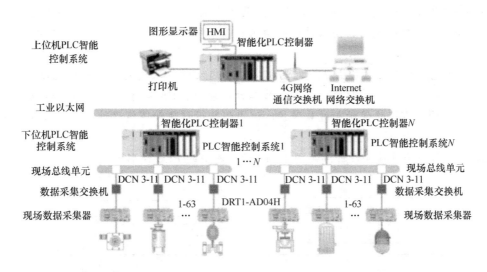

**图 13-9　PLC 组网的 PLC 智能控制系统设计示意图**

制模式，也可以通过工业专用的 PLC 无线通信网络进行通信连接构成全 PLC 组网的主从控制模式，实现 PLC 智能控制系统的无线远程智能监控和数据采集。

对于以 PLC 组网的下位机 PLC 智能控制系统的设计与前述类似。

（2）控制系统的冗余设计

对于以 PLC 组网的 PLC 智能控制系统的冗余设计而言，可以将上位机和下位机 PLC 智能控制系统中的智能化 PLC 控制器以及重要的智能控制模块，采用两套处理器和热备模式进行同时工作的方式来解决冗余问题。其冗余工作方式设计同前述。

其他有关方面的设计可参照前述有关内容进行考虑。

总之，PLC 智能控制系统的设计应从 PLC 智能控制系统和 PLC 智能模块的硬件设计、软件设计、通信设计、控制系统冗余设计进行考虑。PLC 智能模块的应用设计是 PLC 智能控制系统设计的重要内容。通过智能模块性能设计及其在 PLC 智能控制系统中的实际应用设计，可以适应工业进步的发展需求，从而获得理想的应用效果。随着 PLC 智能模块性能的不断提高，PLC 由最初的逻辑控制器向高级智能控制器发展，PLC 智能控制在今后的工业智能化发展之中将会有更大的发展空间。

### 思考题与习题

13-1　电气自动化设备电气控制系统设计主要有哪些基本设计内容？其控制系统设计有哪些基本步骤？

13-2　电气自动化设备电气控制系统有哪些控制方法？各控制方法有何特点？

13-3　什么叫继电接触电气控制系统的经验设计法？继电接触电气控制系统原理图经验设计法的一般步骤有哪些？

13-4　什么叫继电接触电气控制系统的逻辑设计法？继电接触电气控制系统原理图逻辑设计法的一般步骤有哪些？

13-5　某电气设备由 3 台电动机拖动，为了避免 3 台电动机同时起动，防止起动电流过大，要求每隔 8s 起动一台电动机，试用经验设计法设计 3 台电动机的继电接触电气控制系统主电路和控制电路原理图。要求每台电动机应有短路和过载保护，当一台电动机过载时，全部电动机停止运行。

13-6　某电气自动化设备由 2 台电动机拖动，起动时要求先起动第一台电动机，10s 后再起动第二台电动机。停止时要求先停止第二台电动机，10s 后才能停止第一台电动机。要求 2 台电动机均设有短路保护和过载保护。试用经验设计法和逻辑设计法设计 2 台电动机的继电接触电气控制电路原理图。

13-7　试用经验设计法设计满足图 13-10 所示波形的 PLC 梯形图。

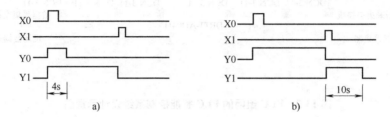

图 13-10　习题 13-7 图

13-8　将图 13-11 所示的电动机正反转控制电路分别改为三菱 FX 系列 PLC 的控制电路、西门子 S7-200 系列 PLC 的控制电路，请分别设计各 PLC 控制系统的接线图和梯形图。

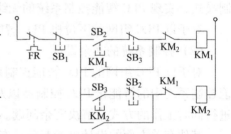

图 13-11　习题 13-8 图

13-9　某电气自动化设备由 4 台电动机拖动，要求 4 台电动机能同时起动、同时停止，也能每台电动机单独起动或停止。请用三菱 FX 系列 PLC、西门子 S7-200 系列 PLC，分别设计各 PLC 控制系统的接线图和梯形图。

13-10　某电气装置采用 2 台电动机作为动力，要求起动时先起动一台大功率电动机，采用丫-△减压起动，起动时间为 8s，起动运行 10min 后停止运行，再起动一台小功率电动机，采用直接起动，再运行 10min 后停止运行。要求 2 台电动机均设有短路和过载保护。请用任意一种型号的 PLC 设计上述 2 台电动机的控制电路主电路、PLC 接线图，并用三种指令（基本指令、步进指令、功能指令）分别设计对应的控制梯形图。

13-11　某工厂生产过程送料小车用异步电动机拖动，按钮 X0 和 X1 分别用来起动小车右行和左行。如图 13-12 所示，小车在限位开关 X3 处装料，Y2 为 ON；10s 后装料结束，开始右行，碰到 X4 后停下来卸料，Y3 为 ON；15s 后左行，碰到 X3 后又停下来装料，如此不停地循环工作，直到按下停止按钮 X2。请设计 PLC 的外部接线图，并用经验设计法设计小车送料控制系统的梯形图。

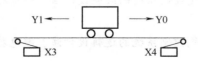

图 13-12　习题 13-11 图

13-12　设计如图 13-13 所示各 PLC 顺序功能图的梯形图程序。

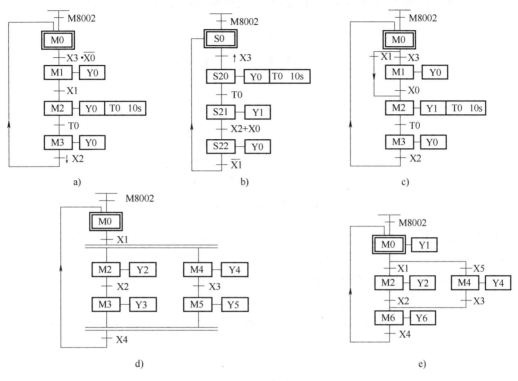

图 13-13　习题 13-12 图

13-13　某电气设备的液压动力滑台在初始状态时停在最左边，行程开关 X0 接通。按下起动按钮 X4，动力滑台的进给运动如图 13-14 所示。工作一个循环后，返回并停在初始位置。控制电磁阀 Y0~Y3 各工作状态如图 13-14 中表所示。请画出 PLC 外部接线图和控制系统的顺序功能图，并用起保停电路和步进梯形指令设计 PLC 的梯形图程序。

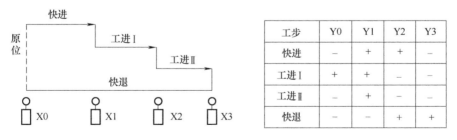

| 工步 | Y0 | Y1 | Y2 | Y3 |
|------|----|----|----|----|
| 快进 | − | + | + | − |
| 工进 I | + | + | − | − |
| 工进 II | − | + | − | − |
| 快退 | − | − | + | + |

图 13-14　习题 13-13 图

13-14　某工业电气设备的液体混合装置如图 13-15 所示。上限位、下限位和中限位液位传感器被液体淹没时为 ON，阀 A、阀 B 和阀 C 为电磁阀，线圈通电时打开，线圈断电时关闭。开始时容器是空的，各阀门均关闭，各传感器均为 OFF。按下起动按钮后，打开阀 A，液体 A 流入容器，中限位开关变为 ON 时，关闭阀 A，打开阀 B，液体 B 流入容器。当液面到达上限位开关时，关闭阀 B，电动机 M 开始运行，搅动液体，60s 后停止搅动，打开阀 C，放出混合液，当液面降至下限位开关之后再过 5s，容器放空，关闭阀 C，打开阀 A，又开始下一周期操作。按下停止按钮,在当前工作周期的操作结束后,才停止操作(停在初始状态)。请画出 PLC 的外部接线图和控制系统的顺序功能图,并设计梯形图程序。

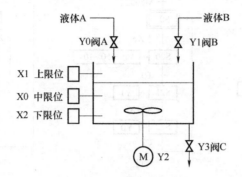

**图 13-15　习题 13-14 图**

13-15　用三菱 FX 系列 PLC 的 STL 指令设计题 13-14 中液体混合装置的梯形图程序,要求设置手动、连续、单周期、单步四种工作方式。

13-16　PLC 智能控制系统设计的基本功能要求有哪些?PLC 智能控制系统的工作特性要求有哪些?

13-17　PLC 智能控制系统的设计目前主要有哪些设计思想和设计思路?目前主要有哪些设计方法?

13-18　如何进行计算机过程控制系统下位执行机的 PLC 智能控制系统设计?

13-19　对于以 PLC 组网的 PLC 智能控制系统的设计如何进行?

13-20　对于计算机过程控制系统下位执行机的 PLC 智能控制系统的设计与以 PLC 组网的 PLC 智能控制系统的设计有哪些相同之处和不同之处?

13-21　如何进行计算机过程控制系统下位执行机的 PLC 智能控制系统的智能模块设计?

13-22　如何进行以 PLC 组网的 PLC 智能控制系统的智能模块设计?

# 参 考 文 献

[1] 刘玉梅, 张丽文. 过程控制技术 [M]. 2 版. 北京: 化学工业出版社, 2009.

[2] 陈剑雪, 张颖, 罗晓, 等. 先进过程控制技术 [M]. 北京: 清华大学出版社, 2014.

[3] 方康玲, 王新民, 刘彦春, 等. 过程控制系统 [M]. 2 版. 武汉: 武汉理工大学出版社, 2007.

[4] 方承远, 张振国. 工厂电气控制技术 [M]. 3 版. 北京: 机械工业出版社, 2006.

[5] 熊幸明, 刘湘澧, 陈艳, 等. 电气控制与 PLC [M]. 2 版. 北京: 机械工业出版社, 2016.

[6] 王阿根. 电气可编程控制原理与应用 [M]. 2 版. 北京: 清华大学出版社, 2010.

[7] 吉顺平, 孙承志, 王福平. 可编程序控制器原理及应用 [M]. 北京: 机械工业出版社, 2011.

[8] 王兆义, 杨新志. 小型可编程序控制器实用技术 [M]. 2 版. 北京: 机械工业出版社, 2007.

[9] 秦春斌, 张继伟. PLC 基础及应用教程: 三菱 FX2N 系列 [M]. 北京: 机械工业出版社, 2011.

[10] 柴瑞娟, 陈海霞. 西门子 PLC 编程技术及工程应用 [M]. 北京: 机械工业出版社, 2008.

[11] 刘美俊. 西门子 PLC 编程及应用 [M]. 北京: 机械工业出版社, 2010.

[12] 王立春. 可编程序控制器原理与应用 [M]. 北京: 高等教育出版社, 2000.

[13] 许翏. 工厂电气控制设备 [M]. 2 版. 北京: 机械工业出版社, 1992.

[14] 孙振强, 孙玉峰, 刘文光. 可编程控制器原理及应用教程 [M]. 3 版. 北京: 清华大学出版社, 2014.

[15] 胡国文, 何波, 顾春雷, 等. 建筑电气控制技术 [M]. 北京: 中国建筑工业出版社, 2015.

[16] 胡国文, 顾春雷, 杨晓冬. 电气控制与 PLC [M]. 西安: 西安电子科技大学出版社, 2016.

[17] 西门子（中国）有限公司工业业务领域工业自动化与驱动技术集团. 深入浅出西门子 S7-1200 PLC [M]. 3 版. 北京: 北京航空航天大学出版社, 2007.

[18] 廖常初. S7-1200 PLC 编程及应用 [M]. 3 版. 北京: 机械工业出版社, 2017.

[19] 刘华波, 刘丹, 赵岩岭, 等. 西门子 S7-1200 PLC 编程与应用 [M]. 北京: 机械工业出版社, 2018.